BIG QUESTIONS
수학

A CURIOUS HISTORY OF MATHEMATICS

BIG QUESTIONS

수학

© 조엘 레비, 2016

초판 1쇄 발행일 2016년 2월 5일
개정 1쇄 발행일 2019년 4월 10일

지은이 조엘 레비
옮긴이 오혜정
펴낸이 김지영 **펴낸곳** 작은책방
편집 김현주, 백상열
제작 · 관리 김동영 **마케팅** 조명구

출판등록 2001년 7월 3일 세2005-000022호
주소 04021 서울시 마포구 월드컵로7길 88 2층
전화 (02)2648-7224 **팩스** (02)2654-7696

ISBN 978-89-5979-590-1(04410)
       978-89-5979-593-2 SET

- 책값은 뒤표지에 있습니다.
- 잘못된 책은 교환해 드립니다.

사진으로 이해하는 수학의 모든 것

BIG QUESTIONS

수학

조엘 레비 지음
오혜정 옮김

지브레인

CONTENTS

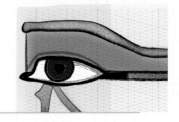

$x^2 = 4$

고대 이전의 수학   13

$5/8$

고대 그리스 수학   87

$) = a^2 + 3a + 2$

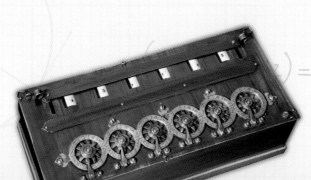

머리말

카를 프리드리히 가우스가 일곱 살 때, 선생님이 학생들에게 1부터 100까지의 수를 모두 더하라는 문제를 냈다. 그런데 얼마 지나지 않아, 어린 가우스가 정답을 말하자 선생님은 깜짝 놀랐다. 가우스가 서번트 증후군(컴퓨터 만큼이나 빠른 속도로 모든 수를 일일이 더하여 계산하는 자폐성 장애)이라도 앓고 있었던 것일까?

사실 가우스는 수학 천재이자 신동으로, '수학의 왕자'라 불리기도 했다. 어린 가우스는 $1+2+3+\cdots+100$과 같이 일일이 더하여 계산하는 고되고 지루한 방법이 아니라, 한순간의 놀라운 통찰력으로 문제를 해결했다. $1+100=101$, $2+99=101$, $3+98=101$, $\cdots$ $50+51=101$이 되기 때문에 1에서 100까지의 수들의 합이, 더해서 101이 되는 50쌍의 수들의 합이 된다는 것을 알아내고 50×101을 계산한 것이었다. 가우스가 짧은 시간만으로 5050이라고 정답을 말했을 때 선생님의 놀라움은 컸다.

여러분도 비슷한 방식으로 친구들을 놀라게 할 수 있다. n개의 연속하는 수들로 이루어진 임의의 수열의 합은 이 수열의 첫 번째 항의 값과 마지막 항의 값을 더한 값에 $\frac{n}{2}$을 곱하면 된다. 즉 1에서 20까지의 수들의 합은 $\frac{20}{2}\times(1+20)=10\times21=210$이 된다.

⇦
프랙털 함수로 만든 색다르고 아름다운 패턴에서
수학의 힘과 심오함을 엿볼 수 있다.

갈릴레이의 재판은 수학이 우주에 관한 기본 개념을 바꾸는 역할을 했다는 것을 보여주었다.

교묘한 속임수?

이것은 교묘한 속임수일까? 아니면 그것을 넘어서는 또 다른 무엇인걸까? 가우스가 보여준 관찰은 심오한 의미^{significance}의 세계를 엿보게 한다. 그 세계에서 수들은 순전히 사고만으로 알아챌 수 있는 눈에 보이지 않는 법칙인 순서 관계에 따라 다루어진다. 이것이 가우스가 '과학의 여왕'이라고 한 수학의 세계다. 역사 속 많은 위인들이 가우스와 같은 생각을 했다. 비록 종교적 관점이나 혹은 과학적 관점으로 수학의 세계에 접근했다 하더라도, 자연철학자들은 항상 수학을 우주에서 가장 순수하고 가장 심오한 형태의 진리와 아름다움이라고 여겨왔다. 고대 그리스인들은 수학이 우주를 이루는 기초였다고 믿었다. 엘리자베스 왕조 시대의 수학자이자 점성술사인 존 디$^{John\ Dee}$는 수학을 창조자^{creator}의 가장 강력한 도구로 보고, "서로 다른 모양의 모든 피

신석기시대의 돌로 만든 원들은 선사시대에도 수학적 사고를 했다는 단서를 보여준다.

조물들은 순서^{order} 그리고 대부분의 무명수에 의해 아무것도 아닌 하찮은 것에서 그것들의 존재와 상태의 형식이 갖춰지도록 한다"고 말했다. 또 이탈리아 수학자이자 과학의 선구자인 갈릴레오 갈릴레이는 "누군가가 먼저 책에 쓰인 언어를 이해하기 위해 배우지 않으면(우주에 관한) 그 책을 이해할 수 없다. 그것은 수학의 언어로 쓰여 있다……"고 주장했다.

우리는 이미 모두 생활수학자들이다

현대 수학은 기하학, 대수학 등의 익숙한 분야에서부터 위상기하학(연속성의 수학, 때때로 고무판 기하학이라고도 불린다)이나 조합론(선택 및 배열과 순서 문제와 관련된 수학 분야) 같은 소수의 전문가들만 알고 있는 것들까지 적어도 30가지의 서로 다른 분야들을 망라하고 있다. 현대 수학은 훨씬 전문화되고 복잡해져서 비전문가들은 다루기 힘든 분야가 되었다. 실제로 대부분의 사람들은 학교에서 배웠던 수학 대부분을 잊거나, 심지어 매우 두려워하는 소위 '수학 공포증'을 가지고 있는 이들도 있을 정도로 스스로 수학에 대해 매우 무지하다고 생각한다. 그러나 수들은 항상 우리 주변 어느 곳이든 존재한다. 이 사실을 인식하든 아니든 또 수리적 사고를 하든 그렇지 않든 우리는 일상생활에서 무의식 중에 양과 크기, 각과 벡터를 관련시키고 있는 일종의 '생활 수학자들'이다. 《빅 퀘스천 수학》은 매번 어떤 머핀이 더 큰지를 생각하고, 피자 한 판을 똑같이 여러 조각으로 나누며, 거스름돈을 세거나 시계를 보는 등 이미 수학자가 되어 있는 여러분을 위한 것이다.

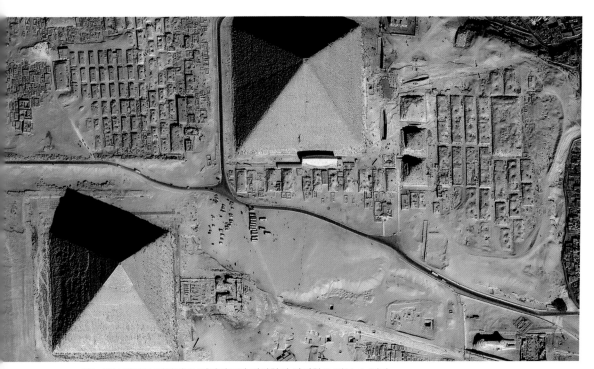

하늘에서 바라본 피라미드. 피라미드의 기하학적 완벽함을 엿볼 수 있다.

고대 수학에서 현대 수학까지의 화려한 여행

이 책은 고대 초창기부터 과학기술이 급진적으로 발전한 오늘날에 이르기까지의 수학에 관한 흥미로운 이야기들을 다루고 있다. 선사시대 수 개념과 셈의 발달에서 시작하여 고대 바빌로니아인들, 이집트인과 그리스인들, 중세 이슬람과 유럽의 위대한 학자들이 발견한 것들과, 르네상스 시대의 발전 및 과학혁명을 거쳐 18~19세기의 거장들과 20세기 수학에 의해 열린 신세계에 이르는 수학의 진화 과정을 따라 전개하고 있다. 이와 관련된 흥미로운 이야기와 함께 가장 중요한 개념과 산술을 이해하기 쉽게 소개하고 기하학과 대수학, 삼각법과 마지막으로 미적분도 설명한다. 또 피타고라스에서 뉴턴, 피보나치에서 페르마까지 위대한 인물들의 획기적인 아이디어들과 엄청난 발견들을 비롯해 페르마의 마지막 정리에서 카오스이론, 프랙털까지 수학에서 가장 신비로워 보이는 것들과 난제들을 탐구한다.

수학의 매력은 황홀한 설득?!

《빅 퀘스천 수학》을 이해하는 데는 고도의 전문적인 수학 지식이 아닌, 기초 산술 및 상식만으로도 충분하다. 이 책은 수학의 역사적 발달 과정과 더불어 핵심 개념들을 자세히 소개하고 있으며, 보다 많은 배경지식과 소수, 기하학, 원, 그래프 등의 중요한 요소들에 대해서도 매우 구체적으로 설명하고 있다. 이를 토대로 삼각법 및 미적분과 같은 고급 수학 개념들을 다루고 있지만, 기호, 용어^{jargon}, 복잡한 기법들을 최소화해 설명했다.

이 책을 통해 호기심 가득한 화려한 수학 여행을 떠나보자. 코사인을 통해 사인을 알고, 이차방정식과 삼차방정식의 차이를 이해하며, 나아가 무한을 다루는 극한에 익숙해지고 자신이 세운 금자탑의 수준을 나타내는 단 구성법을 배우게 될 것이다. 그 과정에서 여러분은 고대 죽음의 광선, 욕실 안의 벌거벗은 남자, 독 사과와 시공간 연속체의 균열을 마주치게 될 것이다. 그리고 '황홀한 설득'이 바로 수학의 매력이라는 존 디의 말에 여러분도 동의하게 될 것이다.

고대 이전의 수학

수학은 추상과 수, 관념적인 형식, 일반 정리 및 대수식으로 이루어진 세계다. 하지만 수학과 수는 사람과 동물, 돌과 토양이 있는 현실 세계를 토대로 하고 있다. 수는 사물들과 관련하여 처음 생각되었으며, 방대한 인류 역사에서 수학은 현실과 관련된 것이었다. 선사시대 사람들과 고대의 여러 문명은 모두 수학을 실제 물건과 양 사이의 특정 사례를 다루기 위한 도구로 생각했다. 고대 이전의 수학은 동물의 수를 세고, 땅을 측량하며, 곡식의 무게를 재고, 건물을 설계하는 등의 일들과 관련이 있었다. 그럼에도 고대 이집트와 바빌로니아, 인도 및 그 밖의 고대 이전 사람들은 산술과 기하학, 대수, 정수론의 토대를 마련했다.

←
기원전 1400년경 필경사의 밀밭 측량을 보여주는 고대 이집트 벽화.
고대 이전의 고대인들에게 수학은 본질적으로 실용적인 것이었다.

선사시대 산술

수학은 인간의 추상적 사고 능력을 가장 순수하게 표현한 것이며, 오로지 인간만이 가질 수 있는 능력으로 여겨지고 있다. 그러나 까치, 원숭이 등 몇몇 종류의 동물들 또한 크기와 양을 구분하고 심지어 몇 안 되는 물건의 개수를 세기도 한다.

비율이 적용된 손도끼

초기 인류 조상들은 다른 동물들과 유사한 능력을 가지고 있었으며 상대적인 크기와 양을 판단할 수 있었을 것으로 추측된다. 영국의 초기 구석기시대 고고학자 존 가울릿^{John Gowlett}에 따르면 현재 존재하는 인류인 호모사피엔스로 진화하기 훨씬 전인 약 70만 년 전부터 원인들은 손돌도끼를 만드는 과정에서 복잡한 비율을 인지하고 있었다. 케냐의 킬롬베^{Kilombe} 유적지에서 발굴된 다양한 크기의 수백 개의 손도끼들은 폭과 길이의 비율이 일정했다는 것을 보여주고 있

동일한 비율에 따라 만든 석기시대 초기의 손도끼:
수학적 사고를 했다는 증거일까?

다. 도끼가 크든 작든 조상들은 '완벽한' 목표 비율을 생각했다. 심지어 그들이 목표로 한 비율은 고대 그리스인들이 선호했던 황금비였던 것으로 보여진다.

구체적인 것에서 일반적인 것으로

비율을 판단하는 이런 능력은 어느 시점에서 수학적 사고의 초기 형태인 보다 복잡한 셈을 하는 능력으로 바뀌었다. 하지만 셈은 정확히 무엇을 의미하는 걸까? 초기의 셈은 순수하게 양을 표현하기보다는 구체적인 상황에서의 특수한 경우를 세는 것과 같이 셈을 하는 대상의 특성을 표현했을지도 모른다. 수와 구체적인 경우를 연결시켜 특성을 표현하는 것과 보다 추상적인 양을 표현하는 것 사이에는 중요한 차이가 있다. '세 마리 소'에 대해 이야기하는 것을 넘어 '3'을 이야기하는 것으로의 도약적인 변화는 인지의 진화가 크게 진전된 것이었다. 초기 셈에서 특성을 표현한 몇 가지 흔적들이 현대의 언어와 문화들에 여전히 남아 있는데, 예를 들면 피지인들은 열 대의 보트를 뜻하는 bola, 열 개의 코코넛을 뜻하는 koro 같은 단어들을 지금까지 사용해 오고 있다.

신체 부위를 이용한 셈

유목민들과 수렵 채집을 하는 오늘날의 여러 부족 문화가 선사시대의 셈에 대한 다른 실마리를 제공할 수도 있다. 그 부족들이 양들을 '하나', '둘' 그리고 '많다'로만 센다고 생각하는 것이 오류일지라도 말이다. 보다 큰 수를 나타내는 단어가 거의 없지만 그 문화권 사람들도 보다 큰 수를 셀 수 있다. 큰 수를 나타내는 단어가 거의 없다는 것은 아마 필요하지 않아서였을 것이다. 몇몇 부족에서는 상당히 큰 수를 신체일부로 표현하는 셈 체계를 사용했다.

아마도 처음 사용되었을 가장 단순한 신체 셈 형식은 손가락을 사용한 셈으로, 이것은 5진법과 10진법의 토대가 되었다. 여기에 다른 신체 부분을 추가로 사용함으로

써, 신체 셈은 20 또는 그 이상의 수까지 셀 수 있었다. 이를테면 뉴기니의 파수^{Fasu} 부족은 손가락을 사용하여 1에서 5까지의 수를 나타내고, 6은 손바닥의 깊은 주름을, 7은 손목을, 8은 전박(팔뚝)을, 그리고 코를 사용하여 최대 18까지 나타냈다. 순록 유목을 하는 시베리아의 유카기르족은 94마리의 순록 떼 수를 "세 사람에 또 한 사람 그리고 한 사람의 절반과 한 개의 이마와 두 개의 눈, 한 개의 코"로 나타냈다.

엄대

신체를 사용하여 셈을 할 때, 신체는 인공 기억 시스템으로 알려져 있는 외적 기억 보조장치에 해당한다. 현존하는 선사시대 수학적 능력에 관한 가장 오래된 흔적은 또 다른 종류의 인공 기억 시스템인 엄대^{tally stick}다. 레봄보 뼈로 알려진 이 특별한 엄대는 개코원숭이의 종아리뼈를 깎아서 만든 것으로, 29개의 눈금이 새겨져 있다. 약 3만 7000년이 된 이 엄대는 남아프리카와 스와질란드 사이의 레봄보 산 동굴에서 발견되었다.

엄대는 물건을 셀 때마다 각 경우를 표시하기 위해 뼈나 뿔, 나무로 된 막대기에 눈금을 새긴 것이다. 단기 기억에 의존하여 마음속으로 센 것^{the count}을 기억하는 것이 아니라, 외부에 존재하는 기억 저장소에 해당되는 것이다. 엄대는 매우 간단하면서도 유용해 오늘날에도 여전히 사용되고 있다. 심지어 일종의 돈으로 사용되기도 한다. 새김 눈이

1605년 가이 포크스가 화약을 설치했다가 폭발에 실패한 웨스트 민스터 궁 지하에 보관했던 중세의 엄대.

표시된 엄대를 세로로 쪼개 동일한 새김 눈이 존재하도록 한 후 거래 당사자들끼리 나눠 가졌다가 이 막대기들을 다시 합쳤을 때 맞아떨어지면 거래가 이루어진 것으로 여겨졌다. 이 방법으로는 엄대에 표시된 양을 변경하거나 위조할 수 없다.

중세 잉글랜드에서 엄대는 정부의 수입을 기록하는 공식 영수증으로 사용되었으며, 재무부가 보관하고 관리했다. 그리고 오래된 엄대들은 정기적으로 폐기했다. 1826년 재무부에서 엄대를 폐기했을 때는 오늘날 영국 의사당 자리에 있던 웨스트민스터 궁전의 국고에 수레 2대 분량의 엄대가 남아 있었다. 1834년, 엄대 담당자가 궁전 난로에 엄대를 태우다가 불길이 너무 거세져 궁전 전체로 번지는 바람에 폐허가 된 후 궁전은 국회의사당으로 재건되었다.

키푸스(결승문자)

다른 유형의 인공 기억 시스템으로는 줄의 매듭이나 돌멩이, 조개껍데기 더미 등을 들 수 있다. 그러나 썩기 쉽다. 이것이 엄대나 그것을 변형한 것들이 초기 구석기시대의 유일한 수학 도구들처럼 보이는 이유다. 매듭 줄과 같은 단순한 인공 기억 시스템을 보다 정교하게 사용했는지에 대한 단서는 잉카의 키푸스^{quipus}를 통해 찾아볼 수 있다. 키푸스는 한 개의 밧줄에 보통 알파카나 야마의 털로 만든 여러 가닥의 끈을 달아놓은 것이다. 각 가닥의 끈에 만든 매듭은 수를 나타낸다. 한 개의 매듭을 더 돌려 감은 횟수에 따라 보다 정확한 수를 나타냈으며, 큰 수는 여러 개의 매듭을 따로 모아 나타냈다. 매듭을 만드는 끈의 색깔을 다르게 사용한 것은 기록하는 물건의 종류를 나타내기 위해서였다. 키푸 카마욕^{quipucamayoc}이라 알려진 잉카의 서기들은 직접 써서 기록하거나 수를 사용하지 않고 키푸스를 사용하여 세금, 십일조, 소득, 인구수, 날짜, 강력한 잉카 제국의 힘이 미치는 땅과 행정 관련 자료를 기록하였다(키푸: 매듭 또는 매듭을 맨다 라는 의미).

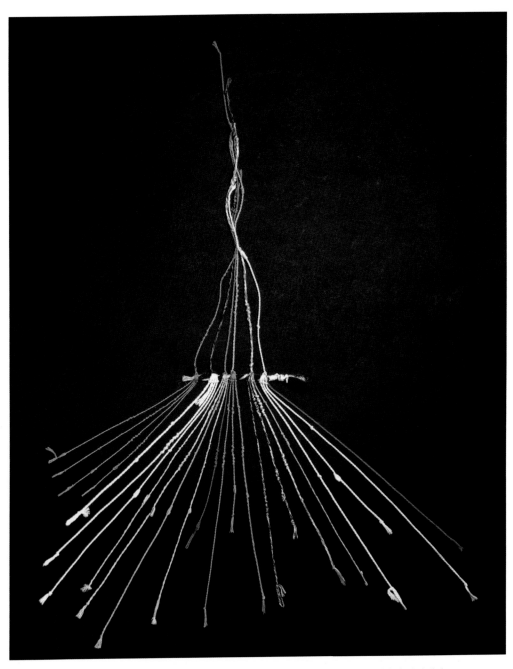

잉카의 키푸스; 기록하고자 하는 물건의 양과 종류를 끈의 길이 및 매듭, 색깔 등을 달리하여 나타냈다.

이상고의 뼈

몇몇 간단한 인공 기억 시스템들을 이용하면 실제로 집계하지 않고도 계속하여 효율적으로 셀 수 있다. 만일 한 개의 조개껍데기로 돼지 한 마리를 나타낼 경우, 각 조개껍데기가 돼지 한 마리라는 것을 기억하면서 조개껍데기 더미의 수들을 파악하기만 하면 된다. 그러나 일단 손가락 끝에서 코까지 이르는 일부 신체나 새김 눈의 눈금과 같은 특정하지 않은 것들로 수들을 나타낼 수 있게 되면, 그것은 수들을 추상적으로 개념화하는 것이 머지않았음을 의미한다. 네 개의 새김 눈금은 네 마리의 돼지, 네 개의 코코넛, 4일 또는 단순히 수 4를 나타내는 것일 수 있다.

수에 대한 보다 추상적인 사고 흔적을 들여다볼 수 있는 가장 오래된 유물은 우간다 국경의 중앙아프리카에서 발견된 이상고 뼈다. 약 2만 5000년 전에 만들어진 것으로 추정되는 이 뼈는 언뜻 보기에 또 하나의 엄대처럼 보인다. 하지만 뼈에 새긴 눈금들은 흥미롭고 유의미한 방법에 따라 무리를 이루며 배열되어 있다.

뼈의 한쪽 면에는 눈금이 두 개의 가로줄에 걸쳐 새겨져 있고, 각 줄에 새겨진 눈금의 수를 합하면 각각 60이 된다. 두 번째 가로줄에는 19, 17, 13, 11개의 눈금들이 각각 무리를 이루며 새겨져 있다. 이 수들은 10과 20 사이의 소수다. 이 눈금을 새긴 당시의 사람은 소수를 알고 있었던 것일까? 미국의 고고학자 알렉산더 마샥은 이상고 뼈가 달의 위상을 기록한 6개월간의 태음력을 표기한 것이라 주장하고 있다. 따라서 이 유물은 수학이 시간 기록을 위해 이용되었음을 보여주는 가장 오래된 것이기도 하다. 한편 이 뼈가 여성의 월경주기를 기록한 것이라는 설도 있다.

헝가리 고고학자 라슬로 베르테스는 마샥의 주장에 영감을 받아, 보드로그케레스투르^{Bodrogkeresztur} 물체로 알려진 또 다른 고대 유물을 태음력 그리고 아마도 자궁을 표현한 것으로 해석했다. 가리비 껍데기 모양의 석회암 조각으로 만들어진 보드로그케레스투르 물체는 2만 7000년 정도 된 이상고 뼈보다 훨씬 오래전의 것으로, 지름이 56mm 정도밖에 되지 않는다.

하지만 테두리에 새긴 눈금들의 크기가 너무 작아 달력으로 사용하기에는 비실용적이라 여겨 베르테스의 해석에 의문을 제기하는 사람들도 있다.

가법적 셈 체계

셈에 이은 다음 단계는 간단한 계산이다. 몇몇 셈 체계는 기초적인 덧셈과 뺄셈을 토대로 되어 있다. 이것은 오스트레일리아의 원주민들에게서 발견되는 많은 예들을 통해 확인할 수 있다.

예를 들어 구물갈족^{gumulgal}은 다음의 수체계를 사용한다.

> 1 = 우라폰^{urapon}
>
> 2 = 우카사르^{ukasar}
>
> 3 = 우라폰-우카사르$^{urapon-ukasar}$
>
> 4 = 우카사르-우카사르$^{ukasar-ukasar}$
>
> 5 = 우카사르-우카사르-우루폰$^{ukasar-ukasar-urupon}$

카밀라로이족의 수체계는 다음과 같다.

> 1 = 말
>
> 2 = 블란
>
> 3 = 굴리바
>
> 4 = 블란 블란
>
> 5 = 블란 갈리바
>
> 6 = 굴리바 굴리바

이들 수체계에서, 값이 큰 수들은 값이 작은 수들을 더하여 만든다. 예를 들어 카밀라로이족의 수체계에서 '6'은 3을 나타내는 굴리바와 굴리바를 더하여 나타낸다. 즉 낮은 기수를 사용해 높은 수를 나타내는 것이다. 구물갈족의 수체계는 기수 2를, 카밀라로이족의 수체계는 기수 3을 이용했다. 이 두 경우에 가장 큰 수들은 각각 2와 3이다.

그라벳 문화권의 바위그림에서 비너스가 들고 있는 물건에 새겨진 눈금은 수학적 의미를 담고 있다.

손가락과 발가락을 사용하게 되면서 셈 체계는 자연스럽게 5진법, 10진법, 20진법을 사용하게 되었다. 5진법과 10진법을 결합하여 세는 것을 5진−10진법$^{\text{quinary decimal}}$, 5진법과 20진법을 결합하여 사용하는 것을 5진−20진법$^{\text{quinary vigesimal}}$이라 한다. 시베리아 북동부에서 순록을 유목하는 목동들로 구성된 추크치족은 순록을 셀 때 5진−20진법을 사용한다. '손'은 수 5와 같고, '한 사람'은 모든 손가락과 발가락 수를 합한 수 20과 같다. 100과 같은 큰 수는 '다섯 사람'으로 표현되었을 수도 있다.

그런 수체계들에서, 종종 큰 수들은 한 기수에서 뺀 것으로 생각될 수 있으며, 이에 따라 '17'은 '20에서 3을 뺀' 수일 수도 있다. 1913년, 미국의 인류학자 일스$^{\text{W. C. Eels}}$는 북아메리카 토착민들이 307개의 수체계를 사용했으며, 그중에서 146개는 10진법이었고, 106개는 5진법과 10진법, 20진법을 결합하여 사용했다는 것을 밝혀냈다.

도자기 패턴과 별자리 모양

셈이 수학적 사고를 표현한 것만은 아니다. 선사시대의 미술 작품 및 공예품, 부족민들 중에는 종종 수학적 개념들을 나타내는 것들이 있다. 도자기와 직물, 돗자리

고대 이집트의 수학

고천문학에서 관심의 초점이 되었던 오리온
자리.

와 광주리에서 찾아볼 수 있는 기하학적 패턴
의 특성은 합동(모양과 크기가 같은 패턴)과 대
칭, 반복을 주로 사용하고 있다. 왕조 전 이집
트(기원전 4000~3500)의 여러 장소 및 할슈타
트 시대^{Hallstat Period}(기원전 1000~500)의 중부 유
럽인들의 폴하우스^{pole-house} 주거지에서 발굴
된 신석기시대 도자기에 나타난 삼각형 패턴
은 기하학적으로 나타내려는 성향이 널리 퍼
져 있었다는 것을 보여준다.

　측정과 측량의 근원 또한 직선과 직각을 구
현하는 치수(보통 신체의 일부를 이용)와 기술과
더불어 선사시대까지 거슬러 올라간다. 측량
과 셈, 그 밖의 수학적 능력들은 천문학 및 시
간 측정이 발달하면서 통합되었다. 달의 위상
달력은 석기시대 초기의 유일한 그런 유물과
전혀 다르다. 그라벳 문화(2만 8000~2만 3000년
전)와 관계 있는 많은 유물들이 태음력과 별자
리표일 것이라고 주장되어왔다. 만일 이들 설
명이 정확하다면, 초기 구석기시대 사람들이
체계적인 방식으로 천체를 사고하고 기록하
고, 시간과 천체의 움직임을 예상하고 측정했
다는 증거가 된다. 이런 유형의 고천문학(선사
시대 천문학)은 천체의 현상을 측정하고 천문대
기능을 할 기념비적인 구조물을 정교하게 석
재로 건설했던 청동기시대에서 깜짝 놀랄 만
한 결실을 보게 되었을는지 모른다.

수학하는 원숭이

동물들이 셈을 할 수 있다는 것이 믿기지 않을 수도 있지만, 일련의 독창적인 실험들에서 전혀 그럴 것 같지 않은 동물들이 크기와 양의 차이를 이해하고, 심지어 셈까지 하는 것을 알아냈다. 이를테면 뉴질랜드에서 행한 실험 중에는 연구원들이 나무 구멍에 벌레 여러 마리를 넣는 것을 울새에게 보여준 뒤 울새가 눈치채지 못하는 사이에 몇 마리를 없앴을 때, 울새가 계속해서 벌레를 찾는 행동을 보이는 것으로 보아 울새는 벌레의 수가 처음과 같지 않다는 것을 아는 듯했다. 또 병아리들이 두 개와 세 개를 구별할 수 있는 것으로 밝혀졌다. 더 놀라운 것은, 점들의 집합에서 일부 점들을 덜어냈을 때 점들의 두 집합 중 어느 것이 남아 있는 점들의 집합인지를 정하는 테스트에서 붉은털원숭이들이 대학생들보다 더 좋은 성적을 보여주었다. 심지어 작은 송사리는 훈련을 통해 다각형의 변의 수를 토대로 다각형을 구분할 수 있었다. 그렇다면 이 동물들은 셈을 하고 있는 걸까? 추상적으로 사고하고 있는 걸까? 추상적 사고 능력에 대하여 동물과 사람 사이의 경계선은 어디쯤일까? 연구가들은 동물들의 이런 행동이 두 그룹 중 어느 쪽이 수적인 면에서 훨씬 더 안전한지를 판단하거나 새로운 지역으로 옮길 때 주어진 자원에 대해 경쟁자의 비율을 어림하는 원시적인 셈이 유용한 진화적 적응 증거라고 보고 있다.

붉은털원숭이들이 대학생들보다 수학을 더 잘할 수도 있다.

수를 표현하는 방법

셈에 관한 보다 세련된 언어들이 개발되고, 센 것을 기록하기 위한 인공 기억 시스템들이 발전하면서 숫자 발명에 대한 토대가 마련되어갔다.

고대 이집트에서 중국에 이르는 여러 문화에서 공통으로 나타는 최소의 숫자는 한 겹, 두 겹, 세 겹의 선을 긋는 간단한 계수 기호$^{\text{tally marks}}$다. 오늘날의 숫자 1은 수직한 세로선을 그어 나타낸 계수 기호로, 고대 이집트인들이 같은 기호를 사용한 반면, 고대 인도인들은 가로선을 사용했다. 보다 큰 수는 그룹핑법(가법적 수체계), 승법적 수체계, 암호 수체계, 위치 수체계의 네 가지 수체계 중 한 가지를 썼다.

그룹핑법 Grouping system(가법적 수체계)

그룹핑법은 가장 간단한 수체계다. 로마 숫자에서 4를 ||||와 같이 나타내는 것처럼 여러 개의 계수 기호를 덧붙여 큰 수를 나타낸다. 실제로 네 개로 된 모둠은 대부분의 사람들이 세지 않고도 사물의 양을 파악할 수 있는 가장 큰 수다. 이를테면 네 개의 사과를 보고 있을 때, 세지 않고도 즉각적으로 네 개의 사과가 있다고 말할 수 있지만, 더 많은 양의 사과에 대해서는 세야 할 것이다. 이런 이유로 큰 수를 계수기호

를 사용하여 나타내는 가장 단순한 그룹핑법에서는 5를 표현할 때 ||||에 가로선을 그어 ₩₩와 같이 나타낸다.

그룹핑법에서는 큰 수를 나타낼 때, 로마 숫자 체계처럼 큰 수 앞에 위치한 작은 수를 빼서 나타내는 감법$^{\text{subtractive rule}}$을 적용하기도 한다. 예를 들어 XI 는 11(가법적 그룹핑)이지만, IX는 9(감법적 그룹핑)이다.

로마인들이 이 수체계를 적용하여 거대 제국을 이끌어가는 동안, 많은 결점들이 드러났다. 이 수체계는 큰 수를 쓰기에 매우 비실용적이었다. 1부터 10까지의 수를 쓰기 위해서는 네 자리의 수가 필요하였으며 100까지를 쓰는 데는 여덟 자리의 수가 필요하는 등 이 숫자들로 계산하는 것이 쉽지 않았다.

문자를 숫자로 사용했음을 보여주는 로마 라틴 비문.

승법적 수체계 Multiplicative system

승법적 수체계는 그룹핑법보다 자릿수가 훨씬 더 적다는 이점이 있다. 승법적 수체계에서는 숫자들을 서로 더하기보다는 곱하며, 기호를 사용하여 나타낸 수는 더한 값이 아닌 곱한 결과를 적은 것이다. 오늘날 중국에서 이 수체계를 사용하고 있다. 1에서 9까지의 수를

四十　=4×10=40

十四　=10+4=14

四十四　=(4×10)+4
　　　=44

나타내는 아홉 개의 기호와 10, 100, 1000을 나타내는 기호가 있다. 큰 수는 아홉 개의 수를 10, 100…… 등에 곱하여 승수처럼 사용하여 쓴다. 예를 들어 1부터 10까지의 수들은 한 자리의 수로 나타내며, 11에서 20까지의 수들은 두 자리의 수, 21에서 99까지의 수들은 세 자리의 수로 나타낸다.

암호 수체계

암호 수체계는 큰 수들을 보다 간결하게^{compactly} 나타낼 수 있다. 암호 수체계에서는 모든 큰 배수들의 기호를 따로 만들어 사용한다. 예를 들어 고대 이집트의 신관문자 수체계에서는 1에서 9까지의 수뿐만 아니라, 10, 20, 30……의 배수, 100, 200, 300……의 배수, 1000, 2000, 3000……의 배수들을 서로 다른 기호로 나타냈다. 신관문자 수체계에서 네 자리의 수는 단지 네 자리의 숫자로 쓰였을 뿐이지만, 이 수를 나타내기 위해 사용된 여러 개의 기호들로 인해 다루기 힘들고 알기 어려웠다. 이것은 전수를 받은 사람과 숙련된 사람만 숫자를 이해하고 사용할 수 있었다는 것을 의미하기 때문에, 서기와 사제들로 구성된 권력가들의 지위를 더 견고하게 한 것으로 여겨진다.

알파벳을 사용하여 수를 나타내는 것 또한 일종의 암호 수체계로, 고대 히브리와 그리스 수체계에서 사용되었다. 수학에 능통했던 고대 그리스인들은 큰 수 각각을 서로 다른 기호로 사용했기 때문에 큰 수를 나타내는 데 힘들어 했다. 그래서 그들은 기록하는 데 더 이상 쓰이지 않게 된 고대의 철자 형태를 쓰기도 했다.

위치 수체계

위치 수체계는 사용하기 편리한 데다 쉽게 배울 수 있다는 장점을 지닌 까닭에 오늘날 매우 광범위하게 사용되고 있다. 위치 수체계는 자릿수(예를 들어 10, 100, 1000)를 나타내기 위해 기호를 사용하지 않고, 나열된 숫자의 위치가 그 숫자의 자릿수를

크고 작은 수를 보여주는 고대
이집트 부조.

나타내는 것을 제외하고는 승법적 수체계와 유사하다. 예를 들어 수 437에서 '4'가
오른쪽에서 세 번째에 있다는 것은 '4×100'으로 나타내지 않고도 100의 자리에 있
는 수라는 것을 보여준다. 위치 수체계는 0이 '자리의 수가 없는' 자리지기로 쓸 때
적용된다. 이와 같은 자리지기가 없을 때는, 예를 들어 3과 4로 만든 수가 34 또는
304, 340 중 어느 것인지를 알 수 없게 된다. 기원전 3000년경에 처음으로 위치 수체
계를 사용한 수메르인들이 이 같은 문제에 부딪쳤다. 우리가 사용하는 오늘날의 0은
인도와 아라비아에서 발전해온 것이다. 다른 문명들에서는 공간을 비움으로써 자리
지기처럼 사용했는데 이것은 기원전 3세기경 고대 중국인들이 처음 사용했다.

고대 이집트

서부 문명은 수학이 고대 그리스인들에게서 시작되었다고 생각하는 반면, 그리스인들은 고전기보다 훨씬 이전의 이집트 문명에서 비롯되었다고 여겨왔다. 현존하는 고대 이집트 문명의 흔적인 기념비적인 건축물들을 살펴보면 고대 이집트인들이 몇몇 수학적 원리를 확실히 이해하고 있었음을 알 수 있다.

이집트인들은 많은 군대를 거느렸고, 대규모 관료정치를 실시했으며, 토지 및 곡물 창고 관리, 과세 등의 복잡한 일들을 처리했으며 이는 천년 동안 이루어졌다. 신들에 이어 서기관들의 조각상이 두 번째로 많이 만들어졌으며, 서기관들을 위한 양성 학교와 훈련을 담당하는 광범위한 시스템을 갖추고 있었다. 그러나 이 모든 것에도 불구하고, 오늘날까지 현존해온 이집트 수학의 특징 및 범위에 대한 직접 증거는 약간의 도자기 파편 조각과 두 개의 파피루스(린드 또는 아메스 파피루스와 모스크바 파피루스)에서만 찾아볼 수 있다. 고대로부터 내려온 자료를 아메스가 모사하여 남긴 린드 파피루스는 기원전 1650년경에, 모스크바 파피루스는 기원전 1890년경에 쓰인 것으로 추정된다.

첨필로 글을 쓰는
필경사를 묘사한
고집 이집트 부조.

이집트 숫자

이집트인들은 기수를 10으로 하는 셈 체계인 10진법을 사용했다. 상형문자로 기록한 문서들에서는, 1에서 9까지의 수들은 세로선 및 계수 표시 기호로 나타내고 10, 100, 100에서 1,000,000까지의 수들은 서로 다른 기호를 사용했다. 이들 기호는 28쪽의 표를 참고하라.

하지만 그 기호들이 맞는지에 대해서는 다양한 해석이 나오고 있다. 수들은 그룹핑법, 즉 가법적 수체계에 따라 만들어졌으며 1, 10, 100…… 등과 같은 10의 거듭제곱 자리의 수를 나타내는 기호들을 최대 아홉 번까지 반복하여 나열하며, 이때 나열된 기호들을 일일이 세지 않고 한눈에 알아보기 쉬운 형태로 배열했다. 하지만 수를 길게 쓰는 것은 많은 기호들을 사용한다는 것을 의미한다. 이집트인들은 상형문자와 더불어, 신관문자로 알려진 암호 수체계를 사용하기도 했다. 신관문자는 상형문자에 비해 익히기가 어렵지만, 훨씬 간결해 공간을 덜 차지한 까닭에 값비싼 파피루스에 기록하기에는 훨씬 더 적절했다.

상형문자 숫자

상형문자 숫자들은 무덤과 기념비적인 건축물에 새겨놓은 부조에서 찾아볼 수 있다. 예를 들어 한 무덤에서 발견된 부조 'cattle count'는 소, 당나귀, 염소 등의 가축 떼를 묘사하고 있다. 이 부조에 묘사된 가축들은 아마도 매장된 사람이 살아 있는 동안 소유했던 것으로, 가축들이 그를 내세로 데려다줄 것을 바라며, 상형문자로 가축의 수를 상세히 새겨놓았다. 기자 네크로폴리스에서 발굴된 기념 석비에서는 사망한 왕자 웨펨노프렛^{Wepemnofret}에게 봉헌된 물품을 기록한 표를 볼 수 있다. 또 알라바스터로 만든 1000개의 그릇과 1000개의 맥주병, 1000마리의 영양 등 그의 사후 세계에 쓸 물품 목록도 찾아볼 수 있다.

투탕카멘의 묘에서 발견된 보물 중 하나인 회계관 마야의 측정 자에서도 상형문자 숫자를 찾아볼 수 있다. 이것은 단위길이에 숫자를 새겨 넣은 나무 자로, 단위들이 분

상형문자 숫자와 신관문자 숫자표.

수로 나누어져 있다. 먼 거리를 측정하기 위해 이집트인들은 로얄큐빗(약 52.5cm 혹은 20.7인치)의 간격으로 매듭진 밧줄을 사용했다. 로얄큐빗은 팔꿈치에서 가운뎃손가락 끝까지 팔뚝의 길이를 말한다. 이와 같은 일을 하는 사람들을 'harpedonaptae' 또는 '밧줄 측량사rope-stretcher'라고 불렀다.

기록 문서

3000년이 넘는 이집트 수학에 대해 알려진 대부분의 것은 파손되기 쉬운 두 조각의 종이에 쓰인 것들이다. 1858년 스코틀랜드 골동품 수집가인 알렉산더 헨리 린드가 이집트에서 구입한 파피루스는 그의 이름을 붙여 린드 파피루스라 부른다. 또 기원전 1650년경에 서기 아메스가 이 파피루스에 쓰고 자신의 이름을 남겨놓아 아메스 파피루스로도 부른다. 아메스는 기원전 2000~1800년의 중왕국 시대의 매우 오래된 파피루스를 모사했다고 적어놓기도 했다. 폭이 약 30cm이고 길이가 5.5m인 파피루스에는 87개의 연습 문제 및 예제가 들어 있다. 이 문제들은 학생들이 교사의 지도를 받아 풀도록 한 것으로 추정된다.

모스크바 파피루스는 1893년 골레니셰프Golenischev가 이집트에서 구입한 후, 모스크바 예술 박물관에서 재구입했다. 이후 골레니셰프 파피루스라고도 부르게 되었는데 잘 알려지지 않은 중왕국 시대 제12왕조의 서기(기원전 1890년경)가 쓴 것으로 알려져 있다. 모스크바 파피루스의 가로길이는 린드/아메스 파피루스의 길이와 거의 같지만 세로 길이는 약 7.5cm에 불과하며 25개의 연습 문제가 들어 있다.

모스크바 파피루스.

이집트 수학의 특성

린드/아메스 파피루스와 모스크바 파피루스에는 이집트 수학이 실용적이면서도 상세히 그려져 있다. 연습 문제는 일반적인 원리나 식을 유도하지 않고 실제적인 응용과 관련된 매우 구체적인 예들에 대해 설명하고 있다. 교사가 도움을 주었을 것이라 추정되지만, 학생들 스스로 학습한 문제뿐만 아니라 또 다른 상황의 예들까지 일반화하도록 했다.

이집트인들의 수학은 곱셈보다 훨씬 쉬운 덧셈에 초점을 맞춰 이루어졌다. 파피루스에는 곱셈이나 나눗셈도 2의 거듭제곱과 덧셈을 이용하여 곱하고 나누는 방법이 제시되어 있다. 이집트인들은 분수를 능숙하게 사용했는데, 그들은 분수에도 같은 덧셈법을 적용했다.

이집트 수학의 또 다른 주목할 만한 특성은 근삿값과 정확한 값을 거의 구별하지 않고 사용했다는 것이다. 수학을 실제적인 응용을 위한 것으로 여긴다면, 근삿값이 실용적인 용도로 적절할 수도 있다는 측면에서라면 이러한 특성을 이해할 수 있지만, 당시의 대규모 건축물

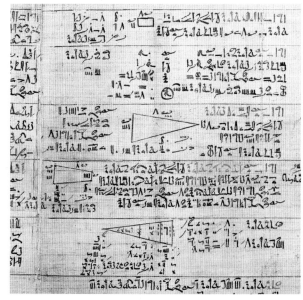

린드/아메스 파피루스에 실린 연습 문제.

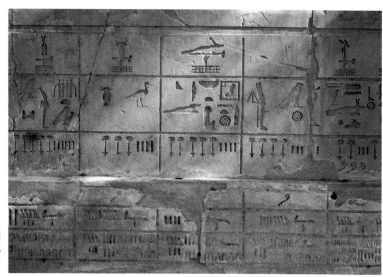

4000년 된 이 부조는 고대 이집트 각 지역의 넓이와 가축의 수를 나타낸 표다.

이 매우 정밀하게 지어졌다는 측면에서는 놀랍기만 하다. 실제로 현존하는 파피루스를 통해 알게 된 이집트 수학은 상당히 제한적이고 기초적이다. 고대 그리스인들은 이집트 수학을 위대한 수학적 지식의 원천으로 여겼다. 그래서 고대 수학의 대가들 중 탈레스와 피타고라스가 수학을 배우기 위해 이집트로 여행을 떠났을 정도였다. 분명 이들은 아메스 파피루스와 모스크바 파피루스에 나타난 것보다 훨씬 더 많은 것을 배웠음에 틀림없다. 그렇다면 이집트 수학은 어떻게 된 것일까? 이에 대해서는 알렉산드리아 도서관에서 훨씬 더 복합적인 수학을 담은 파피루스들을 수집하여 보유하고 있었지만 도서관이 파괴될 때 없어져버렸다는 설도 있다.

이집트 분수

린드/아메스 파피루스에 실려 있는 87개의 문제들 중 81개의 문제가 분수를 다루고 있다. 미국에서 생애 대부분을 보낸 네덜란드 태생의 수학사학자 더크 스트루이크[Dirk Struik]은 "이집트 산술 중에서 가장 주목할 만한 것"으로, 분수 계산법으로 알려진 이집트인들의 분수 계산 체계를 이집트 산술 중에서 가장 주목한 만한 것으로 꼽왔다.

이집트인들은 단위분수만을 사용했다. 단위분수는 분자가 1인 분수로, $\frac{1}{2}$, $\frac{1}{3}$, $\frac{1}{56}$ 등과 같이 표기하며, $\frac{1}{n}$ 꼴로 나타낸다. 그들이 사용한 분수 중 $\frac{2}{3}$는 단위분수가 아닌 유일한 분수로 특수한 상형문자로 나타냈다.

이집트인들은 단위분수가 아닌 분수를 나타낼 때는 분모가 서로 다른 단위분수들을 더하여 나타냈다. 예를 들어 분수 $\frac{2}{43}$는 $\frac{1}{42} + \frac{1}{86} + \frac{1}{129} + \frac{1}{301}$과 같이 나타냈다. 여러 단위분수를 더할 때는 같은 것을 중복하여 사용하지 않았다. 이집트 수학에 관한 수수께끼 중 하나는 여러 단위분수를 더할 때 특정 단위분수를 어떤 방법으로 구했는지, 그리고 그 단위분수를 더한 이유는 무엇인가다. 이를테면 서로 다른 단위분수들을 더하여 $\frac{2}{43}$가 되도록 하는 경우는 여러 가지가 있기 때문이다. 이집트인들은 이들 특정 단위분수들을 어떻게 알아냈을까? 그리고 다른 단위분수가 아닌, 그 특정 단위분수들을 선택한 이유는 무엇일까?

린드/아메스 파피루스는 학생들이 힘들게 덧셈에 필요한 단위분수들을 구하지 않아도 되도록 분자가 2이고 분모가 5에서 101까지 모든 홀수로 된 분수를 서로 다른 단위분수의 합으로 표현한 계산표로 시작하고 있다. 이집트인들은 분자가 1인 단위분수만을 다룬 까닭에 분자 사용의 필요성을 느끼지 못했다. 이에 따라 분수는 분모 위에 타원을 그려 넣어 나타냈다. 분수 $\frac{1}{2}$과 $\frac{2}{3}$는 특별한 상형문자를 가지고 있었다. $\frac{1}{2}$은 천을 접은 모양의 기호로 나타내고, $\frac{2}{3}$는 타원에 두 개의 줄기가 걸쳐 있는 모양으로 나타냈다. 오른쪽 표는 린드/아메스 파피루스에서 제시한 분수표의 처음 부분을 정리한 것이다. 첫 번째 세로줄은 분자가 2이고 분모가 3보다 큰 홀수인 분수를 나타낸 것이고, 연속되는 세로줄은 분모가 서로 다른 단위분수의 합을 나타낸 것

$\frac{2}{n}$	$\frac{1}{p}$	+	$\frac{1}{q}$	+	$\frac{1}{r}$
5	3		15		
7	4		28		
9	6		18		
11	6		66		
13	8		52		104
15	10		30		

분수란 무엇인가?

분수는 어떤 것의 부분을 세는 방법이다. 오늘날 분수를 표기할 때는 어떤 수 위에 또 다른 수를 놓아 나타내며, 이 두 수 사이에 가로선을 그어 구분한다. 가로선 위에 놓인 수 분자는 주어진 전체를 똑같이 나누었을 때 부분이 얼마나 있는지를 나타낸다. 가로선 아래에 놓인 수 분모는 전체를 몇 개의 똑같은 부분으로 나누었는지를 나타낸다. 따라서 분수 $\frac{1}{4}$의 경우, 분모는 전체를 네 개의 똑같은 부분으로 나누었다는 것을 의미하고, 분자는 분수 $\frac{1}{4}$이 나누어진 네 개의 부분 중 한 개로 구성되어 있다는 것을 의미한다.

이다.

예를 들어 $\frac{2}{5}$는 $\frac{1}{3}+\frac{1}{15}$과 같이 쓸 수 있고, $\frac{2}{13}=\frac{1}{8}+\frac{1}{52}+\frac{1}{104}$과 같이 쓸 수 있다는 것을 보여주고 있다.

2의 거듭제곱을 이용한 고대 이집트 곱셈과 나눗셈법

이집트인들은 곱셈과 나눗셈을 할 때 2의 거듭제곱을 이용하여 계산하였다. 이 계산법은 다소 번거롭기는 하지만, 덧셈으로 변형시켜 계산을 간소화시키는 배가 연산 binary calculation 방식이다. 더구나 이 계산법이 단순하다고 해도, 계산 결과가 분수가 아닌 정수일 때만 적용된다.

이 계산법은 (피승수)×(승수)에 대하여 피승수를 2의 거듭제곱들의 합으로 분해하고, 분해한 이들 2의 거듭제곱들과 승수를 곱하여 계산했다. 이 방법에 따라 실제로 계산할 때는 각 수들을 두 개의 세로줄에 각각 배치한다. 왼쪽 세로줄에는 1부터 시작하여 아래로 내려가면서 계속 2씩 곱한 값을 적고, 오른쪽 세로줄에는 왼쪽 세로줄의 값과 승수를 곱한 값을 적는다. 그런 다음 서기가 왼쪽 줄에서 피승수를 분해한 2의 거듭제곱들이 놓여 있는 가로줄을 표시하고, 이 가로줄에 있는 오른쪽 세로줄의 값들을 모두 더하면 된다. 예를 들어 13×11의 경우, 피승수 13은 2의 거듭제곱들의 합으로 분해하고, 이 분해된 2의 거듭제곱들과 승수 11을 곱한다. 그런 다음 왼쪽 세로줄에서 더해 13이 되는 2의 거듭제곱들이 놓인 가로줄을 빨간색으로 표시하고, 이 가로줄에 있는 오른쪽 세로줄의 값들을 더한다.

나눗셈을 할 때는 똑같은 표를 만들어 이 과정을 거꾸로 하면 된다. (피제수)÷(제수)에 대하여, 오른쪽 세로줄에는 1부터 시작하는 2의 거듭제곱들과 제수를 곱한 값들을 적은 다음 합이 피제수가 되는 값들이 놓인 가로줄을 표시한다. 이때 몫은 표시된 가로줄에 있는 왼쪽 세로줄의 값들을 더하면 된다. 예를 들어 나눗셈 143÷13의 경우, 오른쪽 표와 같이 몫을 구한다.

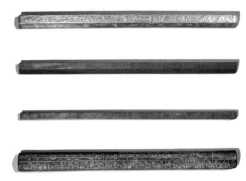

각 단위가 분수로 분할된 이집트의 측정 자.

13	11
1	$(1 \times 11) = 11$
2	$(2 \times 11) = 22$
4	$(4 \times 11) = 44$
8	$(8 \times 11) = 88$
$(1+4+8) = 13$	$(11+44+88) = 143$

?	13
1	$(1 \times 13) = 13$
2	$(2 \times 13) = 26$
4	$(4 \times 13) = 52$
8	$(8 \times 13) = 104$
$(1+2+8) = 11$	$(13+26+104) = 143$

호루스의 눈

분모가 2의 거듭제곱 수인 처음 6개의 단위분수를 간편하게 기억하도록 만든 것이 호루스의 눈이다. 호루스의 눈은 왕권 보호와 건강을 상징하는 것으로, 눈 전체를 1로 하여 각 부분에 분수를 배치했다.

① 눈알의 왼쪽 부분: $\frac{1}{2}$

② 눈동자 부분: $\frac{1}{4}$

③ 눈썹 부분: $\frac{1}{8}$

④ 눈알의 오른쪽 부분: $\frac{1}{16}$

⑤ 둘둘 말린 꼬리 부분: $\frac{1}{32}$

⑥ 눈물 모양 부분: $\frac{1}{64}$

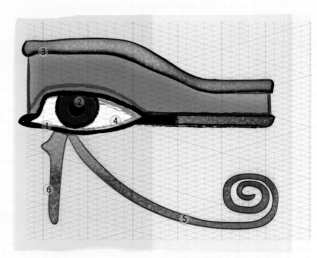

고대 이집트인들이 분수를 기억하기 위해 사용한 호루스의 눈.

그런데 실제로 이들 분수를 더하면 1이 아닌 $\frac{63}{64}$이 된다. 이것은 아마도 "완벽한 전체는 얻기 어렵다"는 철학적 의미를 담으려 했거나 또는 이집트 수학의 특성인 정확한 값과 근삿값을 거의 구별하지 않는다는 것을 나타낸 것으로 생각된다. 분자가 1이 아닌 다른 분수를 나타낼 때 호루스의 눈을 구성하고 있는 이 단위분수들을 사용하기도 했다. 예를 들어 $\frac{5}{8}$는 $\frac{1}{2}+\frac{1}{8}$과 같이 쓰거나 또는 (눈알의 왼쪽 부분 기호)+(눈썹 부분 기호)와 같이 기호를 사용하여 나타냈다.

알렉산드리아 도서관

알렉산드리아는 기원전 330년 알렉산더 대왕이 세운 도시다. 기원전 30년에 로마인들이 정복하기 전까지는 이집트를 통치했던 그리스-이집트 왕조 시대에 프톨레마이오스 1세가 통치하던 시절의 수도였다. 알렉산더 대왕의 장군이었던 프톨레마이오스 1세 소테르는 왕조의 창시자로, 무사여신에게 봉헌된 사원 무세이온을 건설했다. 그의 아들 프톨레마이오스 2세 필라델포스는 아리스토텔레스가 개인적으로 수집한 것을 토대로 무세이온에 도서관을 만들었다. 전설에 따르면 프톨레마이오스 3세 에우에르게테스는 왕위를 물려받았을 때 적극적으로 책과 두루마리를 수집하여 도서관에 50만 권 이상의 책과 두루마리를 보유하게 되었다. 이 도서관은 세 차례 파괴되었는데, 첫 번째는 기원전 47년 율리우스 카이사르에 의해, 두 번째는 서기 391년 기독교의 광신도 무리에 의해, 세 번째는 640년 무슬림의 군주에 의해서였다. 그런데 알렉산드리아에는 여러 도서관들이 있었으며, 전해 내려오는 이야기보다 훨씬 적은 책을 보유했을 수도 있다. 이들 도서관은 탐욕스러운 수집가들의 약탈, 지진과 화재, 끊이지 않는 전투로 피해를 입으며 시간이 흐르면서 점차 없어지게 되었다. 오늘날까지도 무세이온의 대도서관 위치는 밝혀지지 않았다.

고대 알렉산드리아의 건물을 묘사한 모자이크 작품.

세인트 아이브스로 가고 있는 것은 모두 합쳐서 몇일까?

린드/아메스 파피루스에 실려 있는 79번 문제는 '7채의 집과 49마리의 고양이, 343마리의 쥐, 2401개의 보리 이삭, 1만 6897톨의 보리(1톨은 곡식의 낱알을 세는 부피 단위다)'에 관한 것이다. 놀랍게도 이것은 오래된 고대의 동요 퍼즐nursery rhyme puzzle "세인트 아이브스로 가는 도중, 나는 7명의 부인을 둔 한 남자를 만났네. 7명의 부인들은 각각 7개의 가방을 가지고 있었고, 7개의 가방에는 각각 7마리의 고양이들이 들어 있었으며, 7마리의 고양이들은 각각 7마리의 새끼를 데리고 있었다네. 새끼 고양이, 고양이, 가방, 부인들을 모두 합쳐 몇이 세인트 아이브스로 가고 있을까?"다. 이때 7과 49, 343, 2401, 16897은 각각 7, 7^2, 7^3, 7^4, 7^5이다. 이로 미루어 보아 이집트인들이 등비급수를 알고 있었다는 것을 알 수 있다.

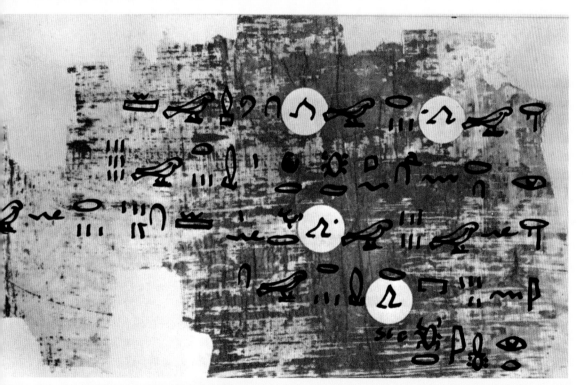

강조된 '걸어다니는 사람 다리'의 기호가 들어가 있는 린드/아메스 파피루스의 연습 문제. 왼쪽으로 걸어가는 사람 다리는 덧셈을 나타내고, 오른쪽으로 걸어가는 사람 다리는 뺄셈을 나타낸다.

더미의 미지량 구하기와 기울기 측정하기

린드/아메스 파피루스는 고대 이집트인들의 또 다른 수학적 능력에 대해서도 흥미로운 사실들을 알려주고 있다. 대수학에서 가장 간단한 식의 형태는 일차방정식 $x+ax=b$다. 이때 a와 b는 기지량, x는 미지량을 나타낸 것이다. 린드/아메스 파피루스에는 학생들이 '미지량인 더미heap'를 찾도록 하는 문제들이 실려 있다. 예를 들어 파피루스에 실린 24번 문제는 '더미와 그 더미의 $\frac{1}{7}$의 합이 19일 때, 더미를 구하라'다. 이를 대수적인 식으로 나타내면 $x+\frac{x}{7}=19$다. 고대 이집트 사람들은 미지량인 더미를 나타내는 상형문자를 '아하aha-calculus'라고 불렀다. 이에 따라 원시적인 이 '미지량 더미의 대수학'은 아하 해석학으로 알려져 있다. 위의 문제의 정답은 $x=16.625$이다. 아마도 이집트인들은 단위분수들의 합으로 이 수를 나타냈을 것이다.

린드/아메스 파피루스에는 경사면의 기울기를 구하는 방법도 제시되어 있다. 이집트인들은 이 경사면의 기울기를 세케트seket라 했다. 이것은 직각삼각형의 빗변(가장 긴 변)의 오르막을 표현하는 방법으로, 피라미드를 건설할 때 중요한 역할을 했을 것이라 여겨진다. 또 사각형의 땅 넓이를 구하는 방법으로서의 측량술을 제시하고 있다. 고대 그리스 역사학자 헤로도토스에 따르면, 정기적으로 발생한 나일 강의 범람으로 사라진 건물과 논밭의 경계를 다시 그리기 위해 이와 같은 측량술이 필요했다는 것이다.

정사각형의 넓이를 원의 넓이로 여기다

린드/아메스 파피루스에 실려 있는 50번 문제에는 '직경이 9인 원 모양 땅이 한 변의 길이가 8인 정사각형과 같은 넓이를 가지고 있다'는 내용이 나온다. 이는 원주율 π의 값을 $3\frac{1}{6}$ 또는 약 3.16이라 가정하고 계산한 것으로, 실제의 값인 3.141592……와는 약간의 차이가 있다. 원주율 π가 약 3.16이라는 것을 이집트인들

많은 수학 이야기를 낳은 진원지, 대피라미드.

은 어떻게 알아냈을까?

48번 문제에서는 한 정사각형의 네 꼭짓점에서 크기가 같은 직각이등변삼각형을 잘라내 만든 팔각형을 그림으로써 원 넓이의 근삿값을 구하는 방법을 보여주고 있다. 이집트인들이 삼각형의 넓이를 구하는 공식 $\frac{1}{2} \times (밑변의\ 길이) \times (높이)$를 알고 있었기 때문에, 네 꼭짓점에서 잘라내는 각 삼각형의 넓이를 계산하여 더하고, 정사각형의 넓이에서 이 값을 빼서 팔각형의 넓이를 쉽게 계산했다. 이집트인들은 이 팔각형의 넓이를 원의 넓이와 매우 근사한 값으로 여겼다.

이집트 수학이 남긴 수수께끼

모스크바 파피루스에서는 학생들이 각뿔대의 부피를 계산하도록 하고 있다. 심지어 각뿔대의 단면 그림이 제시되어 있는가 하면, 각뿔대의 부피를 효율적으로 구하는 공식을 자세히 설명하고 있다. 이 공식은 꽤 복잡한데, 현재 이 식을 유도하기 위해서는 미분학의 도움을 받아야 한다. 그 때문에 이집트인들이 어떻게 이런 공식을 알게 되었는지는 수학적 수수께끼로 남아 있다.

이집트인들은 각뿔대뿐만 아니라 피라미드의 부피를 구하는 공식도 알고 있었으며, 피라미드를 설계하고 건축하는 데 있어 매우 탁월한 기술을 보여주었다. 특히 기자의 대피라미드에 관해서는 수학적으로 많은 이야기들이 있다. 예를 들어 대피라미드 밑면의 둘레 길이가 피라미드 높이와 같은 반지름을 가진 원 둘레의 길이와 같다고 한다. 그러나 실제로 이 이야기에 적용된 원주율 π의 값은 린드/아메스 파피루스에 실려 있는 50번 문제에서 보여주었던, 이집트인들이 실제로 사용하고 기록했던 것보다 덜 정확하다.

기본 도형

자연에서 직선은 거의 찾아보기 힘들다. 삼각형이나 사각형 따위의 기하학적 도형은 물론, 완벽한 원은 더더욱 찾아보기 힘들다. 이 도형들은 어디서 나온 걸까? 발명된 것일까? 아니면 우연히 발견된 것일까? 아니면 관찰을 통해 알아낸 것일까? 고대 그리스 철학자 플라톤은 몇몇 기본 입체들이 각각 '이상적인' 형태로 존재한다고 여겼다. 이런 그의 철학은 후대 수학자들에게 많은 영향을 미쳤다.

자연 속 기본도형과 복잡한 기하학적 패턴

비록 드물기는 하지만, 자연에도 기하학적 형태를 띠고 있는 것들이 있다. 예를 들어 물^{water}은 평면과 직선을 형성한다. 실제로 고대 이집트인들과 이들보다 더 오래전의 선사시대 사람들은 물을 점검 도구로 사용했다. 이집트인들은 규모가 큰 사원을 건설하는 과정에서 수평을 맞추기 위해 땅을 고를 때, 바둑판 모양의 수로를 파고 물을 채운 다음 수면을 기준으로 수면보다 낮은 곳에 흙을 채우거나 튀어나온 부분을 깎아냈다. 여러 개의 선분으로 둘러싸인 다각형도 자연에서 찾아볼 수 있다. 예를 들어 북아일랜드의 자이언트 코즈웨이에서 볼 수 있는 현무암 기둥이나 크리스털, 얼음 생성 과정에서 찾아볼 수 있다. 종종 수학사학자들은 매우 다양하게 나타나는 영감에 의한 기하학적 착시의 자연적 근원인 내시 현상*을 간과해왔다. 이들 착시는 지각신

---

* 내시 현상(entoptic phenomenon)은 눈 자체의 구조물들이 시야에 비쳐 보이는 모든 현상을 말한다. 여러 가지 조명 조건이나 몸 상태에 따라 망막 혈관의 백혈구가 모세혈관을 통과해 움직이는 것이 보이기도 하고, 망막 혈관이 그림자같이 보이기도 하며, 유리체 내의 클로케시관에 단백질이 모여서 보이기도 한다.

근대 이전의 수학

경에 미친 '부적절한 자극의 작용'으로 인해 안구 내부의 것이 자기 시야에 나타나는 형상들이다. 경미한 착시는 단지 안구를 손가락으로 압박하는 것만으로도 볼 수 있지만, 환각제를 복용하면 보다 선명하고 강렬한 착시를 보게 된다. 여러 증거에 따르면, 지구 상의 모든 문화에서 환각제를 사용하거나 사용해오고 있으며, 선사시대인들은 버섯 등과 같은 자연산 환각 물질들을 광범위하게 사용했던 것으로 보인다. 이를 통해 많은 기하학적 형상이 만들어졌으며, 많은 연구가들은 선사시대 암각화에서 볼 수 있는 패턴과 일반적인 내시 현상이 일치한다고 강조하기도 했다.

기본 도형

'많은 각'을 뜻하는 그리스어에서 유래한 다각형은 세 개 이상의 선분을 변으로 하는 도형을 말한다. 두 개의 변이 만나는 한 지점을 수학적 용어로 꼭짓점이라 하고, 변들은 각 꼭짓점에서 각을 형성한다. 서로 이웃하지 않은 두 꼭짓점을 이은 선분을 대각선이라 하며, 3차원 다면체에는 여러 개의 면이 있다.

가장 친숙한 다각형은 삼각형 및 정사각형, 직사각형이다. 다각형은 변과 각의 개수에 따라 이름을 붙인다. 아래 오른쪽 표는 변의 개수가 3개에서 10개까지의 다각형의 명칭과 특징을 나타낸 것이다.

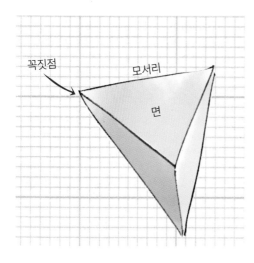

다각형	변의 개수	각의 개수	꼭짓점의 개수	대각선 개수
삼각형	3	3	3	0
사각형	4	4	4	2
오각형	5	5	5	5
육각형	6	6	6	6
칠각형	7	7	7	7
팔각형	8	8	8	8
구각형	9	9	9	9
십각형	10	10	10	10

다각형의 각

각 다각형에서 내각의 크기의 합은 '(변의 개수−2)×180°'로 알 수 있다. 삼각형은 세 개의 변을 가지고 있으므로 삼각형의 내각 크기의 합은 $(3-2) \times 180° = 180°$다. 정사각형의 내각의 크기의 합은 $(4-2) \times 180° = 360°$다. 다각형의 경우, 한 꼭짓점에서 그을 수 있는 대각선을 모두 그리면 {(다각형의 변의 개수)−2}×180°개의 삼각형으로 분할된다. 따라서 정사각형은 두 개의 삼각형으로 분할되므로, 정사각형의 내각의 크기의 합은 두 개의 삼각형의 내각의 크기의 합과 같다.

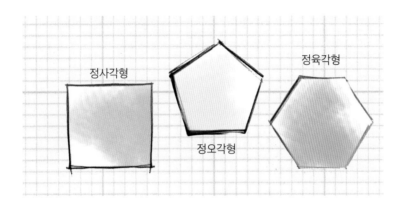

삼각형

내각의 크기의 합이 $180°$인 삼각형은 각의 크기가 모두 같은지, 또는 각의 유형에 따라 분류한다. 각의 유형에 따라 삼각형을 분류하면 다음과 같다.

- 세 각의 크기가 모두 같은 삼각형은 정삼각형으로 세 변의 길이 또한 같다. 세 각 모두 그 크기는 $60°$다.
- 두 각의 크기와 두 변의 길이가 같은 삼각형은 이등변삼각형이라 한다.
- 각의 크기 또는 변의 길이가 모두 같지 않은 삼각형을 부등변삼각형이라 한다.
- 한 각의 크기가 $90°$인 삼각형을 직각삼각형이라 한다.

- 모든 각의 크기가 $90°$보다 작은 삼각형을 예각삼각형이라 한다.
- 한 각의 크기가 $90°$보다 큰 삼각형을 둔각삼각형이라 한다.

둘레의 길이는 삼각형을 둘러싸고 있는 세 변의 길이를 합한 것이다. 삼각형의 변은 모두 밑변이라 하며, 삼각형의 높이는 밑변과 맞은편 꼭짓점을 이은 선분 중 수직인 선분의 길이를 말한다. 밑변의 길이를 b, 높이를 h라 할 때, 삼각형의 넓이는 다음 식을 사용하여 계산할 수 있다.

$$삼각형의\ 넓이 = \frac{1}{2} \times b \times h$$

삼각형을 그린 다음, 이 삼각형의 한 변에 대한 거울상을 그려 만든 평행사변형을 이용하여 이 식을 유도할 수 있다. 평행사변형의 넓이가 (밑변의 길이)×(높이)이고,

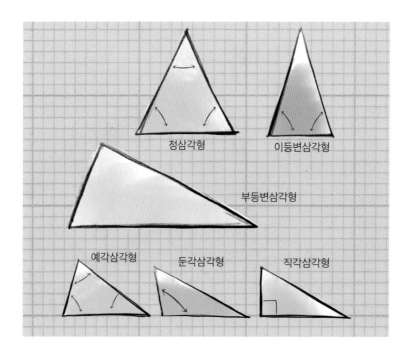

원래의 삼각형이 이 평행사변형의 절반에 해당하므로 삼각형의 넓이는 평행사변형의 넓이의 반이 된다.

고대 인도 수학

청동기시대 문명 중 또 다른 중요한 문명의 중심지는 남아시아였다. 이 문명에 대해서 알려진 바는 거의 없지만, 적어도 근동에서 이루어진 수학적 업적과 똑같은 흔적들이 발견되고 있으며, 그중에는 서양보다 훨씬 이전의 것임에도 더 잘 알려진 것들이 많다.

인더스 계곡 문명

남아시아에서 가장 오래된 문명의 중심지는 모헨조다로와 하라파의 고대도시국가들(현재 파키스탄 지역)을 둘러싸고 있는 인더스 계곡이었다. 하라파 문명이라고도 불리는 이 문명은 기원전 2600~1900년경, 두 개 이상의 도시국가들이 인더스 강의 계곡을 따라 번영했다. 또 수천 개의 소규모 정착촌들과 함께 서부 유럽 면적과 고대 메소포타미아나 이집트 면적의 두 배에 달하는 청동기시대 문명을 형성했다. 하라파와 모헨조다로는 인구가 8만 명 이상 되는 거대 도시국가들로, 중앙아시아에서 메소포타미아 및 아라비아에 이르는 광범위한 무역망을 가지고 있었다.

기록 문서 및 언어를 포함하여 여러 가지가 수수께끼로 남아 있지만, 인더스 계곡 문명의 유적지에서 발굴된 가장 눈에 띄는 것들 중에는 크기순으로 나열한 작은 돌 주사위들이 있다. 이들 주사위는 표준화된 추로서, 고가의 물품 거래를 규제하기 위해 사용된 것으로 여겨진다. 정밀하게 눈금을 매겨놓은 추는 고도의 과학기술적 소양 및 측정술을 보여준다. 추의 무게를 살펴보면, 인더스 계곡 문명이 최소한 무게에 대

인더스 강 계곡에서 한 때 주요 인구 중심지였던 하라파의 폐허.

해서는 2진법적 셈 체계를 사용했음을 알 수 있다. 가장 작은 추의 무게(1g 이하)를 1단위라 할 때, 다른 추의 무게는 보통 2, 4, 6, 8, 16, 32, 64, 120이다. 가장 큰 추는 무게가 16인 추의 100배(약 140g)가 되는 것으로서 10진법 셈 체계를 사용했다. 인더스 계곡 문명은 실제적인 적용의 상황일지라도 분명히 비율이나 2진법, 제곱의 개념을 설명할 수 있었던 것으로 여겨진다.

인도 서부에 있는 인더스 계곡 문명기의 지방 도시 로탈의 유적지에서 발굴된 자를 통해 고대 인도인들이 길이를 측정하는 데 10진법 셈 체계를 사용했다는 것을 알 수 있다. 자에는 27개의 가는 눈금이 표시되어 있고, 각 눈금은 평균 1.7mm 간격으로 그어져 있다. 이들 눈금은 실처럼 가는 물체는 물론, 문명의 여러 도시들을 건설하는 데 쓰인 벽돌 같은 큰 물체의 크기를 표준화하는 데 사용되었다.

제단과 무한

인더스 계곡 문명은 기원전 1900년경 기후변화로 붕괴되었고, 그다음으로 남아시아에서 거대한 문명이 형성된 시기는 기원전 1500년에서 기원전 500년까지 지속된 베다 시대였다. 이 시기에 인도 수학은 자신들만의 독특한 몇 가지 특성을 갖추었으며 베다 종교 특유의 불의 제단$^{fire\ altars}$를 건축하는 데 도움이 될 기하학적 원리들을 연구했다. 베다와 그 후에 생긴 불교 철학은 시간과 공간의 무한의 특성을 강조한 까닭에, 인도 수학은 무한^{infinity}의 개념을 받아들이는 데 거부감이 없었다. 점점 커지는 수들을 표현하기 위한 방법들을 연구해 기원전 1000년경 초기 베다 시기의 만트라는 10의 거듭제곱으로 1조까지 표현했을 뿐만 아니라 덧셈 및 곱셈에서부터 분수, 제곱, 제곱근, 세제곱에 이르는 산술 계산 규칙을 만들기도 했다.

4세기경, 산스크리트어로 된 한 문서에는 부처가 10^{53}까지 셌다고 기록되어 있는

뒷부분에 불교 사리탑이 있는 모헨조다로의 성채.

반면, 다른 문서에서는 우주에 있는 원자들의 개수보다 많은 10의 수백 제곱인 10^{421} 까지의 수들을 써놓았다. 우주에 있는 원자들의 수는 대략 $(10^{80}-1)$개로 추정된다. 같은 문서에서 물질의 매우 작은 단위들의 크기를(초기 원자 이론에서) 눈금을 연속적으로 점점 작게 나타내어, 가장 작은 단위의 크기가 1미터의 약 70조분의 1이라는 결론에 도달했다. 이것은 실제로 탄소 원자 하나의 크기와 매우 가깝다. 고대 자이나교의 교리는 무한의 서로 다른 유형들을 구별한 반면, 고대 불교 교리는 수를 셀 수 있다^{countable}, 셀 수 없다^{uncountable}, 무한하다^{infinit}로 분류하고, $\frac{0}{0}$과 같이 정의되지 못하는 불확정 수$^{indeterminate\ numbers}$와 같은 후기 수학적 개념들을 간단히 예로 제시하기도 했다.

고대 인도인들은 기하학에서도 상당히 진전되어 있었다. 술바 수트라스$^{Shulba\ Sutras}$로 알려진 베다 시대의 문서들은 기원전 8세기경에 만들어졌으며, 피타고라스의 정리를 증명하고, 피타고라스 세 쌍을 목록으로 만들었다. 이 문서에 대해 피타고라스가 알고 있었을 것이라는 설도 있다. 술바 수트라스는 또한 $ax+by+c=0$과 같은 지수가 1보다 크지 않은 간단한 일차방정식과 $ax^2+by+c=0$과 같이 적어도 한 개의 미지수가 2차인 이차방정식의 해법을 보여주고 있다. 게다가 수트라스는 여러 분수의 합인 $1+\frac{1}{3}+\frac{1}{3\times4}+\frac{1}{3\times4\times34}$을 계산하여 매우 정확하게 2의 제곱근 값을 계산하는 방법을 보여주고 있으며, $\sqrt{2}$의 값을 1.4142156으로 제시하고 있다. 이것은 실제의 값 1.4142356……에 대하여 소수점 아래 네 번째 자리의 값까지 정확히 일치한다.

산술

산술은 가장 간단하고 오래된 수학의 한 분야로, 보통의 수(셈을 할 때 사용하는 수)와 분수를 다루며, 이 수들로 덧셈, 뺄셈, 곱셈, 나눗셈을 한다. 'arithmetic'이라는 용어는 '수'를 뜻하는 그리스어 arithmos에서 유래했으며, 또 'to fit together'를 뜻하는 인도유럽어 ar-에서 유래한 것이다.

기본 연산

셈은 가장 간단한 덧셈 방식이다. 셈을 한 모든 수는 이미 센 물건들에 한 개를 더하는 것을 말한다. 두 양 a, b를 더하는 것은 먼저 a를 센 다음 b를 세는 것과 같다. 고대인들이 a 또는 b 중 어느 것을 먼저 셈하든 그 결과가 같다는 것을 확실히 알게 되었을 때, 수들이 추상개념이 되었던 것처럼(들소를 세든 혹은 조약돌을 세든 3은 3이다) 덧셈 또한 하나의 추상개념이 되었다. 사실 덧셈의 이 성질은 교환법칙으로 알려져 있다. 덧셈은 '교환법칙'이 성립한다고 말한다. 그것은 덧셈의 순서를 바꾸어도 계산 결과가 같다는 것을 뜻하며, 대수적으로 $a+b=b+a$와 같이 나타낸다. 또 '결합법칙'이 성립하는데, 그것은 더해지는 수들의 순서가 중요하지 않다는 것을 뜻하며, 대수적으로 $(a+b)+c=a+(b+c)$와 같이 나타낸다. 값들을 더한 결과를 합이라 한다.

덧셈의 역은 뺄셈으로, 두 수의 차를 구한다. 뺄셈은 결합법칙이나 교환법칙이 성립하지 않는다. 바꿔 말하면 어떤 한 수에서 다른 것을 빼는 수들의 순서가 중요하다. 예를 들어 $7-3=4$인 반면, $3-7=-4$이다. 이로 인해 연산의 순서에 따라 계산할 때 혼란을 줄 수도 있다. 이를 해결하는 가장 쉬운 방법은 뺄셈을 $a-b=a+(-b)$ 와 같이 더해지는 수가 음수인 덧셈의 한 방식으로 생각하는 것이다. 이를테면 $7+(-3)=4$이고 $(-3)+7=4$이다. 이제 이 연산은 교환법칙이 성립한다.

곱셈은 인수인 두 수를 곱하는 것으로, 그 결과를 곱이라 하며 결합법칙과 교환법칙이 성립한다. 곱셈의 역은 나눗셈으로, 피제수를 제수로 나눈 몫을 구하는 것이다. 뺄셈과 마찬가지로, 나눗셈도 교환법칙과 결합법칙이 성립하지 않는다. 이를 보완하기 위해 나눗셈을 피제수와 제수의 역수의 곱셈으로 생각하면 된다. x의 역수(또는 곱셈의 역원)는 $\frac{1}{x}$이므로, $a\div b=a\times\frac{1}{b}$ 과 같이 계산한다. 예를 들어 $21\div 7$은 $7\div 21$ 과 같지 않지만, $21\times\frac{1}{7}$은 $\frac{1}{7}\times 21$과 같다.

혼합 계산 순서 _{PEMDAS, please excuse my dear aunt sally}

여러 연산이 혼합된 복잡한 식의 계산은 연산 순서를 정확히 알아야 한다. 식의 일부를 모난 괄호나 둥근 괄호로 묶어 계산하는 것은 연산 순서를 명확히 하는 데 도움이 된다. 보통 곱셈과 나눗셈을 덧셈과 뺄셈보다 먼저 한다. 2^3과 같이 거듭제곱 수가 포함된 식을 계산할 때, 괄호^{parentheses, brackets}, 거듭제곱 수^{exponents}, 곱셈^{multiplication}과 나눗셈^{division}, 덧셈^{addition}과 뺄셈^{substraction} 순으로 계산한다. 때때로 이 혼합 계산 순서를 PEMDAS 또는 BEMDAS와 같은 약어를 사용하여 제시할 때도 있다. PEMDAS는 Please Excuse My Dear Aunt Sally에서 각 단어의 첫 번째 철자를 딴 것이다. 만일 뺄셈을 음수의 덧셈으로, 나눗셈을 제수의 역수를 곱하는 곱셈으로 계산하면 혼합 계산 순서는 PEMA 또는 BEMA가 된다.

계산 도구 arithmetical aids

    매우 큰 수나 계산해야 하는 수의 개수가 많아질수록 암산이 어려워지거나 아예 할 수 없는 경우가 생긴다. 여러 고대 문명에서는 이를 위해 암산에 유용한 도구들을 만들었다. 대표적인 것으로 잉카의 키푸스나 주판을 들 수 있다. 초기의 주판은 돌이나 산가지를 놓는 여러 개의 가늘고 긴 홈을 파서 만든 셈판이었다.

    선사시대에 모래나 흙에 그리던 선들은 셈판으로 대체되었으며, 현존하는 가장 오래된 셈판은 고대 바빌로니아인들이 만든 살라미스 셈판이다. 기원전 300년경에 만들어졌으며 대리석 판 위에 작은 돌을 올려놓고 계산했다. 로마인들은 가지고 다니기 편리한 소형의 목재 또는 금속 주판을 만들었다. 이 주판은 매끄러운 판 위에서 주판알을 위아래로 움직여 사용한다. 1200년경, 중국인들은 여러 개의 막대에 주판알을 끼워 위아래로 밀어 사용하는 오늘날의 주판의 초기 형태인 산판suan-pan을 만들었다.

중국 주판 또는 산판.

바빌로니아 문명

이집트와 더불어, 고대 근동의 또 다른 수학 중심지는 메소포타미아였다. '두 개의 강 사이에 있는' 이 땅은 현재의 이라크 지역에 속한다. 메소포타미아는 바빌로니아 문명의 발상지로, 바빌로니아 문명은 여러 문화와 제국들을 아우른 것이었다. 고대 이집트 문명보다 빠른 기원전 4000년경, 처음 수메르인들이 가장 오래된 것으로 알려진 이 문명을 개척했다.

수메르인을 정복한 아카디아인을 바빌론의 세력이 지배하면서 구바빌로니아 제국을 세웠다. 여러 왕조 및 종족들이 교체되며 이 지역을 지배하다가 페르시아인들과 셀레우코스 제국에 의해 멸망했다. 셀레우코스인들은 알렉산더 대왕을 섬기던 장군의 후손이다. 하지만 메소포타미아 문명은 때때로 구바빌로니아 제국이 설립된 후 기원전 539년 페르시아 제국에 의해 멸망하기까지 명확하게 구별하지 않고 '바빌로니아인들'에 의해 유지

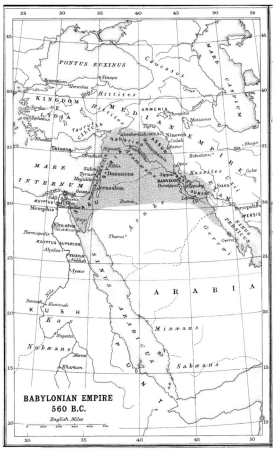

기원전 6세기경 칼데아 또는 신바빌로니아 제국의 영토 크기.

되어온 것으로 여기기도 한다.

바빌로니아 수학이 발전한 것은 기원전 2000년경부터 서기 1세기가 막 시작하던 시기까지였다. 바빌로니아 수학은 이집트 수학에 비해 시기적으로 앞서거니 뒤서거니 하면서 고도의 진전을 이루었다.

바빌로니아인들은 유명한 마르두크 지구라트 또는 에테메난키^{Etemenanki}라 불리는 계단식 피라미드와 바빌론을 둘러싸고 있는 거대한 성벽, 전설적인 공중 정원 등의 기념비적인 건축물들을 세우는 등 많은 문화적 업적을 이루었다. 공중 정원은 높은 계단식 단 위에 테라스를 설치하고 식물을 심어 만든 정원으로 추정된다. 식물들을 관리하기 위해 정교한 기술을 발휘하여 그 지역의 농업용수로 및 운하 네트워크 등을 이용해 물을 끌어 올렸던 것으로 알려져 있다. 또한 바빌로니아인들은 매우 진전된 천문학적 지식을 가지고 있었던 것으로 알려져 있다. 바빌로니아 제국이 멸망하기 전, 학자들은 수학을 이용하여 매우 복잡한 천문학적 현상을 예측하기도 했다.

오래가는 점토판 문서

바빌로니아인들의 수학적 업적을 이집트인들의 수학적 업적보다 더 높이 평가하는 이유 중 한 가지는 기록 문서들이 더 많이 남아 있다는 것이다. 바빌로니아인들은 이집트의 파피루스와 같은 기록할 만한 원재료를 쉽게 구할 수 없었던 탓에, 주변의 풍부한 진흙을 사용하여 고깔 모양의 점토 못이나 점토판을 만들어, 끝이 뾰족한 펜으로 문자를 새겨 넣었다. 현재 최소한 50만 개의 점토판들이 남아 있으며, 이로 미루어 점토판이 파피루스보다 훨씬 더 오랫동안 보존된다는 것을 알 수 있다. 이 점토판 문서들 중에는 수학에 관한 내용들이 많으며, 주로 표와 문제들이 실려 있다. 또 시간, 도량형, 제곱과 세제곱, 역수 등도 정리해 놓았다. 그중에는 59까지의 제곱수들이 표로 정리된 점토판이나 32까지의 세제곱수들이 정리된 점토판도 있다. 서기들이 사용한 것으로 보이는 복리 표가 실린 점토판도 있는 것으로 보아 바빌로니아 수학은 실용적 특성이 강했음을 알 수 있다. 학생들을 위한 연습 문제가 실려 있는 린드/아

지구라트와 공중 정원이 있는 고대 도시 바빌론의 신비로운 전경.

메스 파피루스처럼 200여 개의 문제들이 실린 점토판도 있다.

정사각형과 삼각형 그림이 새겨진 고대 바빌로니아의 쐐기문자 표.

바빌로니아 숫자

   수의 추상개념이 진화해왔다는 것을 보여주는 가장 오래된 흔적 중 하나인 작은 점토 유물들이 고대 수메르 지역에서 발굴되었다. 고대 메소포타미아인들은 1의 자리의 수는 작은 점토 못으로 나타내고, 10의 거듭제곱은 점토 구, 60의 거듭제곱은 큰 점토 못으로 나타냈다. 기원전 2700~2300년경에는 고대 주판 또는 모래를 사용한 셈판에서도 비슷한 것들을 사용했다. 관료정치 및 회계를 위해 수를 표현하는 점토 못이나 점토 구 대신 쐐기문자를 만들어 점토판에 기호로 새기기 시작했다. 바빌로니아인들은 가장 빠른 것으로 알려진 위치기수법을 사용하여 단지 1, 10, 60을 나타내는 세 개의 기호들만으로 큰 수들을 나타낼 수

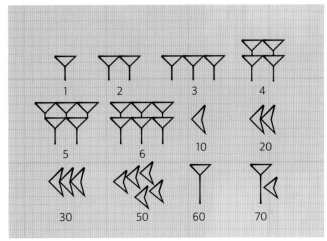

정사각형과 삼각형 그림이 새겨진 고대 바빌로니아의 쐐기문자 표.

있었다. 그들은 쐐기 모양과 끝이 뾰족하지도 완전히 둥그렇지도 않은 곡선 모양으로 된 약간 다른 두 가지 형태의 숫자들을 만들었다. 쐐기 모양의 숫자는 첨필의 날카로운 끝부분으로 나타내며, 곡선 형태의 숫자는 둥글고 무딘 끝부분으로 나타낸다. 곡선 형태의 숫자들은 이미 지급된 임금을 나타낼 때 사용한 반면, 쐐기 모양 숫자들은 미지급 임금과 대부분의 기타 양들을 나타낼 때 사용했다.

60진법

인류 역사에서 바빌로니아 수학의 또 다른 중요한 특성은 셈을 할 때 60진법을 적용했다는 것이다. 그래서 60과 3600 그리고 그 역수인 $60^{-1}\left(\frac{1}{60}\right)$과 60^{-2} $\left(\frac{1}{3600}\right)$에 대하여 서로 다른 기호를 사용했다. 이에 따라 바빌로니아 수 1, 3, 20은 $(1\times60^2)+(3\times60^1)+(20\times60^0)$ 또는 $(1\times3,600)+(3\times60)+(20\times1)$을 나타낸 것으로서 10진법으로 나타낸 수 $3600+180+20=3800$과 같다.

이와 같이 위치기수법 또는 자릿값 수체계는 계산을 용이하게 함은 물론, 큰 수들을 보다 쉽게 표기할 수 있다는 장점이 있다. 바빌로니아 수체계를 판독하는 데 핵심적인 역할을 한 오스트리아계 아메리카 고고학자 오토 노이게바우어[Otto Neugebauer]는

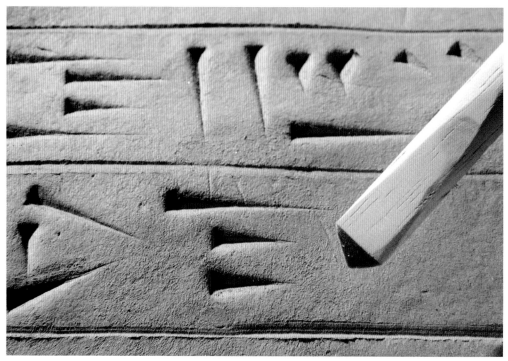
단단하게 굳지 않은 점토판에 단면이 쐐기 모양인 첨필을 눌러 새긴 쐐기문자.

자릿값 수체계의 역사적 중요성을 알파벳의 역사적 중요성과 비교하여 설명했다.

바빌로니아 수체계에서는 수를 표기할 때 어떤 자리의 값이 없으면 그 자리를 비워 둔다. 즉 바빌로니아 수 1, _, 1은 10진법에서 $(1 \times 3600) + (no\ 60s) + 1 = 3601$를 의미한다. 이것은 0이 발달되어온 과정 중 첫 번째 단계에 해당한다.

그 다음 단계로 기원전 3세기경, 바빌로니아인들은 자리지기placeholder로서의 기호를 사용하여 0을 나타냈다. 하지만 수의 끝부분에는 '바빌로니아 0'의 기호를 표기하지 않아, 한 수가 완전히 다른 여러 개의 수로 해석될 수 있었다. 예를 들어 10진법에서 수의 끝에 0을 쓰지 않게 되면 수 12를 12, 120, 1200 등으로 해석할 수 있다. 이에 따라 점토판을 판독할 때는 문맥을 통해 해석했지만, 바빌로니아인들이 소수점을 표기하지 않고 분수를 사용함으로써 또 다른 문제가 발생하기도 했다. 이를테면 12가 1.2, 120 등을 나타낸 것일 수도 있기 때문이다.

메소포타미아의 측정 단위

바빌로니아인들은 다양한 측정 단위를 사용했다. 이들 대부분은 분수 또는 60의 배수에 해당하는 것이었다. 예를 들어 가장 작은 길이 단위는 셰이shay 또는 발리콘barleycorn으로 1m의 $\frac{1}{360}$ (약 2.8mm)이었다. 손가락 하나의 길이는 6셰이였으며, 손가락 30개의 길이는 약 $\frac{1}{2}$m인 1쿠시kush 또는 1큐빗cubit이라 했다. 12쿠시의 길이는 약 6m 정도로 1닌단nindan 또는 1로드rod라 했다. 넓이의 기본 단위는 사르sar였다. 1사르는 '1플롯plot'으로 해석되며 약 36m 정도 된다. 곡식과 기름, 맥주 등의 부피를 나타내는 기본 단위는 1l와 같은 1실라sila였다. 무게의 기본 단위는 마나mana로 약 $\frac{1}{2}$kg 정도 되며, 벽돌과 같은 입체의 부피 단위는 넓이 단위를 바탕으로 하였고, 720개의 표준 벽돌을 1브릭-사르brick-sar라 했다.

문제가 실려 있는 점토판에서 발견된 대표적인 수학 문제는 불규칙한 모양의 땅 넓이를 구하는 것이었다. 바빌로니아인들은 불규칙한 모양의 땅을 쐐기 모양(삼각형)과 '황소의 이마' 모양으로 나누었다. 길이와 폭은 로드와 큐빗으로 나타냈으며, 답은 플롯 또는 사르의 수로 제시했다.

기원전 2000년경, 가축들을 거래할 때 기록한 점토판 문서.

왜 60진법을 사용했는가?

바빌로니아인들이 60진법을 선택한 이유는 무엇일까? 이에 대해서는 다양한 주장들이 제기되고 있다. 지속적인 정복과 동화로 이루어진 바빌로니아인들의 역사를 통해 초기 통치자들이 이전에 사용되던 두 수체계 5진법과 12진법을 조화시킬 수 있는 수체계로 60진법을 받아들였다는 주장이 있다. 또 다른 주장에 따르면, 60진법이 1년의 일수와 관련 있거나 또는 60이 바빌로니아인들이 알고 있는 행성의 수인 5와 1년의 달수 12를 곱한 것이라는 것이다. 가장 그럴듯해 보이는 주장은 서기 4세기에 고대 그리스 학자 알렉산드리아의 테온이 제안한 것으로, 60이 2, 3, 5, 10, 12, 15, 20, 30으로 나누어진다는 것이다. 실제로 60은 1에서 6까지의 모든 정수로 나뉘는 가장 작은 정수로, 이로 인해 매우 편리하게 계산할 수 있다.

바빌로니아의 60진법은 오늘날에도 그 흔적이 남아 있다. 원의 중심각이 360도인 것과 1시간을 60분, 3600초로 하는 것이 바로 그것들이다. 하지만 바빌로니아인들은 60분을 1시간으로 하여 하루의 시간을 12시간으로 하는 시계를 사용했다. 이때 각 1분은 오늘날의 2분과 같은 것이었다.

바빌로니아 수학

바빌로니아인들은 숫자와 셈에 대한 복합적인 체계를 정립하는 등 여러 중요한 업적들을 이루었다. 그럼에도 그들의 수학은 구체적이고 실용적이며 정확하지 않은 이집트인들의 수학적 특성과 유사했다. 점토판에 실려 있는 문제들은 대부분 일반화된 식이 아닌, 오로지 구체적인 상황과 관련된 것들이었으며, 정확한 값과 근삿값을 거의 구별하지 않았다. 그리고 그리스 수학의 주요 특성인 증명이나 논증은 찾아볼 수 없다.

이집트 수학이 필요에 의해, 그리고 실용적인 것으로서 발전해온 것처럼, 바빌로니아 수학도 처음에는 비슷한 이유로 발전했다. 신문명은 소수의 귀족들이 많은 인구를 지배하는 체제로, 식량과 물을 생산하고 분배하는가 하면, 대규모의 공공 토목공사를 건설하고 관리하며, 세금을 걷고, 재산법을 시행했다. 그 때문에 린드/아메스 파피루스처럼, 바빌로니아 점토판 문서에 실린 문제들이 땅의 넓이를 계산하고 홀수 명의 사람들에게 식량을 분배하는 방법과 같은 실용적이고 구체적인 응용을 다루고 있는 것은

고대 아시리아인들의 천문 달력.

당연하다. 그러나 바빌로니아 왕조 통치기 말경, 천문학자들이 정교하고 상세한 계산을 하는 등 수학적 탐구 그 자체를 위한 초기 양상이 보이면서 수학이 보다 복잡하고 이론적인 특성을 나타내기 시작했다. 셀레우코스 왕조 통치기에는 60진법의 17자릿수까지 계산한 흔적이 남아 있다. 이를테면 π를 3.14159265358979323까지 계산한 것과 같다. 네덜란드 수학사학자 더크 스트루이크$^{Dirk Struik}$은 "그런 복잡한 수 계산은 징세 또는 측정의 문제를 해결하기 위한 것이 아닌, 천문학적 문제 해결 및 계산에 대한 순수한 열정으로 이루어졌다"고 주장했다.

대수학의 다른 이름

대수학에서는 미지량들을 나타내기 위해 문자를 사용하고, 이 미지량들이 서로 어떤 관계가 있는지를 보여주기 위해 방정식으로 나타낸다. 바빌로니아인들은 문자나 방정식으로 나타내지는 않았지만 대수학을 광범위하게 사용했다. 기원전 1750년경 구바빌로니아 시대 함무라비 왕의 통치 시기에, 바빌로니아인들은 미지량들을 제곱(현재의 이차방정식)하거나 세제곱(현재의 삼차방정식)한 방정식을 해결할 수 있었다. 문자나 방정식을 사용하지 않고, 이집트인들이 방정식을 해결한 것과 유사한 방식이었다. 바빌로니아인들은 a, b, x, y 등의 문자 대신 길이, 폭, 너비, 넓이를 미지량으로 나타낸 수사적 문제를 이용했다. 예를 들어 구바빌로니아인들의 점토판에는 학생이 다음의 문제(오늘날의 언어로 약간 각색함)를 풀도록 제시하고 있다.

"두 개의 정사각형을 합한 어떤 땅 A의 넓이가 1000이다. 한 정사각형의 한 변의 길이는 다른 정사각형의 한 변의 길이의 $\frac{2}{3}$에서 10만큼 작다고 한다. 두 정사각형의 변의 길이는 각각 얼마인가?"

오늘날의 방식에 따라 표기하면, 이것은 두 방정식 $x^2+y^2=1000$, $y=\frac{2}{3}x-10$으로 나타낼 수 있다. 오늘날 우리는 음수를 인지하고 있어 이차방정식이 양수의 해와 음수의 해를 가질 수 있지만, 바빌로니아인들은 음수를 인지하지 않았던 까닭에 $x=30$이라는 오직 한 개의 해^{解}만을 가질 수 있었다. 이와 같은 계산은 땅을 측량하고 재산

문제를 해결하는 응용 상황에서, 보통 길이와 세로의 길이를 알지 못하는 정사각형들을 다뤘다.

추상적으로 사고하기

바빌로니아인들이 실용적 수학을 토대로 몇몇 일반적 원리를 추상적으로 생각하기 시작했다는 몇 가지 흔적이 있다. 예를 들어 한 점토판에는 대각선이 표시된 정사각형이 그려져 있으며, 정사각형의 한 변의 길이와 대각선 길이의 비가 $1:\sqrt{2}$ 임을 제시하고 있다. 바빌로니아인들은 이것이 단지 특정 땅이나 구역이 아닌, 일반적인 정사각형에 대해 참이 됨을 분명히 이해하고 있었다.

가장 흥미롭고 논란이 되는 점토판들 중 하나는 기원전 1800년경에 만들어진 플림프톤 322로, 컬럼비아 대학의 플림프톤 소장품의 목록 번호가 322라는 데서 따온 이름이다. 이 점토판에는 두 개의 세로줄에 '대각선'과 '폭'에 해당하는 길이를 적어놓은 표가 실려 있다. 오스트리아계 아메리카 고고학자인 오토 노이게바우어[Otto Neugebauer]는 점토판에 적힌 것들이 피타고라스 세 쌍에 해당하는 수들임을 알아냈다. 피타고라스 세 쌍은 직각삼각형의 세 변의 길이가 피타고라스의 정리를 만족하는 정수일 때의 세 수를 말한다. 예를 들어 직각을 낀 두 변의

쐐기문자를 사용하여 수사적 대수 문제를 나타낸 점토판.

길이가 3과 4인 직각삼각형의 경우, 피타고라스의 정리에 의해 빗변의 길이는 5가 된다.

이로 미루어 바빌로니아인들은 피타고라스의 정리라 부르지는 않았지만, 분명히 이 정리에 대해 알고 있었다. 그러나 모든 사람들이 플림프톤 322가 피타고라스의 정리를 증명하고 있다고는 생각지 않는다. 이것은 단지 교육을 위한 계산 관련 연습 문제에 불과하며, 이로 인해 바빌로니아인들이 피타고라스의 정리를 증명할 생각을 하지 못했을 수도 있다. 노이게바우어가 자신의 대표작 《고대의 정밀과학The Exact Sciences in Antiquity》에서 다음과 같이 주장하기도 했지만, 증명에 대한 어떤 기록도 남아 있지 않아 그에 대한 진실을 결코 알지 못할 수도 있다.

바빌로니아 수학은 아직도 밝혀지지 않은 부분이 많지만 꾸준한 연구 결과 상당히 많은 것들이 확인되고 있는 상황이다. 이는 많은 측면에서 초기 르네상스의 수학에 필적할 정도의 수학적 발전 수준을 보여주고 있다.

진법

자릿값 또는 위치기수법^{positional counting systems}의 기본수는 그 기수법에서 사용하는 값이나 숫자의 개수로, 기수라고도 한다. 예를 들어 10진법의 경우에는 수의 각 자리가 10개의 값(0-9) 중 하나로 채워지므로 기수가 10인 반면, 이진법의 경우에는 수의 각 자리가 2개의 값(0 또는 1) 중 하나로 채워지므로 기수가 2이다.

진법 명칭

수체계는 어떤 기수로도 나타낼 수 있다. 오른쪽 표는 10진법을 포함하여 가장 보편적으로 사용된 기수법을 정리한 것이다. 각 기수법에서 수를 나타낼 때는 수의 끝부분에 기수를 첨자로 하여 나타낸다. 예를 들어 111_2는 이진법으로 나타낸 수 111을 나타내며, 10진법으로 나타내면 7이 된다. 또 111_8은 8진법으로 나타낸 수 111을 나타내며, 10진법으로 나타내면 73이 된다.

기수	수체계	기수	수체계
2	2진법	9	9진법
3	3진법	10	10진법
4	4진법	11	11진법
5	5진법	12	12진법
6	6진법	16	16진법
7	7진법	20	20진법
8	8진법	60	60진법

10진법에서의 자릿값

10진법으로 나타낸 수의 경우, 각 자리는 10의 거듭제곱 power 또는 역수를 나타낸다. 예를 들어 수 111.1과 같이 각 자리 또는 자릿값들이 정해지면, 이 수에는 네 개의 자릿값이 있게 된다.

A	B	C	.	D
1	1	1	.	1

10^2 (100의 자리)	10^1 (10의 자리)	10^0 (1의 자리)	.	10^{-1} (10분의 1의 자리)
1	1	1	.	1

A에 해당하는 자리는 10^2의 값을 가지므로, 이 자리에 위치한 숫자는 값 10^2을 단위로 하여 이것이 몇 개 있는지를 나타낸다. D에 해당하는 자리는 10^{-1} 또는 $\frac{1}{10}$의 값을 가지므로, 이 자리에 위치한 숫자는 $\frac{1}{10}$이 몇 개 있는지를 나타낸다. 오른쪽 표에서 각 자리에 해당하는 자릿값을 나타내면 다음과 같다.

10진법은 일상생활에서 필수불가결한 것으로, 맹목적으로 작용하며, 깊이 생각하거나 노력을 들이지 않고도 사용되고 있다. 111을 보면서, 100의 자리, 10의 자리, 1의 자리의 수를 더하여 111을 만들기 전에 각 자리의 수가 각각 몇 개씩 있는지를 계산하지 않아도 된다.

2진법

10진법 외에 가장 친숙한 기수법은 아마도 2진법일 것이다. 2진법은 오직 두 개의 숫자 1과 0만으로 나타내기 때문에 컴퓨터로 계산할 때 사용된다. 컴퓨터 시스템에서 숫자 정보는 on(1) 또는 off(0)로 되어 있는 스위치에 의해 표현된다. 1과 0은 각각 1비트(bit, 2진법으로 나타낸 수를 뜻하는 'binary digit'의 줄임말)이다. 컴퓨터로 계산할 때 사용되는 다른 기수들은 2^3과 2^4으로 만드는 8과 16이다. 이들 기수를 사용하는 이유는 칩과 드라이브의 메모리 용량이 16Mb 램이나 720Mb 하드 드라이브와 같이, 10진법에서 흔히 하는 반올림이 되지 않은 수들을 다루기 때문이다(Mb는 메가바이트를 나타낸다).

 보통 수를 다룰 때 각 자릿값을 생각하지 않기 때문에, 10진법이 아닌 2진법이나 다른 기타 진법으로 나타낸 수의 경우에도 이 수의 각 자릿값을 생각하는 데 익숙지 않아 이해하기가 어렵다. 예를 들어 11을 보면서 머릿속으로 수 11을 생각하지만 '$[1 \times 10^1]_{10} + [1 \times 10^0]_{10}$'을 생각하지는 않을 것이다. 2진법으로 나타낸 수 11은 10진법으로 나타낸 수 3과 같다. 첫 번째 숫자는 '2의 자리'의 1을 나타내고, 두 번째 숫자는 '1의 자리'의 1을 나타낸다.

 자릿값은 0과 1 사이의 수에서도 생각할 수 있다. 예를 들어 10진법에서, 소수점 아래 첫 번째 자리는 10^{-1}의 자리이고, 2진법에서는 $\frac{1}{2}$ 또는 2^{-1}의 자리다. 2진법에서 소수점 아래 두 번째 자리는 2^{-2} 또는 $\frac{1}{4}$의 자리다. 따라서 2진법으로 나타낸 수 1.11은 10진법으로 나타낸 수 $1 + \frac{1}{2} + \frac{1}{4} = 1.75$가 된다.

기수가 10보다 큰 기수법의 표현

기수가 10보다 작은 기수법들의 경우, 우리가 현재 사용하는 10진법의 숫자를 사용하여 충분히 나타낼 수 있다. 예를 들어 8진법의 경우에는 0에서 7까지의 일곱 개의 수들만으로 나타낼 수 있다. 그러나 기수가 10보다 큰 기수법들은 우리가 사용하는 0에서 9까지의 열 개의 서로 다른 수들만으로는 모두 나타낼 수 없다.

이 문제를 해결할 한 가지 방법은 9보다 큰 수들에 대하여 다음 표와 같이 문자를 사용하는 것이다. 예를 들어 16진법의 경우, 10진법에서의 10을 A로 나타내고, 11을 B로 나타낸다. 이와 같은 방법으로 10진법에서의 15를 F로 나타내고, 그 다음 수 16은 16진법에서는 10으로 나타내면 된다. 따라서 16진법에서의 수 $14F_{16}$를 10진법에서의 수로 나타내면 $(1 \times 16^2) + (4 \times 16) + 15 = 335_{10}$ 또는 그냥 335라고만 나타내도 된다.

10진법	1	2	3	4	5	6	7	8	9	10	11	12	13	14	15
16진법	1	2	3	4	5	6	7	8	9	A	B	C	D	E	F

원

원은 가운데 한 점에서 같은 거리에 있는 모든 점을 지나는 곡선으로 이루어진 평면도형이다. 원은 신비적인 해석이 부여된 성질들을 가지고 있다. 이를테면 시작점이나 끝점이 없으며, 시작점이 어디든 상관없이 측정할 수 있고, 원의 중심을 지나는 어떤 축에 대해서도 항상 대칭을 이룬다.

원은 해바라기꽃 모양이나 거의 원에 가까운 오렌지 단면의 둥근 모양에서부터, 태양이나 보름달의 완벽한 원 모양에 이르기까지 쉽게 찾아볼 수 있다. 선사시대 사람들은 원이 천체와 관련 있고 여기에 '신비적인' 특성들까지 더하여지며 큰 영향을 받았다. 잔 모양의 조각과 부조, 동심원 등의 원 무늬는 전 세계 모든 문화권에서 만든 선사시대 암각화의 공통적인 특징이다. 이들 특징은 고대 도자기 패턴이나 공예품의 또 다른 형태에 반영되었다.

원의 측정

원의 테두리 길이를 원둘레라 하고, 원의 중심에서 원 위

아일랜드의 뉴그레인지에서 발굴된 널길이 있는 무덤(기원전 3000년)의 돌에 새겨진 소용돌이 무늬.

북부 잉글랜드에서 발굴된 선사시대 원형잔 모양 무늬를 새긴 바위 미술.

의 임의의 점까지의 거리를 반지름이라 한다. 지름은 원 위의 임의의 두 점을 이은 선분 중 원의 중심을 통과하는 것으로, 지름은 반지름의 두 배다.

사람들이 어느 정도 사물을 정확히 측정하기 시작하면서 원의 지름(D)과 둘레의 길이(C) 사이에 특별한 관계가 있다는 것을 알아차렸을 것이다. 원의 크기에 상관없이 원둘레 길이에 대한 지름의 비율은 항상 같다. 이 비율을 원주율이라 하며, 보통 기호 π를 사용하여 나타낸다. 원주율은 어떤 분수나 소수로 정확히 나타낼 수 없어 대부분의 계산에서는 근삿값 3.14를 사용하고 있다.

간단하지만 방정식 $\dfrac{C}{D}=\pi$임을 알고 있으면, 원과 관련된 크기를 훨씬 쉽게 구할 수 있다. 그것은 다음과 같이 식을 변형할 수 있으므로, 측정값들 중 하나를 알고 있다는 전제하에 원과 관련된 또 다른 크기를 구하기 때문이다.

$$C = \pi \times D$$

$$D = \frac{C}{\pi}$$

예를 들어 직경이 10m인 자이언트 세콰이어를 보러 갔다가 나무 밑동의 둘레를 걸어서 돌았다면, 걸은 거리는 얼마일까? 그 거리는 $3.14 \times 10 = 31.4$m로 간단히 구할 수 있다. 반대로 자이언트 세콰이어를 보러 갔는데 나무의 직경을 모를 때는 나무 밑동의 둘레를 걸어간 걸음의 수를 센 다음, 이것을 3.14로 나누면 걸음의 수로 나타낸 직경을 알 수 있다. 보통 성인 남성의 한 걸음이 약 0.75m이므로, 직경이 10m인 나무의 둘레를 걸어서 돌기 위해서는 약 42걸음을 걸어야 할 것이다.

지름(D)과 반지름(r)을 혼동하면 안 된다. 지름은 반지름을 두 배한 것으로 $C = \pi \times D = \pi \times 2r = 2\pi r$이므로, 원둘레 길이를 $2\pi r$로 표현하는 경우가 더 많다. 원의 넓이를 구할 때는 반지름이 필요하므로 수학 문제 및 연습 문제에서는 종종 지름보다는 반지름이 제시되는 경우가 있다.

원의 넓이

원의 넓이를 구하는 식은 $\pi \times r^2$(혹은 πr^2)이다. 반지름 대신 지름을 사용하면 $\frac{D}{2}$이므로 원의 넓이를 구하는 식은 $\frac{\pi}{4} \times D^2$이다. 특히 반지름의 길이가 1인 원을 단위원이라 한다. 단위원의 넓이는 $\pi \times 1^2 = \pi$ 또는 3.14이다. 단위원을 이용하면 원의 넓이와 정사각형의 넓이를 쉽게 비교할 수 있다. 단위원의 지름을 한 변의 길이로 하는 정사각형의 넓이는 $2^2 = 4$이다. 따라서 $\frac{(\text{단위원의 넓이})}{(\text{정사각형의 넓이})}$는 대략 $\frac{3.14}{4} = 0.785$로 78.5% 정도 된다. 이 비율은 원에 외접하는 어떤 정사각형에 대해서도 항상 같다.

원과 직선

원과 관련된 수학 용어는 이해하기 어렵고 복잡하지만, 기하학을 이해하는 데는 중

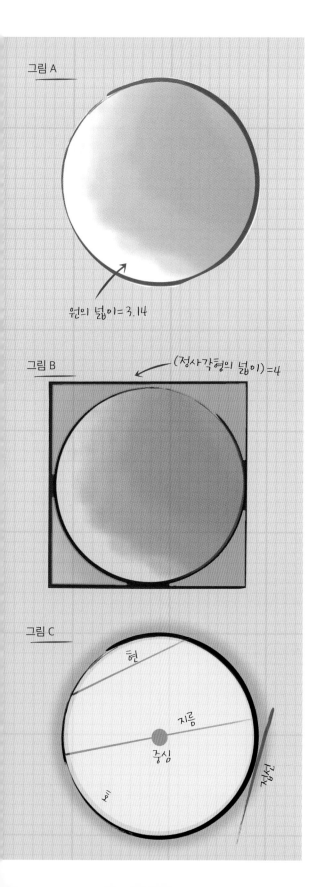

그림 A

원의 넓이=3.14

그림 B

(정사각형의 넓이)=4

그림 C

현

지름

중심

호

접선

요하다. 원과 관련하여 주요 선들은 그림 C에서 보이는 것처럼 다음과 같다.

- **현** 원의 둘레에 있는 서로 다른 두 점을 이은 선분
- **지름** 원의 중심을 지나가는 현
- **호** 원의 둘레 일부
- **접선** 원의 외부에서 원과 한 점에서 만나는 직선

또 원을 '분할'할 때, 분할된 조각은 다음과 같이 나타낸다(그림 D).

- **부채꼴** 피자 조각처럼, 두 개의 반지름에 의해 만들어진 조각
- **활꼴** 현에 의해 만들어진 조각

원의 $\frac{1}{4}$과 절반으로 구성된 사분원과 반원은 부채꼴에 해당한다(그림 E와 그림 F).

부채꼴의 중심각은 조각을 만드는 두 반지름 사이의 각을 말하며, 이 중심각의 크기를 사용하여 부채꼴의 넓이를 구할 수 있다. 원의 중심각 크기는 360°이고 넓이가 πr^2이므로, 중심각의 크기가 $x°$인 부채꼴의 넓이는 $\frac{x}{360}\times\pi r^2$이 된다. 예를 들어 사분원의 중심각의 크기는 90°이므로, 사분원의 넓이는 원의 넓

그림 D

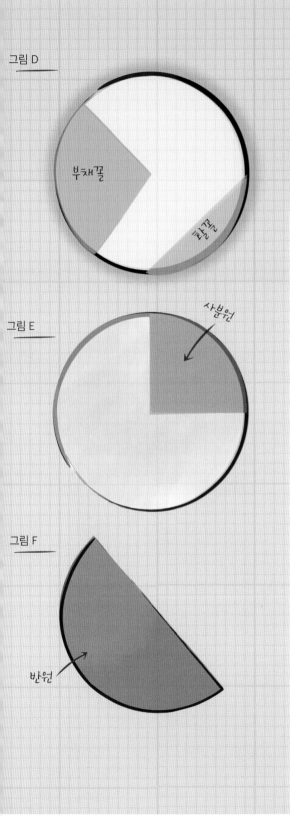

부채꼴

활꼴

그림 E

사분원

그림 F

반원

그림 G

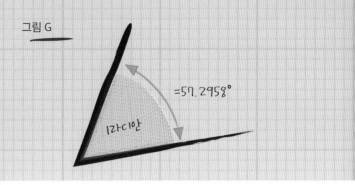

=57.2958°

1라디안

이의 $\frac{90}{360} = \frac{1}{4}$ 이 된다.

라디안

각은 보통 도로 측정하며, 원의 중심각이 360°임은 익히 알고 있다. 하지만 수학자들은 원에서의 각을 라디안으로 측정하는 것을 더 선호할 때가 있다. 1라디안은 반지름과 길이가 같은 호를 갖는 부채꼴의 중심각의 크기를 말한다. 예를 들어 한 원의 반지름이 1m일 때, 1m 길이로 실을 잘라 원의 둘레에 놓은 다음, 실의 양끝에서 원의 중심을 잇는 선분, 즉 반지름을 그린다. 이 두 반지름 사이의 각의 크기가 1라디안이다. 라디안이 원 자체의 일부를 토대로 측정한 순수 측정값이고, 또 삼각법과 같은 많은 계산 과정에서 라디안을 사용하면 계산 결과를 보다 간단히 나타낼 수 있어 수학자들은 라디안 사용을 더 선호한다.

원의 넓이를 구하는 식에 따라 원의 중심각의 크기는 2π라디안이고, 반원의 중심각의 크기는 π라디안이다. 반원의 중심각 크기가 $180°$이므로, $180° = \pi$라디안 또는 1라디안 $= \dfrac{180°}{\pi}$이다. 따라서 1라디안은 약 $57.2958°$다(그림 G).

라디안의 정의에 따라, 반지름이 1m인 원의 둘레에 실의 길이가 각각 1m인 여러 가닥의 실을 놓으려면 $1 \times 2\pi$ 또는 약 6.28개가 필요함을 알 수 있다.

비트루비우스 인간

오늘날에도 원은 여전히 신비적인 의미를 지니고 있으며, 이 의미를 가장 잘 표현한 것으로 레오나르도 다빈치가 그린 비트루비우스 인간을 들 수 있다. 이 그림은 팔과 다리를 쫙 펴고 서 있는 남자의 모습을 그린 것으로, 팔과 다리 끝부분이 정사각형의 변과 원에 닿아 있다. 레오나르도 다빈치는 기원전 1세기경의 고대 로마 건축가 마르쿠스 비트루비우스가 쓴 《건축 10서》에서 인체 비례를 설명

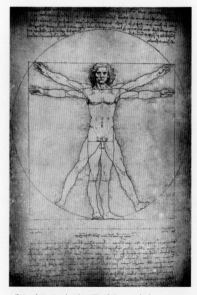

한 대목을 보고 아래와 같은 그림으로 나타냈으며 이것은 신성한 수 및 비율 개념에 큰 영향을 미쳤다. 레오나르도 다빈치가 비트루비우스의 책에서 참고한 부분은 신전 건축 편으로, '평평한 곳에 등을 대고 누워서 팔다리를 뻗은 다음, 컴퍼스의 바늘 끝을 배꼽에 대고 손가락과 발가락이 닿는 한 부분으로부터 원을 그리면 손가락과 발가락이 모두 원의 둘레에 닿는다. 인간의 신체로 원을 그릴 수 있는 것처럼, 정사각형도 그릴 수 있다'는 대목이다.

레오나르도 다빈치의 그림이 원을 정사각형으로 만들기 위한 노력의 결과, 즉 변의 길이 등을 재지 않고도 같은 넓이를 갖는 원과 정사각형을 그리는 원리를 알아낸 것이라는 주장도 있다.

레오나르도의 비트루비우스 인간.

스톤으로 만든 원과 신성 기하

신석기시대 유물인 스톤헨지는 많은 학설이 제기되고 오해를 낳은 것 중 하나다. 그럼에도 불구하고 분명한 것은 당시 사람들이 알고 있는 수학적이고 기하학적인 원리들을 적용하여 구조물을 건축했다는 것이다. 스톤헨지와 그 밖의 다른 거석 유물들은 보다 잘 알려진 주요 문명 이외의 곳에서 전해져 내려오는 수학적 지식을 표현하고 있다. 서부 유럽에서 대대로 전해져 내려온 것일 수도 있는 수학적 지식의 범위 및 전해져 내려오는 이야기의 본질을 추측하는 것은 매우 흥미롭다.

'대서양' 전통의 최후 상속인들인 철기시대 켈트족 및 드루이드 사제*들은 피타고라스학파 및 수학의 신비로운 지식들에 대한 획기적인 탐구 내용과 서로 관련되어 있을 수도 있다.

스톤헨지

영국 윌트셔 주의 솔즈베리 평원의 오늘날 스톤헨지에 위치한 거석 유물은 말편자 모양의 덮개석이 있는 셰일 삼석탑이 원형으로 줄지어 서 있으며, 그 안쪽에는 바깥쪽의 셰일 삼석탑 보다 작은 블루스톤이라는 돌들을 원형으로 배치해놓았다. 블루스톤 서클 안에는 덮개석이 있는 삼석탑 다섯 개가 놓여 있고, 그 안쪽에는 말발굽 형태를 한 블루스톤 입석이 세워져 있으며, 중앙에는 제단석이 놓여 있다. 이 거대 입

---

* 기독교로 개종하기 전의 갈리아와 브리튼의 고대 켈트족 성직자로, 예언자 · 재판관 · 시인 · 마술사 등을 포함함.

덮개가 없는 구조물인 스톤헨지를 공중에서 본 모습.

석들 바깥쪽으로는 동심원을 이루며 파놓은 작은 구덩이들과 두 개의 무덤, 사각형을 이루며 세워진 네 개의 입석이 있으며, 입석 주변에는 흙을 파서 원형 도랑을 내고, 파낸 흙으로 둑을 쌓아놓았다. 북동쪽으로 나 있는 입구는 양옆에 흙을 쌓아 만든 둑을 경계로 하는 통로와 연결되어 있고, 통로에 힐스톤이라는 돌이 홀로 서 있다.

　기원전 7500년경에 만들어진 것으로 추측되는 또 다른 토루土壘나 구조물들이 있지만, 스톤헨지는 신석기시대 중기로 알려진 기원전 2950년에서 기원전 2450년까지 대략 500여 년에 걸쳐 구축된 것으로 추측된다. 후기 청동기시대 사람들은 이곳을 종교적 장소로 여겼으며 족장이나 사제들이 근처의 많은 고분에 매장되었다. 켈트족과 같은 철기시대 사람들은 종교적 목적으로 계속 거석들을 사용해왔던 것으로 여겨진다. 18세기까지는 드루이드 사제들이 스톤헨지를 세운 것으로 잘못 알려져왔지만,

스코틀랜드 헤브리디스 제도 외곽에 있는 컬러니시 거석(Callanish standing stone)들.

사제들이 그곳에서 종교적 제의를 행했을 가능성은 있다.

스톤헨지를 탐구한 초기 연구가들은, 하짓날의 일출 등 중요한 천체 현상에 따라 돌을 배치한 것으로 추측했다. 보다 최근에는 북동쪽으로 난 통로에 서서 거석들을 바라볼 때, 중앙에 있는 제단석 너머 반대쪽이 동짓날 해가 지는 방향이 되도록 거석들이 배치되어 있다는 것을 확인했다는 주장이 제기되기도 했다.

스톤헨지는 태양은 물론, 달의 운행과 관련해 거석들을 배치했을 수도 있다. 원형으로 배치된 셰일 삼석탑들 바깥쪽에는 네 개의 입석이 직사각형을 이루며 배치되어 있다. 직사각형의 변 중 짧은 쪽은 하지와 동지를 잇는 선과 평행하게 배치했고, 긴 쪽은 지평선을 따라 달의 18년 이동 주기에 따른 최남단의 월출과 평행하게 배치되었다. 이 달이 떠오르는 경로를 나타내는 선과 놋짓날의 해가 지는 경로를 나타내는 선은 남동쪽에 위치한 입석에서 직각을 이룬다.

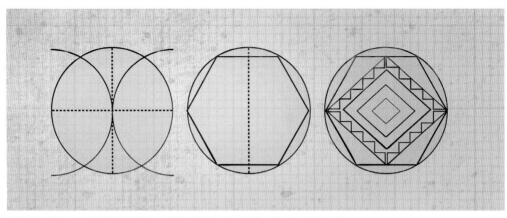

밧줄과 기둥만으로 복잡한 기하학적 도형을 어떻게 만들 수 있는지를 보여주는 그림.

돌의 기하

눈길을 끄는 이 기하학적 배치를 통해, 옥스퍼드대 경관고고학자인 앤서니 존슨은 스톤헨지 이면의 건축 지침이 천문학이 아닌 기하학이라고 주장했다. 존슨에 따르면, 당시 스톤헨지를 구축하기 위해 먼저 원을 그린 다음, 원의 둘레에 정사각형의 네 꼭 짓점을 설정하고, 원의 내부에 팔각형을 만들기 위해 또 다른 정사각형을 그려 넣었다. 그런 다음, 각 꼭짓점에 박아놓은 말뚝을 밧줄로 감아 연결하면 여러 개의 호가 나타나며, 결국 점점 더 복잡한 다각형을 만들게 된다. 존슨은 컴퓨터를 사용하여 확인한 결과, 56각형이 단 한 개의 밧줄만을 사용하여 사각형과 원의 기하학을 통해 순수하게 만들어낼 수 있는 가장 복잡한 도형이며, 이것이 거대 입석들 바깥쪽에 파놓은 56개의 '오브리 홀^{Aubrey hole}'로 이루어진 원과 관련이 있다고 주장했다. 존슨은 스톤헨지에서 또 다른 모양의 다각형의 존재에 대해 언급하며, 덮개석이 있는 삼석탑으로 만들어진 셰일 서클이 실제로는 30각형이었다고 주장했다. 그는 이 모든 것이 "스톤헨지의 건축가들이 피타고라스보다 2000년이나 앞서 정교하면서도 경험을 통해 알아낸 피타고라스학파의 기하학적 지식을 알고 있었다는 것을 보여준다"며 주장하고 있다.

피타고라스와의 연관성

솔즈베리 평원에 이와 같은 복잡한 기하학적 구조물이 세워진 후 2000년 이상, 고대 영국 켈트족 종교 드루이드교 사제들이 그곳에서 신을 숭배하며 제의를 행했을 것이다. 그들의 신앙이나 의식에 대해서는 거의 알려진 바가 없지만, 같은 시기에 활동했던 이탈리아 남부의 피타고라스학파와 공통의 신앙을 공유했다는 몇 가지 흥미로운 단서들이 있다. 이를테면 드루이드들과 피타고라스학파 모두 환생을 믿었으며, 드루이드들이 지혜와 학식을 갖추고 있는 것으로 많이 알려져 있었다. 드루이드들이 피타고라스학파의 기하학적 지식을 공유했지만, 문자 문화가 아니었기에 이에 대해 기록을 남기지 못했던 것일까? 드루이드들에 대해 전해 내려오는 한 이야기에 따르면, 그들은 열두 개의 매듭이 있는 끈을 가지고 있었다고 한다. 이 끈은 각각 세 개, 네 개, 다섯 개의 매듭 사이의 길이로 변의 길이를 측정하는 피타고라스학파의 트리플 장치처럼 사용되었다.

π의 역사

π는 고대 이래 수학자들의 마음을 매료시켜왔다. 사람들은 비와 분수, 나눗셈을 이해하면서, 원의 지름에 대한 둘레의 길이의 비율이 어딘가 이상한 점이 있다는 것을 더 빨리 알게 되었다. 정의에 따르면, 모든 원은 같은 모양이다. 기하학적으로 서로 닮았다고 한다. 이는 곧 모든 원에 대하여 지름에 대한 둘레의 길이의 비율이 같음을 의미한다.

선사시대 미술가나 고대 그리스의 철학자 어느 누구든, 원의 크기를 측정하는 사람이면 원둘레의 길이가 지름으로 딱 나누어떨어지지 않는다는 점을 알아챘을 것이다. 지름에 대한 둘레의 길이의 비율은 3 정도 되지만 정확한 값은 아니다.

여러분도 이 값을 알아낼 수 있다. 먼저 큰 종이와 컴퍼스를 준비한다. 컴퍼스가 없으면 핀과 실, 연필로 여러분만의 컴퍼스를 만들면 된다. 크기가 서로 다른 여러 개의 원을 그린 다음, 지름을 재고 원 안에 각각 잰 값을 적는다. 이번에는 각 원의 둘레를 따라 조심스럽게 실을 올려놓은 뒤 각 원의 둘레 길이를 알아보기 위해 이 실의 길이를 잰다. 이렇게 알아낸 둘레의 길이를 각각 지름으로 나누면, 원의 크기에 관계없이 약 3.14라는 같은 값을 얻게 될 것이다. 이 수가 바로 원의 지름(D)에 대한 둘레의 길이(C)의 비율인 원주율로, $\pi = \dfrac{C}{D}$로 나타낸다. π는 그리스 문자 π의 이름으로서, 표준 표기법으로 사용되고 있다.

뷔퐁의 바늘과 π를 아는 개미

    18세기 프랑스의 박물학자이자 수학자였던 조르주루이 르클레르 드 뷔퐁 백작은 뷔퐁의 바늘로 알려진 원주율 값을 추정하는 놀라운 방법을 제안했다. 너비가 모두 같은 평행한 널판이 깔려 있는 마루에 임의로 바늘을 반복하여 던질 경우, 원주율 π의 값을 통계적으로 예측할 수 있다. 이때 바늘의 길이는 널판의 너비보다 짧으며, 바늘의 두께 및 널판 사이의 경계선 두께는 생각하지 않는다. 바늘을 반복해서 던질 때 바늘이 경계선에 닿거나 걸칠 확률은 바늘의 길이(l)에 두 배한 값을 널판의 너비(d)와 π를 곱한 값으로 나눈 것 $\left(\dfrac{2 \times l}{d \times \pi}\right)$이 된다. 여러분도 나무판 위에 바늘을 반복하여 떨어뜨린 다음, 바늘이 경계선에 닿거나 걸친 횟수를 세어 π를 얻을 수 있다.

    뷔퐁은 타일이 깔린 바닥에 여러 개의 바게트를 어깨 너머로 던져 실험해보았다고 말했으며, 1901년 이탈리아 수학자 마리오 라차리니[Mario Lazzarini]는 한 개의 바늘을 3408회 던져 π의 값으로 $\dfrac{355}{113}$ 또는 3.1415929……를 얻었다. 이 값은 실제의 π 값과 비교했을 때 0.0000003만큼 적은 수였다. 하지만 라차리니의 계산 결과에 대한 의문도 제기되고 있다. 컴퓨터라고 해도 그 방식을 따르려 할 때 순수하게 무작위성을 충분히 구현하기가 쉽지 않기 때문이다.

    2000년의 한 연구 조사에서는, 놀랍게도 개미가 자신들의 새 보금자리의 크기를 알아보기 위해 이 기법을 이용한다는 것이 밝혀졌다. 영국 바스 대학의 수리생물학센터 연구원인 이몬 B. 말론[Eamonn B. Mallon]과 나이절 R. 프랭크스[Nigel R. Franks]가 실험실에서 개미의 한 종인 렙토토락스를 관찰하는 과정에서, 새 장소가 보금자리로 적합한지 알아보기 위해 정찰 개미가 바닥을 오고가며 냄새 흔적을 남기고, 오간 냄새 경로들이 서로 마주치는 횟수를 센 다음, 이 정보를 바탕으로 그 장소의 크기를 가늠한다는 것을 알아낸 것이다.

드 뷔퐁 백작.

무리수와 초월수

원주율 π는 정확한 비율이나 분수로 나타낼 수 없다. 분수로 나타낼 수 없는 수를 무리수라 하며, 원주율 π는 무리수 중 최초로 발견된 것이었다. 또한 π는 초월수로, 초월수는 정수를 사용하여 계산하는 임의의 대수식에서 표현할 수 없는 수를 말한다.

파이 기호

고대 그리스에서 문자 π는 수 80을 의미했다. 1647년 영국의 수학자 윌리엄 오트레드$^{\text{William Oughtred}}$가 오늘날의 의미와는 약간 다른 상황에서 $C:D$의 비를 표기하기 위해 π 기호를 처음 사용했다. 1706년 웨일스 수학자 윌리엄 존스$^{\text{William Jones}}$가 3.14159……의 의미로 처음 사용한 이후 이 표기법은 계속 쓰이게 되었으며, 18세기 중반 스위스 수학자 레온하르트 오일러$^{\text{Leonhard Euler}}$에 의해 대중화되었다.

파이의 간략한 역사

수학적으로 유명한 성경 구절은 π의 값에 대한 내용을 담고 있다. 〈열왕기상〉 제7장 23절에는 손을 씻는 큰 물대야(대야를 가리켜 '바다'라고 함)를 주조하기 위해 지름이 10규빗이고, 둘레 길이는 30규빗인 대야의 치수를 제시하고 있다(열왕기상 7장 23절 또 바다를 부어 만들었으니 그 직경이 십 규빗이요 그 모양이 둥글며 그 높이는 다섯 규빗이요 주위는 삼십 규빗 줄을 두를 만하며). 따라서 $\frac{30}{10}=3$이다.

《열왕기 상·하》는 기원전 950년경에 쓰였지만, 사실 이때까지 적어도 천년 동안 더 정확한 π의 값이 알려져 있었다. 린드/아메스 파피루스와 바빌로니아 점토판 같은 현존하는 고대 수학적 문서들에 따르면 성경에서 사용된 것과 같은 π의 근삿값과 실제 값 사이에 차이가 있다는 것을 고대인들도 알고 있었다. 이집트와 바빌로니아인들의 문서에서는 π의 값으로 $3\frac{1}{6}$에서 $3\frac{1}{8}$까지의 훨씬 더 다양한 값들과 함께, 원과 관련된 대강의 계산에서 3을 사용하고 있다는 것을 볼 수 있다.

최초로 거의 정확한 π값을 계산한 사람은 기원전 250년경의 고대 그리스 수학자 아르키메데스다. 그가 사용한 방법은 실진법Method of Exhaustion으로, 원보다 약간 큰 다각형과 약간 작은 다각형의 넓이를 구한 다음, 이 두 넓이를 π의 상한, 하한으로 설정하여 π의 근삿값을 구한다. 이때 다각형의 변의 개수가 많아질수록, 다각형의 넓이가 원의 넓이에 가까워지므로, π의 극한값에 더욱 가까워지게 된다. 아르키메데스는 96각형까지의 다각형 넓이를 계산하여 π를 계산할 수 있었다.

아르키메데스의 방법은 이후 1800년 동안 사용되었다. 중국과 인도, 이슬람의 수학자들은 실진법을 사용하여 연속적으로 훨씬 더 정확하게 π값의 각 자리의 숫자들을 구했다. 그중에서도 독일 수학자 뤼돌프 판 쾰런Ludolph van Ceulen은 1596년 변의 개수가 2^{62}(약 46억)개인 다각형을 사용하여 소수점 아래 34번째 자리까지 π의 값을 계산했다. 이를 자랑스럽게 여긴 그는 그 숫자들을 자신의 묘비에 새겨 넣었다.

17세기 초에 들어와서는 보다 새로운 방법들이 제안되면서 훨씬 더 정확한 값을 구할 수 있었다. 1706년경, 영국의 천문학자 존 마친John Machin은 π를 소수점 아래 100자리까지 계산했다. 19세기에는 영국의 아마추어 수학자 윌리엄 샹크스William Shanks가 15년을 들여 π값을 707개 자리까지 산출했다. 이는 한 주에 약 한 개의 새로운 숫자를 산출한 셈이었다. 하지만 그중에서 180개가 틀린 숫자였다.

1844년 독일의 석학 요한 다제Johann Dase는 두 달이 안 되는 기간 안에 소수점 아래 200자리까지의 π를 계산했으며, 그로부터 1세기 후 영국의 수학자 D. F. 퍼거슨D. F. Ferguson은 계산기로 소수점 아래 808자리까지 산출했다.

오늘날의 슈퍼컴퓨터는 π값으로 1조 개의 숫자까지 계산할 수 있다.

500년경. 원주율은 소숫점 아래 6자리까지 정확히 계산한 중국의 수학자 조충지.

수학자	지역	연도	파이의 값
아메스 (Ahmes)	이집트	BCE 1650년경	$\frac{256}{81}$ (3.16049)
아르키메데스 (Archimedes)	고대 그리스	BCE 250년경	$\frac{223}{71}$ (3.1418)
장 홍 (Chang Hong)	중국	130	$\sqrt{10}$ (3.1622)
프톨레마이오스 (Ptolemy)	알렉산드리아	150	3.1416
조충지 (Zu Chongzhi)	중국	480	$\frac{355}{133}$ (3.14159292…)
아리아바타 (Āryabhātā)	인도	499	$\frac{62832}{20000}$ (3.1416)
알콰리즈미 (al-Khwārizmī)	페르시아	800년경	3.1416
피보나치 (Fibonacci)	이탈리아	1220	3.141818

파이 기억하기

원주율 π의 소수점 아래 100번째 자리까지의 값은 다음과 같다.

3.14159265358979323846264338327950288419738327950288419716939937510582097494459230781640628620899862803482534211706679…

이 숫자들을 모두 기억하는 것은 어렵겠지만 π값의 처음 9개 또는 10개의 숫자를 기억하여 사람들에게 깊은 인상을 줄 수는 있다. 다음 연상법은 각 단어를 구성하고 있는 철자의 개수로 π의 각 숫자를 나타내는 방법으로, π값을 기억하는데 도움이 될 것이다.

May	I	have	a	large	container	of	butter	today
3	1	4	1	5	9	2	6	5

For	I	know	I	chose	knowledge	to	attain	life's	joy
3	1	4	1	5	9	2	6	5	3

우리가 필요한 것은 π의 소수점 아래 몇 번째 자리까지일까?

원주율 π를 소수점 아래 수백 자리 또는 수백조의 자리까지 계산하는 것은 단지 학문적 흥미에 따른 것일 수도 있다. 그런데 실용가치도 있는 걸까? 원을 이용하여 작업하는 공예가나 건축가, 기술자들은 분명히 π의 근삿값을 알고 있는 것만으로도 도움이 된다. 그렇다면 그들이 실제로 작업하는 데 필요한 것은 소수점 아래 몇 번째 자리까지일까? 그렇게 많이 필요하지는 않을 것이다. π의 소수점 아래 10번째 자리까지 알면 지구의 둘레 길이를 0.2mm 이내로까지 계산할 수 있다. 스코틀랜드의 수학자 조너선 보웨인[Jonathan Borwein]과 피터 보웨인[Peter Borwein]에 따르면, "반지름이 2×10^{25}m(200억 년 동안 빛의 속도로 움직이는 소립자 이동 거리에 대한 상계 그리고 우주의 반경에 대한 상계)인 원의 둘레 길이를 계산하기 위해서는 π의 39개 숫자가 필요할 뿐이다. 이때 오차는 10^{-12}m(수소 원자 반지름의 하계)보다 적게 발생한다"고 한다.

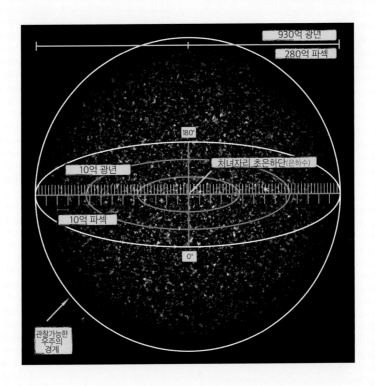

고대 그리스 수학

고대 그리스인들이 수학의 발전에 미친 영향은 엄청나다. 기원전 6세기경부터 오랫동안 지속된 알렉산드리아의 그리스 문화에 이르기까지, 알렉산드리아의 학자들은 천년이 지난 후까지도 여전히 연구를 지속했으며, 그리스와 그리스의 영향을 받은 세계의 고전주의 사상가들은 서양 수학의 근간을 세우는 데 기여했다. 최초로 수학을 추상적으로 연구함은 물론, 과학적 방식으로 수학을 식으로 나타내기 시작한 사람들도 그리스인들이었다. 가장 유명한 피타고라스의 정리와 같이, 그리스인들이 관심을 기울인 분야가 기하학이었다 하더라도 산술, 정수론(예를 들어 소수의 발견), 대수학, 공학과 측지학(지구 측정)을 발전시켰으며, 심지어 무한의 개념까지 탐구하기 시작했다.

⇐
고대 그리스 철학자이자 신비주의자인 사모스의 피타고라스 흉상. 기록된 역사에 따르면, 최초로 수학을 순수 학문으로 추구한 사람이 바로 피타고라스와 그 제자들이었다.

피타고라스: 수학을 발견하다

고대 그리스 철학자이자 신비주의자인 사모스의 피타고라스(기원전 565~495)는 새로운 용어를 만들어내고 계속해서 표현해오던 것을 정의하는 등 수학 발전에 크게 이바지했다. 그런데 수학사에서 가장 중요하면서도 유명한 인물 중 한 사람임에도 불구하고 그에 대해 알려진 바는 거의 없다.

피타고라스에 대해 확실하게 알려진 것이 있다면, 역설적이게도 자신의 이름이 들어 있는 정리를 그가 발견하지 않았다는 것이다. 그러나 피타고라스와 그의 제자들은 직각삼각형의 빗변 위에 있는 정사각형에 대한 유명한 정리가 참임을 증명한 최초의 사람들 중 하나이며, 기하학과 정수론, 음악수학 분야에서 선구적인 발견을 하기도 했다. 그럼에도 불구하고, 수학이 일련의 추상적 원리를 통해 논리적으로 발전한다고 보는 입장에서는 피타고라스가 최초로 수학을 한 것은 아니었다. 그것은 밀레투스의 탈레스에 의해 이루어졌다.

밀레투스의 탈레스

탈레스(기원전 625~547)는 우리가 그 이름을 알고 있는 최초의 주요 수학자다. 고대 그리스의 7현인 중 한 명으로 알려져 있는 탈레스는 소아시아(현재의 터키) 이오니아 해안의 밀레투스에서 살았지만, 수학과 철학을 배우기 위해 이집트로 여행을 떠났다. 그는 그림자를 이용하여 기자의 대피라미드 높이를 구하기도 했다.

탈레스는 수학적 정리를 최초로 형식화했다는 점에서 중요하다. 여기서 정리는 이미 받아들여진 공리들(수학 법칙)을 바탕으로 증명될 수 있는 명제 또는 가설을 말한다. 탈레스의 여러 정리가 비교적 기초적인 것을 다루고 때때로 자명해 보이는 관계들을 단지 자세히 설명하고 있을 뿐이지만, 그의 업적은 수학사에 획기적이면서도 혁신적인 성과를 이룰 수 있게 했다. 이집트인들과 바빌로니아인들은 구체적인 문제에 대한 특정 해解를 찾았지만, 탈레스는 상세하고 구체적인 예들을 통해 처음으로 일반적이고 보편적인 규칙을 추론함으로써 수학을 하나의 학문으로 바꾸었다. 오늘날 탈레스가 연구한 내용이 단 하나도 남아 있지는 않지만 후세는 기초 기하학의 다음과 같은 수많은 발견들을 그의 공으로 돌렸다.

1. 원은 지름에 의해 이등분된다.

2. 이등변삼각형의 두 밑각의 크기는 같다.

3. 두 직선이 만날 때 서로 마주 보는 두 각의 크기는 같다.

4. 닮은 삼각형의 변의 길이는 비례한다.

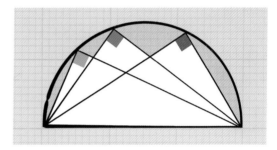

탈레스의 정리를 나타내는 그림.

5. 두 각의 크기와 그 사이에 있는 한 변의 길이가 각각 같은 두 삼각형은 합동이다.

6. 반원의 원주각은 직각이다.

여섯 번째 정리는 탈레스의 정리로도 많이 알려져 있다. 달리 표현하면, 삼각형의 밑변이 반원의 지름이 되고, 한 꼭짓점이 반원의 둘레 위에 놓이도록 삼각형을 그리면 삼각형의 밑변의 대각의 크기는 항상 직각이 된다.

피타고라스의 생애와 일화

피타고라스는 살아 있는 동안 이미 전설적인 인물이었음에도 불구하고 그의 생

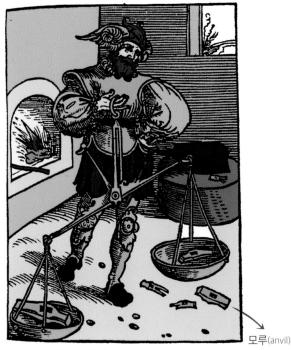

모루(anvil)

사모스의 위대한 현인으로 알려진 사모스의 피타고라스.

무게와 음정 사이의 관계를 알아보기 위해 모루의 무게를 재는 피타고라스.

애에 대해서는 거의 알려진 바가 없다. 상인 므네사르코스^{Mnesarchos}의 아들인 피타고라스는 사모스 섬에서 태어났으며, 탈레스의 제자였던 철학자 아낙시만드로스^{Anaximandros}(기원전 610~546)에게서 학문을 배웠다. 피타고라스는 수학을 공부하기 위해 이집트로 여행을 떠났으며, 페르시아를 여행한 뒤에는 시칠리아로 여행을 떠났다가 당시 그리스의 식민지들이 많았던 이탈리아 남쪽에 위치한 항구도시 크로톤에 정착했다.

피타고라스는 이곳에 학교를 설립하고 많은 제자들을 모았으며, 얼마 지나지 않아 숭배의 대상이 되었다. 그는 학식과 지혜는 물론, 마술적인 힘을 지닌 존재로 여겨졌다. 또 넓적다리는 황금으로 되어 있고, 동시에 서로 다른 장소에 나타날 수 있으며, 전생에 대해 모든 것을 기억하고 있다는 소문이 돌기도 했다. 피타고라스는 수학을 가르치면서, 동시에 환생 등을 믿는 비밀 종교의 이상한 교의들을 설파했다. 그는 인간의 영혼이 동물의 몸으로 환생하는 것을 피하기 위해서는 엄격한 채식주의자가 되어야 한다고 했다. 피타고라스학파인 그의 제자들은 태양을 향해 오줌을 누면 안 되고, 금 장신구를 걸친 여성과 결혼할 수 없으며, 길거리에 누운 당나귀를 넘어가서도 안 되고, 검은 잠두(콩)에 손대서는 안 된다는 별난 규칙들을 엄격하게 지켜야 했다.

이 학파에 들어가기 위해서는 '테트락티스^{Tetractys}'라는 신성한 삼각형에 맹세하고, 공동체에 자신들이 소유했던 모든 것을 헌납한다는 서명과 함께 5년 동안의 침묵 서약을 해야 했다. 이 기간 동안, 그들은 '듣는 자'라는 뜻의 아코우스마티코이^{akousmatikoi}라 불렸으며, 베일 뒤에서만 피타고라스의 가르침을 들을 수 있었다. 그들은 졸업하면서 피타고라스학파의 내부층에 해당하는 '배우는 자'라는 뜻의 마테마티코이^{mathematikoi}가 되었다. 후에 제자들은 이 두 그룹으로 분류되었는데, 마테마티코이로 분류된 제자들은 과학 및 철학에 관한 피타고라스의 가르침을 받을 수 있었던 반면, 아코우스마티코이로 분류된 제자들은 신비주의적인 가르침만 받았다.

피타고라스학파는 크로톤에서 정치에도 개입했지만 격렬한 권력 싸움에 져 밀려나고 말았다. 그 결과 학교는 불태워지고, 피타고라스는 도망 다니다 기원전 495년경에 사망했다. 그럼에도 불구하고 피타고라스의 영향력과 그에 관한 이야기들이 점점 늘어나, 플라톤과 피타고라스를 추종하는 사람들을 고무시키기도 했다. 이에 따라 피타고라스와 관련된 것들이 실제로 얼마나 정확한지는 명확지 않다. 대개는 피타고라스가 발견한 것으로 알려진 것들이나 여러 수학적 정리들이 피타고라스학파에 의해 발견된 것으로 보는 것이 보다 정확하다고 할 수 있다.

수와 우주의 비밀

피타고라스학파는 수의 산술적 특성들을 다루는 수론의 토대를 구축한 것으로 여겨지고 있다. 기하학적 도형에 맞추어 수를 표현하는 형상수에 특별한 관심을 가져 예를 들어 어떤 수(n)를 제곱한 것이 처음 n개의 홀수들의 합과 같다는 것을 알아냈다. $n=4$인 경우, $4^2=16=1+3+5+7$이다. 여러분도 임의의 수로 확인해보라.

피타고라스학파는 완전수에 대해서도 관심을 가졌다. 어떤 수를 나눌 때 나누어떨어지는 모든 수들(자신을 제외한 양의 약수들)의 합이 바로 그 수가 될 때, 이 수를 완전수라고 한다. 예를 들어 6의 경우, 6을 제외한 양의 약수는 1, 2, 3이고, 1+2+3=6이므로, 6은 완전수다.

또 그들은 첫 번째 친화수를 발견하기도 했다. 친화수는 두 수에 대해 어느 한 수의 자기 자신이 아닌 모든 약수들의 합이 다른 수가 되는 것을 말한다. 예를 들어 220의 약수는 1, 2, 4, 5, 10, 11, 20, 22, 44, 55, 110이고, 이 수들의 합은 284다. 또 284의 약수들은 1, 2, 4, 71, 142이고, 이 수들의 합 또한 220이므로, 220과 284는 친화수다.

피타고라스학파가 가장 많이 숭배한 수는 10으로 삼각수라고도 한다. 이 수는 연속적으로 커지는 네 수의 합(1+2+3+4=10)과 같다. 1, 2, 3, 4에 해당하는 개수의 점들을 그림과 같이 나타내면 삼각형의 모양이 분명해진다.

피타고라스학파는 열 개의 점으로 표현하는 삼각수를 테트락티스^{tetractys}라고 했다. 이 삼각수가 정삼각형을 만드는 것은 물론 각각의 줄이 피타고라스가 발견한 것으로 추정되는 조화로운 비 2:1, 3:2, 4:3을 나타내고 있다.

이 수들이 단지 피타고라스학파의 학문적 관심에 의해서만 발견된 것은 아니다. 피타고라스는 우주 자체가 수로 만들어졌으며, 수들이 실재의 현실적인 구조를 밑바탕으로 하고 있다고 믿었다. 피타고라스학파는 매우 엄격하게 수비학을 신봉하며 각 수

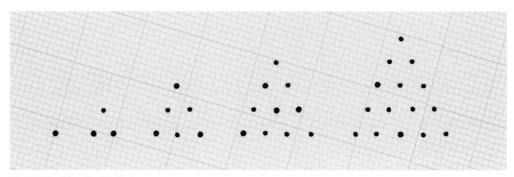

삼각수를 그림으로 나타낸 것.

가 특성과 의미를 가지고 있는 것으로 여겼다. 1은 모든 수의 원천이며, 2는 의견을 나타내고, 3은 조화, 4는 정의, 5는 결혼, 6은 창조, 7은 일곱 개의 행성을 나타낸다고 보았다. 짝수를 남자, 홀수를 여자로 여기기도 했다.

천구의 음악

피타고라스의 수학에서 두드러지는 점은 특히 수들 사이의 관계에 초점을 맞추고 있다는 것이다. 피타고라스 철학은 결합된 어떤 수들이 서로 신비적인 조화를 이루며 관련되어 있음을 강력하게 나타내고 있다. 이 조화는 추상적이고 기하학적인 속성들과 구체적이고 물리적인 속성들을 모두 갖춘 것이다. 나아가 우주 전체의 조화가 이 신비적인 관계의 고유의 특성이다. 전해오는 이야기에 따르면, 그 신념의 일부는 피타고라스가 젊었을 때 발견했던 것에서 유래했다. 피타고라스는 대장간 옆을 지날 때, 쇠를 두드리는 망치 소리들이 듣기 좋았으며, 한술 더 떠서 조화를 이루며 울리는 것처럼 보였다고 기록하고 있다. 그는 조사 결과, 망치의 무게가 서로 달라 서로 다른 소리를 낸다는 것을 알아냈다.

또 일현금으로 실험한 결과, 협화음정이 단순한 정수비와 관련 있다는 것을 알아냈다. 일현금은 한 줄로 이루어진 현악기로, 중간에 설치된 브리지를 움직이면 두 부분으로 나누어진 현이 다양한 비율을 나타낼 수 있다. 브리지가 현의 한가운데 오도록 하면, 한 옥타브가 높

종과 물컵으로 만들어낸 피타고라스 화음을 표현한 중세 목판화.

은 같은 소리가 나며, $\frac{1}{3}$ 지점에 오도록 하면 또 다른 협화음정의 소리를 낸다. 피타고라스는 옥타브의 높낮이를 결정하고 기본 협화음정(완전 5도와 완전 4도)이 되도록 현의 길이가 2 : 1, 3 : 2, 4 : 3, 9 : 8의 비를 갖는 조화로운 소리의 기본 구성 단위인 처음 네 개의 음에 대해 설명했다.

이때 가장 조화로운 음정이 1 : 2 : 3 : 4의 수열에 포함되어 있다. 여기서 이 수열은 피타고라스학파가 테트락티스라고 한 삼각수를 나타낸 것이다. 피타고라스에게 있어서 이것은 수들 사이의 조화로운 관계가 우주의 이면에 숨어 있음을 보여주는 것이었다. 천체들 사이의 유사한 관계가 피타고라스만 들을 수 있었던 음악인 '천구天球의 음악'이라는 일종의 하늘의 공명을 발생시켰다.

허용되지 않은 수

피타고라스학파의 정수론의 핵심 원리는 수들이 서로 비^{ratios}와 관계가 있는 정수와 관련이 있다는 것이다. 피타고라스학파는 우주가 유리수로 이루어져 있으며, 신이 유리수를 정하고 만들었다고 믿었다. 이러한 신념은 피타고라스학파의 일원이 무리수를 발견했을 때 매우 곤란해졌다. 피타고라스의 제자였던 히파수스^{Hippasus}는 2의 제곱근을 계산하려고 했지만, 이내 두 정수의 비로 나타낼 수 없다는 것을 알게 되었다. 전해오는 이야기에 따르면, 가엾은 히파수스는 자신의 이단적인 발견을 널리 알리려다가 발각되어 익사당했다고 한다.

피타고라스의 정리

수론과 더불어, 피타고라스학파는 기하학 전반을 발전시켰다. 그리스 수학은 나중에 유클리드가 정리한 증명의 엄격한 논증을 거친 완전한 학문적 기준을 갖추지 못했지만, 피타고라스학파는 여러 일반적인 정리들을 연역했다. 그러나 정리에 자신들의 이름을 넣는 것 외에는 어떤 찬사도 받지 못했다. 비록 그 원리가 피타고라스보다 적어도 천여 년 이상 앞선 고대 세계에도 알려져 있었지만 식의 형태를 완성하고 최초로 증명을 기록으로 남긴 것은 바로 피타고라스였다.

여러분은 피타고라스가 했던 방법을 그대로 따라 하면서 피타고라스의 정리를 증명할 수 있다. 먼저 펜과 몇 장의 종이, 가위를 준비한다. 그림 A와 같이 종이 한가운데 부분에 작은 직각삼각형을 그린다. 그런 다음 그림 B와 같이 직각삼각형의 빗변 위에 빗변을 한 변으로 하는 정사각형을 그리고 색(녹색)을 칠한다. 이제 다른 종이에 크기가 같은 또 다른 정사각형을 그린다. 계속해서 방금 그린 정사각형에 그림 C와 같이 선을 그어 분할한다.

두 개의 정사각형을 오린 다음, 다섯 개의 조각으로 분할된 정사각형을 오린다. 그림 D와 같이 오린 조각들을 재배치하여 두 개의 작은 정사각형을 만든다. 이 두 정사각형을 처음 직각삼각형의 빗변 외 다른 두 변 위에 놓는다. 이것은 녹색 정사각형의 넓이가 직각삼각형의 빗변 외 두 변 위에 있는 두 정사각형의 넓이의 합과 같다는 것을 보여준다.

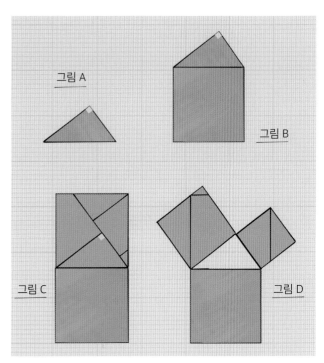

길이를 재거나 계산이 필요없는, 피타고라스의 정리의 직접 증명법.

도형에 상관없이 성립하는 정리

피타고라스학파는 자신들의 유명한 정리가 빗변 위의 정사각형뿐만 아니라, 오각형이나 12각형 또는 심지어 반원까지도 모양이 같은 도형이면 어느 것이나 적용된다는 것을 알지 못했다. 예를 들어 직각삼각형의 빗변 위에 놓인 정오각형의 넓이는 빗변 외의 다른 두 변 위에 놓인 두 정오각형의 넓이의 합과 같다.

피라미드의 그림자: 기하학과 과학의 탄생

기하학은 고대 그리스의 핵심적인 수학 개념이다. 'geometry'는 '땅'을 뜻하는 고대 그리스어 geo 와 '측량'을 뜻하는 metria에서 유래한 것이다. 이로 미루어 기하학이 실용적이고 실제적인 특성을 반영했던 것으로 보인다. 이집트인들과 바빌로니아인들은 피라미드나 땅의 크기를 구하기 위해 기하 학을 익힌 반면, 탈레스를 비롯하여 그리스인들은 구체적인 예들을 통해 추상적 원리와 공리들을 탐 색하고 연역적 추론으로 정리들을 증명하는 등의 또 다른 측면에서 기하학을 향상시켰다. 이에 따라 기하학은 점차 연속량 및 그 양들 사이의 비와 비율을 다루는 학문으로 변해갔으며, 마음속에만 존재 하는 추상적 측면 또는 최소한의 실생활 외의 측면을 다루었다. 이는 철학의 엄청난 도약을 가능하게 해 그리스인들이 삶과 우주, 그 외의 모든 것을 철학적으로 해석하면서 현실의 세계에서 벗어나 사고하 도록 했다. 탈레스는 '명백한' 기하학적 원리를 받아들인 뒤 일반적이고 추상적으로 참임을 증명함으로 써 처음으로 기하학을 추상적으로 만들었다. 과학의 역사에 있어 이것은 매우 중요한 순간이었다.

기자의 대피라미드 높이를 알아낸 탈레스의 이야기는 이집트의 기하학에서 그리스인들의 새로운 기하학으로의 비약적 발전을 보여주는 좋은 예이다. 탈레스가 이집트에서 공부하던 중 룩소르를 방 문하여 대피라미드를 보러 갔다. 그곳에서 그는 들고 있던 지팡이를 땅에 박은 다음, 지팡이의 그림 자 길이와 피라미드의 그림자 길이를 비교하여 대피라미드의 높이를 계산해 안내인을 깜짝 놀라게 했다. 이집트인들에게는 마술을 부리는 것처럼 보였을지 모르지만, 탈레스에게는 간단한 논리에 불과 했다. 탈레스는 추론만으로 자연의 신비를 밝혀내기 시작했던 것이다.

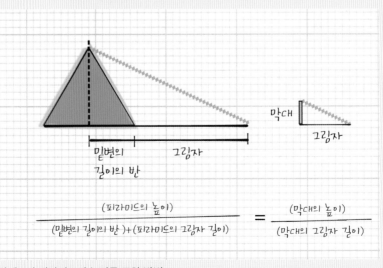

$$\frac{(\text{피라미드의 높이})}{(\text{밑변의 길이의 반})+(\text{피라미드의 그림자 길이})} = \frac{(\text{막대의 높이})}{(\text{막대의 그림자 길이})}$$

탈레스가 피라미드의 높이를 구한 방법.

지수 또는 거듭제곱

덧셈 및 곱셈과 함께, 수에 관한 또 다른 산술연산은 수를 거듭제곱하는 것이다. 이것은 제시된 지수만큼 그 수를 반복하여 곱하는 것을 의미한다.

이와 같은 방법으로 어떤 수를 곱할 때, 거듭제곱한다고 한다. 예를 들어 2를 네 번 거듭하여 곱한 것($2 \times 2 \times 2 \times 2$)은 2의 4제곱이다. 거듭 곱하는 수를 밑이라 한다. 이 경우에는 2가 밑이다. 보통 표기할 때 밑은 크게, 지수는 수의 오른쪽 상단에 작게 쓴다. 예를 들어 2의 네제곱은 2^4과 같이 나타낸다. 거듭제곱을 전개하면 인수들을 쉽게 알 수 있다.

$$5^5 = \underbrace{5 \times 5 \times 5 \times 5 \times 5}_{\text{인수}}$$

보통 a^n은 'a를 n번 곱하는 것'을 의미한다.

$2^2 = 4$, $3^2 = 9$, $4^2 = 16$, $5^2 = 25$, $6^2 = 36$과 같이, 거듭제곱에서 가장 많이 사용하는 지수는 2다. 한편 4, 9, 16, 25, 36과 같이 제곱근이 정수인 수들을 제곱수라 한다.

특별한 지수

2^{-1}과 같이 지수가 음수인 경우도 있다. 음수 지수는 1을 밑으로 몇 번 나누

는지를 나타내며, 역수와 같다. 즉 $2^{-1}=\dfrac{1}{2}$, $6^{-1}=\dfrac{1}{6}$과 같이 나타낸다. -1을 제외한 음수 지수인 경우, $5^{-3}=1\div5\div5\div5$과 같이 전개하여 나타낼 수 있으며, $1\div(5\times5\times5)=\dfrac{1}{5^{3}}=\dfrac{1}{125}=0.008$과 같다. 지수가 음수인 수를 지수가 양수인 수의 역수 형태로 나타내면 보다 편리하게 계산할 수 있다.

중요한 것은 지수가 음수인 거듭제곱과 밑이 음수인 거듭제곱을 혼동하지 말아야 한다는 것이다. 이를테면 $(-2)^{2}=(-2)\times(-2)=4$인 반면, $2^{-2}=\dfrac{1}{2^{2}}=\dfrac{1}{4}$이다. 밑이 음수이고 지수가 짝수일 때에는 항상 그 값이 양수이지만, 밑이 음수이고 지수가 홀수일 때의 값은 음수다. 예를 들어 $(-5)^{2}=(-5)\times(-5)=25$이지만, $(-5)^{3}=(-5)\times(-5)\times(-5)=-125$다. 밑과 지수가 모두 음수인 수에 대해서는, 밑이 음수이고 지수가 양수인 수의 역수로 나타내어 계산하면 편리하다. 예를 들어 $(-3)^{-3}=\dfrac{1}{(-3)^{3}}=\dfrac{1}{-27}=-\dfrac{1}{27}$이다.

거듭제곱에서 두 가지 특별한 경우가 있는데, 지수가 1과 0인 경우이다. 지수가 1인 경우는 밑을 한 번 '그대로 쓴' 것에 불과하며, 이는 1로 곱한 것과 같다. 즉 $6^{1}=6$과 같이 $n^{1}=n$이다. 밑이 임의의 수이고 지수가 0인 경우에는 그 값이 1이다. 즉 $n^{0}=1$로 나타내며, 이를테면 $6^{0}=1$, $8^{0}=1$이다.

지수가 주어진 거듭제곱의 값을 계산하는 간단한 방법은 먼저 1을 쓴 다음, 지수가 나타내는 횟수만큼 밑을 곱하거나 나누는 것이다. 예를 들어 밑이 4인 경우 지수가 서로 다른 거듭제곱의 값은 다음과 같다.

밑과 지수	곱한다 / 나눈다	값
4^{2}	$1\times4\times4$	16
4^{1}	1×4	4
4^{0}	1	1
4^{-1}	$1\div4$	0.25
4^{-2}	$1\div4\div4$	0.0625

지수법칙

지수법칙은 지수가 있는 수들을 곱하거나 나눌 때 어떻게 계산할지를 보여주는 규칙이다. 지수가 있는 수들을 더하거나 뺄 때 밑이 같지 않으면 더하거나 빼기 전에 거듭제곱한 수들을 먼저 계산해야 한다. 예를 들어 $a^4 + 5a^4 = 6a^4$이지만, $a^3 + a^2 \neq a^5$이기 때문이다.

거듭제곱한 수들을 곱하거나 나눌 때 밑이 같으면 지수끼리 더하거나 빼서 계산한다. 예를 들어 $16^5 \times 16^9 = 16^{5+9} = 16^{14}$, $16^9 \div 16^3 = 16^{9-3} = 16^6$과 같이 계산한다.

지수법칙을 자세히 나타내면 다음과 같다.

지수 법칙	예
$a^m \times a^n = a^{m+n}$	$a^2 \times a^3 = a^{2+3} = a^5$
$a^m \div a^n = a^{m-n}$	$a^6 \div a^2 = a^{6-2} = a^4$
$(a^m)^n = a^{mn}$	$(a^2)^3 = a^{2 \times 3} = a^6$
$(a \times b)^n = a^n \times b^n$	$(a \times b)^3 = a^3 \times b^3$
$(a \div b)^n = a^n \div b^n$	$(a \div b)^2 = a^2 \div b^2$

어깨 숫자의 사용

거듭제곱하는 수들을 쓸 때 지수는 공간을 작게 차지하기 때문에 사용되고 있다. 이를테면 $aaaaaaa$ 대신 a^7과 같이 나타내는 것이 훨씬 간단하다. 이와 같은 표기법은 프랑스 철학자 데카르트가 1637년 《기하학$^{La\ Geometrie}$》에서 지수를 사용하면서 대중화되었다. 하지만 aa의 경우, 지수를 사용하더라도 공간을 줄이는 효과가 없어서인지 a^2으로는 거의 표기하지 않았다. 그런데 데카르트가 이 표기법을 처음 사용한 것은 아니었다. 중세 프랑스의 수학자였던 니콜 오렘$^{Nicole\ Oresme}$이 14세기에 거듭제곱에 대한 논문을 썼지만 지수가 있는 수로 나타내지 못했다. 1484년 프랑스의 수학자 니콜라 쉬케$^{Nicolas\ Chuquet}$가 지수가 있는 수들을 사용했지만, 약간 다른 상황에서였다. 1636년에는 제임스 흄$^{James\ Hume}$이 카테시안 표기법보다 먼저 표기했지만, A^{iii} 같이 로마 숫자로 지수를 나타냈다. 그런데 이들 어깨 숫자는 줄을 벗어나 인쇄되지 않은 까닭에 줄을 벗어나지 않도록 하기 위해 지수의 크기를 줄이게 되었다.

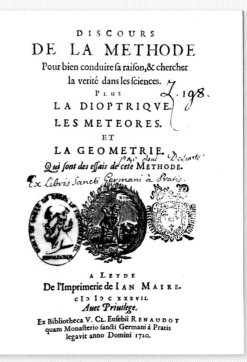

기하학이 부록으로 들어 있는 《방법 서설》 속표지.

소수

소수는 다른 모든 수들의 구성 요소다. 고대 이래 수학자들은 소수에 관심을 가져왔으며, 심지어 오늘날에도 계속 매우 큰 소수 찾기를 하고 있다. 2013년 1월까지 알려진 소수 중 가장 큰 소수는 $2^{57885161}-1$로, 이 수는 자그마치 17,425,170자리나 된다.

나누어떨어지지 않는 수

소수는 자기 자신과 1을 제외한 다른 수로 나누어떨어지지 않는 수를 말한다. 그래서 글자 그대로 수 세계에서 원자^{atom}다. 'atom'은 나누어떨어지지 않는다는 것을 뜻하는 그리스어 atomos에서 유래한 것이다. 다른 수로 나누어떨어지는 수를 합성수라한다. 큰 수를 나누어떨어지게 하는 수를 그 수의 약수 또는 인수라 한다. 어떤 수 n의 약수는 함께 곱해서 n이 되는 수들이다. 모든 합성수는 소수인 인수들의 곱으로 나타낼 수 있다. 이것은 곧 임의의 합성수는 소수들을 곱해서 만들 수 있다는 것을 의미한다.

소수는 인터넷 보안에서 매우 중요한 역할을 한다.

산술의 기본 정리

이외에도 산술의 기본 정리로 알려진 소수에 관한 정리가 있다. 이 정리에 따르면, 1보다 큰 임의의 정수는 소수이거나 또는 소수들의 곱으로 유일하게 나타낼 수 있다. 예를 들어 12를 소인수분해하면 $3 \times 2 \times 2$가 된다. 1개의 3과 2개의 2를 곱할 때만 12가 되며, 다른 어떤 소수들을 곱해도 12가 되지 않는다. 임의의 수에 대하여 확인해보라. 어떤 수를 선택해도 소수이거나 또는 유한 개의 소수들의 곱으로만 유일하게 표현될 것이다.

이것은 임의의 합성수가 소인수들로 분해될 수 있으며, 소인수들을 곱하더라도 모든 합성수에 대하여 한 가지 방법으로만 표현된다는 것을 의미한다. 그래서 수는 훨씬 더 화학제품들처럼 생각되기도 한다. 모든 원소는 유일하고 더 이상 분해되지 않는 원자들로 구성되어 있으며, 이름이 다른 모든 분자들은 유일한 방법으로 원소들이 결합되어 있다. 따라서 수의 세계에서 소수는 원소와 같으며, 합성수는 분자와 같다고 말할 수 있다.

소수는 몇 개나 있을까?

10 또는 20까지의 수 중에서 소수를 찾는 것은 어렵지 않다. 그러나 수가 커질수록 소수 찾기는 어려워지고 찾더라도 흔하게 볼 수 있는 것들이 아니다. 100까지의 수 중 소수는 25%에 해당하지만, 1,000,000까지의 수에서는 7.9%에 불과하다. 만일 엄청나게 충분히 큰 수까지 센다면 소수들을 모두 다 셀 수 있을까? 이것은 고대 그리스의 수학자 유클리드가 가졌던 의문으로, 그는 독창적인 방법으로 소수가 무한히 많이 있다는 것을 증명했다.

유클리드는 먼저 가장 큰 소수가 있다고 가정했다. 이는 모두 n개의 소수가 있다는 것을 의미하며, 이때 n은 유한한 수로, 100만이 될 수도 있고 1조가 될 수도 있다. 하지만 그것은 전혀 문제 되지 않는다. $2=P_1$, $3=P_2$, $5=P_3$과 같이 소수들을 작은 수에서 큰 수의 순서로 나열하면, 가장 큰 소수는 P_n과 같이 나타낼 수 있다. 그런 다음 모든 소수들의 곱에 1을 더한 값을 q라 했다($q=(P_1 \times P_2 \times P_3 \cdots \times P_n)+1$). 이때 n개의 소수 중 어느 한 개의 소수로 이 수 q를 나누면 어떻게 될까? 모든 경우에 나머지가 항상 1이 될 것이다. 따라서 q는 n개 이하의 어떤 소수들의 곱으로도 나누어떨어지지 않는다. 이는 곧 q가 소수이거나 또는 n보다 큰 소수에 의해 나누어떨어질 수 있음을 의미한다. 즉 소수 P_n이 가장 큰 소수가 아니며, 항상 보다 큰 소수가 적어도 하나 존재한다는 것을 의미한다. 이 증명법은 유클리드의 귀류법으로 알려져 있다. 그것은 유클리드가 결론을 부정하여 유한개의 소수가 있다는 가정이 모순됨을 보여줌으로써 소수가 무한히 많이 존재한다는 것을 증명했기 때문이다.

쌍둥이 소수와 서로소

소수 중에는 특별한 이름으로 불리는 것들이 있다. 예를 들어 차가 2인 두 소수를 쌍둥이 소수라 한다. 즉 연속되는 두 홀수가 모두 소수일 때, 이 두 소수가 바로 쌍둥이 소수로, 3과 5, 5와 7, 11과 13 등이 있다. 소수와 관련된 또 다른 특별한 용어로는 서로소가 있다. 서로소는 1 이외의 공약수를 갖지 않는 둘 이상의 정수를 말한다. 따라서 소수들은 모두 서로소이다. 서로소는 두 수가 꼭 소수일 필요는 없다. 예를 들어 15와 28은 서로소다. 15의 약수는 1, 3, 5, 15이고, 28의 약수는 1, 2, 4, 7, 14, 28로, 두 수의 공약수가 1뿐이기 때문이다.

매미가 천적을 피하는 법

흥미롭게도 자연에서도 소수를 찾을 수 있다. 북아메리카 매미의 특수 종인 17년매미^{magicicada} ^{septendecim}의 수명 주기는 소수와 관련 있다. 지역의 매미들은 모두 한 번에 몇 년 동안 땅속에서 유충으로 지내다가 동시에 출현하여 짧은 기간 동안 짝짓기를 하고 알을 낳은 뒤 일생을 마감하는 수명 주기를 가지고 있다. 17년매미는 절대로 땅 위로 올라오지 않고 땅속에서 동면하듯 지내며 탈피의 때를 기다렸다가 지역에 따라 13년 또는 17년마다 출현한다. 성충이 되기 위해 밖으로 나오는 어떤 유충도 12년, 14년, 15년, 16년, 18년 만에 출현하는 것은 없으며, 오직 13년, 17년 만에 출현한다. 이는 매미들이 자신들의 수명 주기와 천적의 수명 주기가 일치하는 것을 피함으로써 천적에게 잡아먹히는 것을 최소화하기 위해 선택한 진화적 감각이라 할 수 있다. 예를 들어 12년마다 출현하는 매미는 수명 주기가 2년, 3년, 4년, 6년인 천적 떼와 맞닥뜨리는 반면, 13년마다 출현하는 매미는 수명 주기가 13년인 천적들과만 맞닥뜨리게 된다. 이것은 자연선택에 따른 필수적인 결과일 뿐 매미가 의도적으로 계획한 것이거나 원시적인 종족 번식을 위한 것이라는 증거가 되지는 못한다.

몇몇 종류의 매미는 수명 주기가 소수인 해에 산란한다.

에라토스테네스의 체

고대 그리스 수학자 에라토스테네스(135쪽 참조)는 소수를 찾는 방법인 에라토스테네스의 체를 고안했다. 체라는 명칭은 표에서 소수들만 남기고 합성수들을 걸러내기 때문에 붙여진 것이다. 이 방법을 적용하기 위해, 소수가 무엇인지를 꼭 알아야 할 필요는 없다. 여러분도 도전해볼 수 있다. 먼저 표에 1부터 원하는 큰 수까지의 수들을 써넣어라. 여기서는 100까지 써넣었다. 소수가 아닌 수들의 칸에 × 표시를 하고, 소수들의 칸만 '그대로' 남겨 놓으면 된다. 먼저 1은 소수가 아니므로 1의 칸에 × 표시를 하라. 두 번째, 2가 소수이므로 2부터 시작하여 두 칸씩 건너뛰며 각 수들의 칸에 × 표시를 한다. 이 수들은 모두 2보다 큰 짝수들이다. 세 번째, 3이 소수이므로 3부터 시작하여 세 칸씩 건너뛰며(6, 9, 12……) × 표시를 한다. 그다음에는 5가 소수이므로, 5부터 다섯 칸씩 건너뛰며 각 수들(10, 15, 20……)의 칸에 × 표시를 한다. 표에서 × 표시가 없는 칸의 수에 대해 이 과정을 반복하라. 예를 들어 × 표시가 없는 칸의 수가 11일 때는 11부터 시작하여 열한 칸씩 건너뛰며 × 표시를 하면 된다. 그러나 처음 100개의 수들 중에서 소수를 찾을 때는, × 표시가 없는 칸의 수가 7인 경우까지만 생각하면 된다. 이 모든 과정이 끝나면 소수가 있는 칸만 × 표시가 없을 것이다. 위의 그림은 1에서 100까지의 수에 적용한 결과를 나타낸 것이다.

⇩ 1과 2의 모든 배수들을 색칠(× 표시)한 다음, 색칠하지 않은 칸의 각 수의 모든 배수들을 계속하여 색칠해나간다.

⇧ 모든 과정을 끝낸 후의 표. 진하게 색칠하지 않은 칸의 수들이 소수다.

골드바흐의 추측

크리스티안 골드바흐^{Christian Goldbach}(1690~1764)는 위대한 스위스 수학자 레온하르트 오일러와 동시대에 살았던 프로이센 출신의 아마추어 수학자였다. 1742년 골드바흐는 오일러에게 4 이상의 모든 짝수는 두 개의 홀수인 소수의 합으로 나타낼 수 있다는 내용을 편지에 써서 보냈다. 오늘날 골드바흐의 추측으로 알려진 이것은 때때로 "2보다 큰 모든 짝수는 두 소수의 합으로 나타낼 수 있다"로 표현되기도 한다.

오일러는 골드바흐의 추측에 무례한 답장을 보냈다. 자신은 그것을 중요하게 여기지 않는다며 보낸 내용은 다음과 같다. "2보다 큰 모든 짝수는 두 소수의 합으로 나타낼 수 있습니다. 나는 증명할 수 없지만, 이것을 하나의 정리라고 생각합니다." 그런데 최근에는 이보다 더 비아냥대는 의견들도 있다. 예를 들어 영국의 수학자 G. H. 하디^{G. H. Hardy}는 "독창적인 추측을 하는 것은 매우 쉽다. 실제로 '골드바흐의 정리'와 같이 증명도 되지 않았고, 어떤 바보라도 추측할 수 있는 정리들이 있다"는 글을 남기기도 했다.

그럼에도 불구하고 골드바흐의 추측은 오일러가 의혹을 가졌던 것에 비해 증명이 매우 어려운 것으로 알려져왔다. 수학자들은 지금까지 400,000,000,000(4000억)까지의 모든 짝수에 대하여 이 이론이 성립하는지, 또 모든 짝수가 오히려 두 개보다는 최대 여섯 개의 소수들의 합으로 나타낼 수 있다는 것을 증명했다.

2000년과 2002년 사이에 출간된 아포스톨로스 독시아디스^{Apostolos Doxiadis}의 소설 《사람들이 미쳤다고 말한 외로운 수학 천재 이야기^{Uncle Petros and Goldbach's Conjecture}》의 홍보의 일환으로, 페이버 앤드 페이버 출판사는 '골드바흐의 추측'을 증명하는 사람에게 100만 달러의 상금을 주겠다고 했다.

골드바흐가 오일러에게 '골드바흐의 추측'을 적어 보낸 편지.

피타고라스의 정리

아마도 모든 수학 정리 중에서 가장 유명할 피타고라스의 정리는 실제로 피타고라스가 발견한 것은 아니었다. 최소한 1000년 정도 앞서 바빌로니아인들이 이미 알고 있었고 고대 이집트인들도 가장 간단한 형태로 일상생활에 적용하고 있었다.

그러나 피타고라스가 처음으로 이 정리에 대한 기하학적 증명을 한 것으로 인정되고 있으며, 널리 알려지게 된 것은 제자들인 마테마티코이에 의해서였다. 피타고라스가 한 증명법은 몇몇 가정을 통해 결론이 유도된다는 것을 보여주는 것이었다.

피타고라스의 정리는 직각삼각형에서, 가장 긴 변인 빗변 위에 그린 정사각형의 넓이가 다른 두 변 위에 그린 두 정사각형의 넓이의 합과 같다는 것을 말한다(109쪽 그림 A 참조). 직각삼각형의 세 변을 각각 a, b, c라 하고 c를 빗변이라 할 때 이 정리는 식 $a^2+b^2=c^2$으로 나타낼 수 있다. 정리는 놀라울 정도로 많은 곳에서 활용되고 있으며, 특히 a와 b의 길이를 알고 있을 때 나머지 한 변 c의 길이를 구하는 데 이용된다.

피타고라스 증명

피타고라스의 정리의 대표적인 증명법은 오른쪽 그림 B에서 보이는 것과 같은 것으로, 가장 간단하면서도 이해하기 쉬운 증명에 속한다. 그림 B의 왼쪽 그림에서 흰색의 큰 정사각형은 테두리에 있는 네 직각삼각형의 빗변 위에 있는 정사각형임을 나타낸다. 이제 오른쪽 그림과 같이 두 직각삼각형의 빗변끼리 만나 직사각형을 이루도록 재배열하면 두 개의 작은 정사각형이 만들어지는 것을 알 수 있다. 이때 두 정사각형 중 하나는 직각삼각형의 밑변 위에 만들어지고, 또 하나는 또 다른 변 위에 만들어진다. 그림 (가)와 (나) 경우, 전체 정사각형의 넓이는 같고, 그 내부에 있는 네 개의 직각삼각형의 넓이의 합도 같으므로, 왼쪽 그림의 흰색 큰 정사각형의 넓이가 오른쪽 그림의 흰색 두 정사각형의 넓이의 합과 같게 된다. 이것은 곧 두 개의 작은 정사각형의 넓이의 합이 빗변 위에 놓여 있는 처음 정사각형의 넓이와 같다는 것을 증명한 셈이다.

사실 피타고라스가 알아낸 이 증명법은 수백 가지의 기하학적 증명법 중 하나일 뿐이며, 대수적인 방법으로 증명한 것들도 수없이 많다. 1876년 또 다른 증명법을 알아낸 미국의 제20대 대통령 제임스 가필드를 포함하여 수많은 수학자들이 취미 삼아 증명법을 개발해왔다.

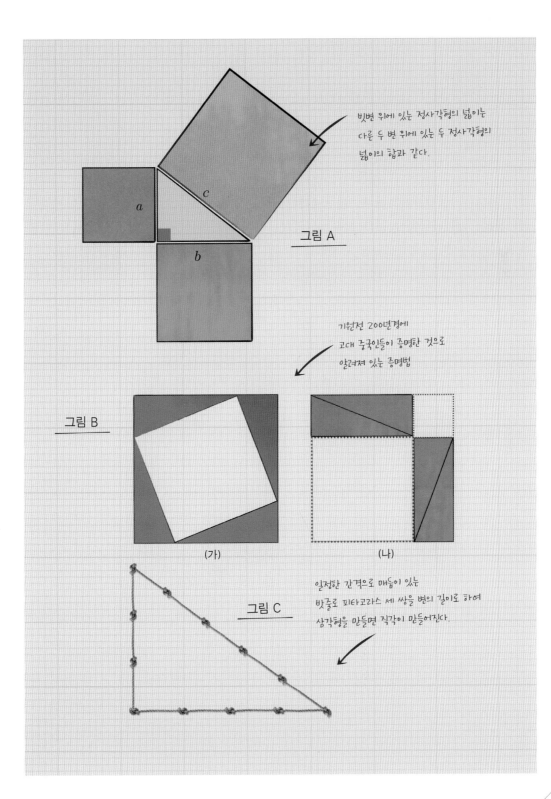

빗변 위에 있는 정사각형의 넓이는
다른 두 변 위에 있는 두 정사각형의
넓이의 합과 같다.

a

c

b

그림 A

기원전 200년경에
고대 중국인들이 증명한 것으로
알려져 있는 증명법

그림 B

(가) (나)

그림 C

일정한 간격으로 매듭이 있는
밧줄로 피타고라스 세 쌍을 변의 길이로 하여
삼각형을 만들면 직각이 만들어진다.

피타고라스 세 쌍과 피라미드

　고대 이집트인들은 피라미드와 다른 건축물을 세우기 위해 매우 간단하면서도 실용적으로 피타고라스의 정리를 적용했다. 그들은 밧줄에 일정한 간격으로 매듭을 만든 다음, 세 변의 길이가 각각 3, 4, 5인 삼각형을 만들어 직각을 만들었다('그림 C' 참조). 이들 세 수 3, 4, 5는 가장 간단한 피타고라스 세 쌍의 예다. 여기서 피타고라스 세 쌍은 직각삼각형의 세 변의 길이를 각각 나타내며 피타고라스의 정리를 만족하는 세 정수를 말한다. 이집트인들은 피타고라스 세 쌍에 대하여 3, 4, 5인 경우만 알고 있었던 것으로 추정되는 반면, 바빌로니아인들은 훨씬 더 많은 피타고라스 세 쌍을 명확히 알고 있었던 것으로 보인다. 그들은 플림프톤 322로 알려진 점토판에 피타고라스 세 쌍을 기록하기도 했다.

그리스 수학

탈레스와 피타고라스 그리고 이들 각 학파는 회계사와 측량사가 사용한 응용 기술^{applied} ^{technology}에서의 수학을 순수 학문으로 변화시켰다. 순수 학문에서 추상개념은 그들만을 위해 추구되었다.

고대 그리스인들에게 수학('that which is learned'배워 알게 되는 것)은 오늘날의 철학('love of wisdom'지혜의 사랑)의 한 형태였다. 수학적 탐구 그 자체를 사랑한 그들은 오늘날 3대 고전 문제로 알려진 난문제들을 개발하였다.

그리스 시대의 3대 난문제

이 3대 난문제는 원을 정사각형으로 만드는 문제와 정육면체를 두 배로 만드는 문제, 각을 3등분하는 문제다. 이 문제들은 고대 그리스인들이 정리들과 논리, 자와 컴퍼스만을 이용하여 해결하려 한 기하학 문제다.

원을 정사각형으로 만드는 문제는 주어진 원과 같은 넓이를 갖는 정사각형을 작도하는 것을 의미하며, 가장 오래된 기원을 가지고 있다. 린드/아메스 파피루스의 문제 중에는 학생에게 원의 지름의 $\frac{8}{9}$에 해당하는 선분을 한 변으로 하는 정사각형을 만들도록 하면서, 추정한 정사각형의 넓이를 제시하고 있다. 이 추정값은 원의 넓이

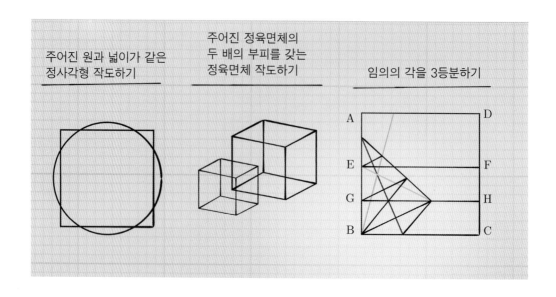

주어진 원과 넓이가 같은
정사각형 작도하기

주어진 정육면체의
두 배의 부피를 갖는
정육면체 작도하기

임의의 각을 3등분하기

와 매우 가까운 값으로 이 문제를 통해 이집트인들이 π의 값을 3.141592…가 아닌 3.1605로 알고 있었음을 알 수 있다. 그리스 수학자 아낙사고라스는 감옥에 갇혀 있는 동안 원을 정사각형으로 만들었다고 했다. 이후 이 문제는 연극에 특별히 포함시킬 정도로 대중적인 문제가 되었다. 기원전 414년경에 쓰인 아리스토파네스[Aristophanes]의 연극 〈새[The Birds]〉에서, 지식인인 체하는 천문학자 메톤이 원을 정사각형으로 만드는 것을 뽐낸 이후, 'circle squarer'라는 표현[expression]은 불가능한 것을 하려는 사람을 일컫는 말이 되었다.

정육면체를 두 배로 만드는 문제는 주어진 정육면체의 2배의 부피를 갖는 정육면체를 작도하는 것을 의미한다. 전설에 따르면, 기원전 430년경 아테네에 심각한 전염병이 나도는 동안 제기된 문제로, 델포이 신탁에서 전염병을 보낸 신이라 믿었던 아폴론을 달래기 위해 델로스 시민들에게 아폴론 신전 정육면체 제단의 부피를 두 배로 만들도록 했다. 플라톤은 이 때문에 델로스의 시민들이 기하학을 생각하는 데 더 많은 시간을 보내게 될 것이라 생각했다. 이 문제의 기원에 대한 또 다른 설에 따르면, 크노소스의 왕 미노스가 왕실 묘의 크기를 두 배로 넓힐 것을 명령했는데, 설계자들이 단순히 변의 길이를 두 배로 하는 전형적인 오류를 범하면서 문제가 제기되었다. 변의 길이를 두 배로 하게 되면 실제로 부피는 여덟 배로 증가한다.

각의 3등분 문제는 주어진 각이 정확히 $\frac{1}{3}$ 되는 각을 작도하는 것이다. 몇 개의 각에 대해서는 이 문제를 간단히 해결할 수 있다. 이를테면 직각의 경우, 컴퍼스와 자를 사용하여 오른쪽 그림과 같이 두 개의 원을 그리고 그 안에 삼각형을 그려 간단히 해결할 수 있다.

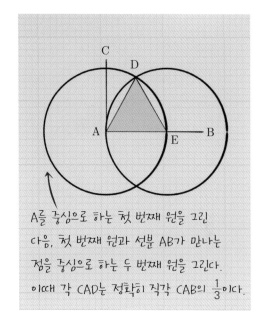

A를 중심으로 하는 첫 번째 원을 그린 다음, 첫 번째 원과 선분 AB가 만나는 점을 중심으로 하는 두 번째 원을 그린다. 이때 각 CAD는 정확히 직각 CAB의 $\frac{1}{3}$ 이다.

수학자들은 앞의 두 문제와 마찬가지로 천년 동안 이 문제를 해결하려고 노력했지만 19세기에 이르러서야 세 문제 모두 해결할 수 없다는 것이 밝혀졌다.

즉 주어진 원과 같은 넓이를 갖는 정사각형을 그릴 수 없으며, 주어진 정육면체의 2배의 부피를 갖는 정육면체를 그릴 수 없고, 임의의 각을 3등분할 수 없다는 것이다.

아킬레우스와 거북이

그리스인들이 주어진 정육면체의 2배의 부피를 갖는 정육면체를 작도하는 문제와 씨름하기 시작한 것과 같은 시기에, 철학자 엘레아의 제논(기원전 490~425)이 유명한 역설과 함께 무한의 개념을 제시했다. 이 중 가장 유명한 것은 아마도 아킬레우스와 거북이일 것이다.

거북이가 발이 빠른 아킬레우스보다 앞에서 출발할 때 과연 아킬레우스는 거북이를 따라잡을 수 있을까? 제논의 이 수수께끼 같은 문제의 정답은 없다. 거북이가 A 지점에서 출발한다고 하자. 잠시 후 아킬레우스가 이 지점에 도착하면 그동안 거북이는 B 지점에 가 있을 것이다. 다시 아킬레우스가 B 지점에 도착하면 거북이는 또 앞으로 나아가 있을 것이다. 거북이와 아킬레우스는 이 과정을 계속 반복할 것이다. 아리스토텔레스는 이를 다음과 같이 간단히 정리했다.

"……달리는 거북이는 아킬레우스에게 결코 추월당하지 않는다. 왜냐하면 아킬레우스가 앞서 가는 거북이의 위치를 따라잡는 순간, 거북이는 항상 앞서 나가 있기 때문이다."

제논의 또 다른 역설인 이분법의 역설은 문을 여는 상황을 예로 설명할 수 있다. 문을 열기 위해서는 먼저 최소한 절반만큼 문을 열어야 한다. 또 남은 절반의 문을 열기 위해서는 그전에 $\frac{1}{4}$ 만큼의 문을 열어야 하고, 계속해서 $\frac{1}{8}$ 만큼의 문을 열어야 하며 이 과정을 계속 반복해야 한다. 제논은 이 역설이 영원히 그 문을 열지 못한다는 것을 보여주고 있다고 주장했다. 이 역설의 또 다른 예로는 여러분이 출발점과 도착점 사이의 거리를 계속 절반만큼씩 도달하며 도착점에 다가간다고 상상하는 것이다. 제논의 역설에 의하면 여러분이 목표점을 향해 가더라도 여러분과 여러분의 목표 지점 사이의 거리는 결코 0으로 줄어들지 않을 것이다. 공간은 무한히 나누어질 수 있고, 심지어 무수한 조각들은 결코 전체로 합해질 수 없기 때문이다.

플라톤과 다면체

가장 유명하면서도 영향력 있는 그리스의 철학자 플라톤은 수학사에서도 가장 중요한 인물 중 한 명이다. 그가 발견한 것들이나 수학적 업적 때문이 아닌, 교육에서의 그의 역할 때문이다. 플라톤은 피타고라스에게 영감을 받아 기하학이 실체의 근원적인 본질을 나타내는 신성한 진리라고 여겼다. 기원전 387년 아테네에 세운 학교 아카데미에서는 건물 현관 위에 '기하학자가 아닌 자는 들어오지 말라'는 문구를 새길 정도로 수학이 교육과정의 중요 과목이었으며, 학생들이 15년 과정 중 처음 10년 동안 배우도록 하였다. 또 학생들은 평면 및 입체 기하학, 천문학, 화성학을 공부했다. 플라톤은 '수학자를 만드는 사람'으로 점점 유명해졌으며, 아카데미 졸업생들 중에는 에우독소스와 유클리드처럼 그리스 고전시대의 위대한 수학자들이 많이 포함되어 있었다.

플라톤은 다면체 연구로도 유명하다. 그는 특히 다섯 개의 볼록 정다면체에 대해 많은 관심을 가졌다. 여기서 정다면체는 모든 면이 합동인 정

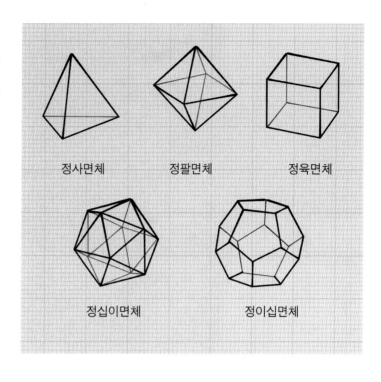

정사면체   정팔면체   정육면체

정십이면체   정이십면체

다각형(정삼각형, 정사각형 등)이고, 각 꼭짓점에 모인 면의 개수가 같은 입체도형이다. 플라톤의 다면체로 알려진 이들 도형은 플라톤 우주론의 중심이 되었으며, 이들 각 도형을 우주를 구성하는 다섯 가지 요소와 대응시켜 생각했다.

에우독소스

크니도스의 에우독소스(기원전 408~355)는 플라톤 아카데미에서 공부했던 가장 중요한 수학자들 중 한 명이었다. 하지만 에우독소스와 플라톤이 좋은 사이는 아니었다. 에우독소스는 피타고라스의 지적 후계자인 아르키타스[Archytas]의 가르침을 받았으며, 에우독소스의 가장 중요한 업적 중 하나는 무리수에도 적용되는 비율 이론의 정립이다. 영국의 과학 전기 작가 G. L. 헉슬리[G. L. Huxley]는 다음과 같이 말했다.

"……이론의 중요성을 지나치게 강조하는 것은 곤란하다. 피타고라스학파가 무리수를 발견하기까지의 정체기 이후, 수론이 다시 진전을 이룸으로써, 뒤이어 발견된

모든 수학의 혜택을 볼 수 있게 되었다."

에우독소스는 또한 실진법을 개발하여 곡선 아래에 있는 넓이를 알아내기 위해 사용되는 적분법을 선구적으로 연구했다. 이것은 주어진 어떤 곡선에 대하여, 곡선과 매우 유사한 모양이 되도록 여러 선분을 연속적으로 그린 다음, 이 선분들의 길이를 이용하여 구했다. 2000년 넘게 아르키메데스와 이후의 수학자들은 π 값의 근삿값을 구하기 위해 실진법을 사용했다. 또 에우독소스는 초기 형태의 적분법을 사용하여 각뿔과 원뿔의 부피가 각각 각기둥과 원기둥 부피의 $\frac{1}{3}$임을 증명했다.

고대 그리스 숫자

고대 그리스인들은 초기에 아티카 숫자 또는 그리스 숫자를 사용한 수체계를 사용했다. 아티카 숫자는 적어도 기원전 7세기의 것으로 추정된다. 이 수체계는 로마 수체계와 유사한 10진법으로, 1, 5, 10, 50, 100, 1000을 나타내는 기호들이 따로 있었다. 원하는 수를 나타낼 때는 기들 기호를 계속 덧붙여가며 표현했다. 이로 인해 이 수체계에서는 곱셈과 나눗셈을 하기가 매우 어려웠다. 기원전 1세기경 아티카 숫자는 이오니아 숫자로 대체되었다. 새로운 체계는 그리스 알파벳 문자를 사용한 암호 체계였다. 이오니아 수체계는 몇 개 안되는 기호로 큰 수를 표현해 모든 형식의 산술을 어렵게 하였다. 대부분의 계산은 목재나 금속판으로 된 주판을 사용하였으며 이오니아 숫자로 그 결과를 간단히 기록했다. 이오니아 숫자는 로마 숫자 그리고 아라비아 숫자(147쪽 참조)로 대체된 중세기까지 유럽에서 사용되었다.

값	1	2	3	4	5	10	20	21	50	100	500	1,000
그리스 숫자	Ι	ΙΙ	ΙΙΙ	ΙΙΙΙ	Γ	Δ	ΔΔ	ΔΔΙ	𐅄	Η	𐅅	Χ

증명과 정리

특별한 정리 및 발견 외에도, 그리스인들이 남긴 수학적 업적은 엄밀한 증명을 통해 수학을 보다 높은 수준으로 향상시킨 것이었다. 그중에서 연역적 논리는 하나의 정리 또는 수학적 법칙에서 다른 정리를 세우는 데 사용된다. 연역적 논리를 통해 $2+2=4$ 또는 직각삼각형에서 $a^2+b^2=c^2$과 같이, 무언가가 참임에 틀림없다는 것을 증명할 수 있다. 위대한 그리스 수학자 유클리드의 저서가 불후의 작품이 된 것은 명료하면서도 단계적인 논증을 결합한 이 연역적 논리의 사용에 있다.

케플러의 플라톤 다면체 우주론

독일의 천문학자 요하네스 케플러(1571~1630)는 행성들의 타원궤도에 숨겨져 있는 수학을 밝혀내고 코페르니쿠스의 지동설을 수학적으로 증명한 것으로 유명하다. 케플러는 행성운동이 플라톤 다면체들이 구에 각각 내접, 외접하는 구조(한 개의 구 또는 입체도형이 보다 큰 것 안에 들어 있고, 이것은 다시 보다 큰 것 안에 들어 있도록 하는 구조)를 따르며, 우주가 신성 비율에 따라 이루어져 있다는 피타고라스와 플라톤의 말이 옳다고 믿었다. 1600년, 케플러는 위대한 덴마크 천문학자 튀코 브라헤와 함께 연구하기 위해 프라하로 옮겼다. 이곳에서 브라헤의 관측 자료를 접하면서 케플러는 브라헤의 '다면체 가설'이 관측 자료와 일치하지 않는다는 것과 행성궤도에 관한 새로운 수학적 사실을 알아내야 한다는 것을 깨닫게 되었다. 이것은 1619년 그의 가장 위대한 저작물《우주의 조화^{Harmonices Mundi}》를 출간하면서 절정에 달했다. 이 책의 마지막 장에서 그는 행성운동의 제3법칙을 기술했다.

수학 및 천문학 연구에 사용되는 도구 앞에 서 있는 요하네스 케플러.

입체도형

선, 다각형, 원은 모두 2차원 평면도형이다. 그러나 3차원인 실세계에서의 도형은 가로, 세로, 높이가 있는 3차원 도형이다. 이 3차원 도형을 공간도형 또는 입체도형이라 하는데 입체도형을 빈 상자와 같이 잘못 생각할 수도 있다.

입체도형의 종류로는 다면체와 구, 원기둥, 원뿔과 같은 비다면체가 있다. polyhedron은 '많은 면'이라는 뜻을 가진 그리스어에서 유래했다. 다면체는 평평한 면을 가지고 있는 입체도형이다. 만일 곡면이 있다면, 그 입체도형은 다면체가 아니다. 입체도형은 2차원 도형을 세 번째 차원 방향으로 끌어당겨 만들 수 있다. 예를 들어 직사각형을 공간을 통과하여 수직 방향으로 끌면 직육면체가 만들어진다.

다면체

모든 면이 합동인 다면체를 정다면체라고 한다. 플라톤 입체도형은 볼록 정다면체다. 다면체에는 모서리가 선분으로 되어 있고 높이를 따라 모든 단면이 같은 입체도형인 각기둥이 있다. 각기둥에서는 서로 마주 보는 면들이 모두 평행하다. 각기둥 중에는 모든 면이 직사각형으로 되어 있는 특별한 각기둥이 있다. 이 각기둥을 직육면체 또는 사각기둥이라 한다. 또 이 사각기둥 중에는 최소한 두 개 이상의 면이 정사

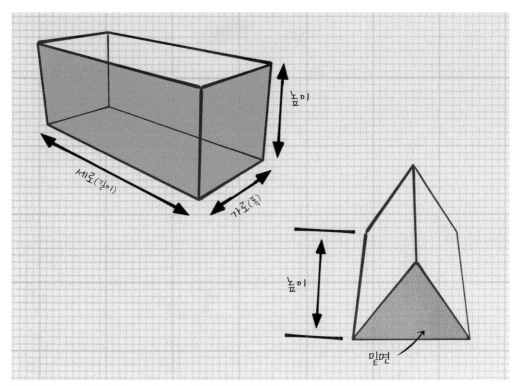

삼각기둥(오른쪽)과 사각기둥(위)의 부피는 밑면의 넓이에 각기둥의 높이를 곱하여 구한다.

각형으로 되어 있는 특별한 사각기둥인 정방형주$^{\text{square prism}}$가 있는가 하면, 이 정방형주 중에는 모든 면이 정사각형으로 되어 있는 특별한 정방형주인 정육면체가 있다. 각기둥의 부피는 각기둥의 한 밑면의 넓이에 높이를 곱하여 계산한다.

구와 원기둥

구는 원의 지름을 축으로 하여 회전시킬 때 나타나는 모양으로, 구면 위의 모든 점들은 구의 중심에서 같은 거리만큼 떨어져 있다. 구는 겉넓이에 대한 부피의 비가 최대인 도형이다. 즉 부피가 같은 여러 입체도형에 대하여 겉넓이가 가장 작은 도형이다. 이것은 자연에서 구형이나 구에 가까운 모양이 많이 발견되는 이유이며, 거품이

나 빗방울 모양 등을 예로 들 수 있다. 중력으로 형성된 별이나 행성들 또한 구형으로 수축한 것들이다. 뜨거운 가스가 팽창하는 것과 같이 중력이 모든 방향에서 동일하게 작용할 때 구형을 형성하게 된다. 하지만 때때로 다른 종류의 힘들이 작용하여 구를 왜곡시키기도 한다. 예를 들어 지구로 떨어지는 보통의 빗방울들은 공중에서는 완벽한 구형이지만 공기를 통과하여 떨어질 때 빗방울에 작용하는 힘에 의해 평평하게 된다.

원기둥은 각기둥과 비슷하지만 옆면은 곡면, 밑면은 원형 또는 타원형으로 되어 있다. 밑면이 원형인 원기둥의 부피는 밑면인 원의 넓이에 원기둥의 높이를 곱하여 계산한다($\pi r^2 \times h$). 판이 두꺼운 피자는 원기둥이다. 피자 밑면의 반지름이 z이고, 높이가 a라고 할 때, 피자의 부피는 $\pi \times z \times z \times a$다.

오일러 공식

위대한 스위스 수학자 레온하르트 오일러는 다면체에 대하여 (면의 수)+(꼭짓점의 수)−(모서리의 수)가 항상 2와 같다는 것을 알아냈다. 식으로는 $F+V-E=2$와 같이 나타낼 수 있다. 예를 들어 육면체는 여섯 개의 면과 여덟 개의 꼭짓점, 열두 개의 모서리를 가지고 있으므로, 오일러 공식 6+8-12=2가 성립한다. 다면체에 대한 오일러 공식을 이름은 같지만 복소수를 다루는 또 다른 오일러 공식과 혼동해서는 안 된다.

주사위

플라톤 다면체는 페어 주사위의 이상적인 모양이다. 페어 주사위는 주사위를 던질 때 각 면이 바닥에 닿을 확률이 같은 주사위를 말한다. 가장 대표적인 것으로 정육면체 주사위를 들 수 있으며, 임의의 볼록 정다면체 또한 페어 주사위다. 몇몇 게임에서는 4면체 또는 8면체, 12면체, 20면체 주사위를 사용하기도 한다.

면의 수가 서로 다른 주사위들을 같은 것끼리 모아 놓은 것.

유클리드와 원론

기원전 300년경, 알렉산드리아에서 기하학 교과서 《기하학원론》이 집대성되었다. 이 방대한 작업을 완성한 이는 바로 유클리드로 추정되고 있다. 이 책은 성경 다음으로 서양에서 가장 많이 번역되고 출판되었으며 연구되었다. 실제로 1482년 《기하학원론》 초판이 나온 이래 20세기에 이르기까지, 1000쇄 이상이 출판되었을 정도로 성경에 이어 가장 많이 재인쇄되었다.

《기하학원론(줄여서 《원론》)》은 유클리드 이전의 그리스 수학의 모든 주요 발견들과 기법들을 집대성한 것으로, 피타고라스, 플라톤, 에우독소스 등의 수학자들의 연구성과들이 포함되어 있다. 이 책은 자체적으로 발전시킨 것이나 발견한 것들이 포함되어 있지 않지만, 엄밀한 논증과 정확한 증명이 탁월하여 이후 줄곧 과학 교과서의 모델이 되었다. 아이작 뉴턴의 저서 《프린키피아》 등은 《기하학원론》의 뒤를 이은 것으로, 구성 형식 및 내용의 표현방식을 따라 했다. 그리고 20세기에도 학교에서 교과서로 계속 사용되고 있다.

기하학원론(원론)

13권으로 되어 있는 《기하학원론》은 465개의 명제가 실려 있으며, 평면기하학과 입체기하학, 수론을 다루고 있다. 1908년 《기하학원론》을 영어로 번역한 영국의 박

14세기 프레스코화에서의 유클리드 모습.

식가 토머스 히스는 이렇게 말했다.

"참으로 훌륭한 이 책은 당시의 설명으로 인해 불완전하고 불충분한 부분이 있지만 고금을 통해 가장 위대한 수학 교과서로 남을 것이다."

유클리드는 이 책에서 기본 가정 및 정의, 공리로 알려진 수학적 법칙을 제시하고 있다. 이것들은 간단한 삼각형의 작도에서 플라톤 입체의 작도에 이르기까지 점점 복잡해지는 일련의 명제들을 증명하는 데 필요한 기본 요소들이다.

《기하학원론》제1권의 첫 부분은 다섯 개의 공준과 기하학적 성질에 관한 명제들이 제시되어 있다. 처음 세 개는 작도에 관한 공준이다. 이 기본적인 가정들은 기하학의 기초 지식을 갖추는 데 필요했다. 이를 테면 첫 번째 공준은 임의의 두 점을 이은 직선을 그릴 수 있다는 것을 말하고, 네 번째 공준은 모든 직각은 같다는 것을 말한다. 이 두 개의 공준은 보이는 것보다 훨씬 더 심오하다. 왜냐하면 기하학적 작도를 할 때 정확한 위치는 별 의미가 없다는 것을 보여주기 때문이다. 즉 위치와는 상관없이 공간의 어디에든 같은 규칙을 적용할 수 있다. 전문적인 용어로, 공간이 상동인 셈이다.

가장 유명한 공준은 다섯 번째다. 평행선의 공준으로 알려진 이 공준은 한 직선과 평행이고 그 직선 위에 있지 않은 한 점을 지나는 직선은 하나뿐임을 말한다. 이는 평행선들이 결코 서로 만나지 않는다는 것을 달리 표현한 것이다. 또 이것은 공간의 본질에 대한 정의를 의미하며, 유클리드 기하학이라는 용어는 이 공준으로 인한 것이라 할 수 있다. 이 평행선 공준을 인정하지 않는 기하학을 비유클리드 기하학이라고 하며 대표적인 예로 경도를 들 수 있다. 경도는 적도에서 서로 평행하지만 두 극에서 서로 만난다.

유클리드는 기본 용어들을 설정하여 제1~6권까지 평면기하학을 다루고 있다. 제1권과 제2권에서는 삼각형과 평행선, 사각형의 기본 성질을 다루고, 제3권과 제4권에서는 원을 다루며, 제5권과 제6권에서는 비율 및 무리수와 관련 있는 에우독소스의 연구 성과들을 다루고 있다. 제7~10권까지는 수론을, 제11~13권에서는 3차원 입체기하학을 다루며, 에우독소스의 실진법을 사용하고, 플라톤 입체도형이 정확히 다섯 개만 있음을 증명하고 있다.

유클리드는 누구일까?

유클리드에 대해서는 확실하게 알려진 바가 거의 없다. 그는 기원전 325년경에 태어나 프톨레마이오스 1세 소테르가 통치하던 알렉산드리아에서 생활하다가 기원전 265년경에 사망한 것으로 여겨지고 있다. 유클리드가 《기하학원론》의 실제적이고 유일한 저자인지에 대해서는 논란의 여지가 있다. 예를 들어 그가 교과서를 집대성한 학자들로 구성된 집단을 이끌어가는 사람이었거나, 또는 익명의 학자들로 구성된 집단이 가명으로 작업했을 수도 있다.

이 수수께끼 같은 인물인 유클리드에 관해 두 가지 유명한 일화가 있다. 《기하학원론》은 일반인들에게는 엄격하고 어려운 책이었다. 프톨레마이오스조차 매우 어려워했다. 그리스의 철학자 프로클루스에 따르면, "프톨레마이오스가 유클리드에게 《기하학원론》보다 더 쉽게 기하학을 배울 수 있는지를 묻자 유클리드는 기하학에는 왕도가 없다고 답변했다"고 한다. 또 다른 학자 스토바이우스에 따르면, 유클리드에게 기하학의 첫 번째 정리를 배운 아이가 "이것들을 배우면 무엇을 얻습니까?"라고 묻자 유클리드는 노예를 불러 "저 애에게 3펜스를 주어라. 저 애는 자신이 배운 것에서 무언가를 얻어야 하니까"라고 말했다고 한다.

알렉산드리아와 프톨레마이오스

유클리드의 시대는 알렉산더 대왕이 알렉산드리아를 막 설립했던 시기(약 기원전 330년경)로, 대왕이 이집트를 정복한 직후였다. 알렉산더의 통치 시기는 일반적으로 고대 그리스에서 헬레니즘으로의 변화가 일어나는 시기였다. 'hellenic'은 고대 그리스 인종 및 문화를 공유하는 사람들을 폭넓게 아우르는 용어에서 유래했다. 헬레니즘 문화는 마르세유에 있는 그리스 식민지에서 중앙아시아 및 아프카니스탄의 알렉산드리아 정복자들의 먼 소도시까지의 모든 것을 통합한 것이었다.

프톨레마이오스 1세 소테르는 클레오파트라 여왕이 통치하던 시기까지 300년 동안의 이집트 통치 왕조인 프톨레마이오스 왕조의 기반을 다졌다. 이 왕조는 기원전 30년에 로마인들에게 정복되었다.

건축가들과 알렉산드리아 도서관 건립 계획을 논의하는 프톨레마이오스 왕조의 두 번째 왕인 프톨레마이오스 2세 필라델푸스.

유클리드의 또 다른 저서들

유클리드가 집필한 책들은 《기하학원론》 외에도 매우 많다. 현존하는 네 권의 저서로는 《자료^{Data}》 (기하학에 관한 내용), 《분할에 관하여$^{on\ divisions}$》(비에 관한 내용), 《광학$^{on\ perspective}$》(원근법에 관한 내용), 《현상론^{phaenomena}》(수리천문학에 관한 내용)이 있다. 손실되어 현존하지 않는 저서로는 《음악의 기초$^{Elements\ of}$ ^{Music}》와 《궤변에 관한 책$^{Book\ of\ Fallacies}$》이 있는데, 고대 그리스 철학자 프로클루스는 이 책이 "궤변의 여러 유형을 정리하여 나열하고 있을 뿐 아니라 모든 종류의 정리에 의한 각 상황에서 지력을 발휘하고 있으며, 참과 거짓을 함께 나타내고, 오류에 대한 논박을 실제적인 예와 연결하여 나타낸 것"으로 설명하고 있다.

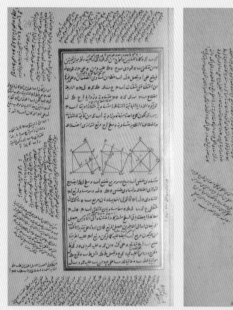

유클리드의 중세 이슬람 번역서 및 해설서의 페이지들.

적자생존

《기하학원론》은 고대로부터 전해 내려온 가장 잘 알려진 수학 문헌이자 희귀본들 중 하나다. 고대 문헌들이 거의 남아 있지 않은데 대부분 수명이 짧은 파피루스에 기록된 탓이다. 파피루스를 수십 년 넘게 보관하려면 매우 건조한 상태에서 보존해야 한다. 또 손을 타면 쉽게 너덜너덜해져서 유명한 문헌일수록 더 빨리 손상되었다. 기록된 내용을 오래 남기기 위해 필사하는 방법에 의존했지만 비용이 많이 드는 데다 힘든 일이었다. 《기하학원론》이 남아 있게 된 데는 이들 오래된 문헌들의 손실에 기인했을 수도 있다. 유클리드의 책은 너무 뛰어나 이전의 책들을 대신하여 사용된 것으로 여겨진다. 이전의 책들을 필사하고 보존한 유일한 이유는 역사적 관심 때문이었다. 이에 따라 파피루스의 비용이 많아지면 그것들을 보존할 수 없었다.

가장 오래된 《기하학원론》 사본은 888년에 제작된 것이다. 이는 사본이 만들어진 시기에서 오늘날까지보다 처음 책이 편찬된 시기에서 사본이 만들어진 시기까지가 더 오래 걸렸음을 뜻한다. 기원전 225년경에 만들어진 나일 강의 엘레판티네 섬에서 출토된 오스트라콘(글이 새겨진 도기 조각)으로 알려진 여섯 개의 도기 조각과 서기 100년경에 만들어진 한 장의 파피루스(이집트의 고대 쓰레기 조각에서 발견됨)와 같이 《기하학원론》과 관련 있는 훨씬 더 오래된 조각들이 있다. 이 두 가지는 유클리드 명제들에 대한 도해들을 보여주고 있다. 《기하학원론》에 대한 서양의 지식은 아라비아 자료에서 도출한 것이며, 중세 아라비아 작가들은 아마 고대 그리스의 유클리드의 《기하학원론》 복사본을 적어도 한 권은 접했던 것으로 추정된다.

유클리드 기하학원론의 최초 복사본 중 한 페이지.

아르키메데스

네덜란드 수학사학자 더크 스트루이크에 따르면, 시라쿠사의 아르키메데스(기원전 287~212)는 '헬레니즘 시대 그리고 고대 전체를 통해 가장 위대한 수학자'로 꼽힌다. 이는 로마가 세계적 강대국으로 번성하던 시기의 인물이기 때문에 우리에게 가장 잘 알려진 수학자일 수도 있다.

로마 시대 이후, 많은 흥미로운 일화들을 통해 아르키메데스는 신기하기 이를 데 없는 무기들을 만드는가 하면, 옷도 입지 않은 채 목욕탕에서 튀어나와 "유레카!"라

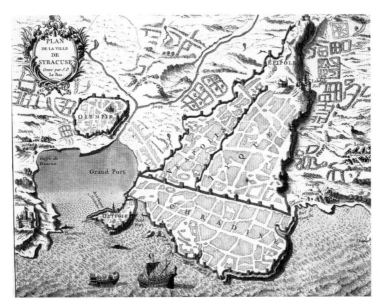

18세기의 고대 시라쿠사를 상상하여 그린 그림.

고 외치며 거리를 뛰어다닌 것으로 유명한, 반전설적인 미치광이 발명가로 잘 알려져 있다. 그는 나선양수기를 비롯해 '불타는 거울'이 비추는 죽음의 광선과, 갈고리로 배를 전복시키는 기구까지 많은 것들을 발견하고 발명했다. 사실이 아니라고 해도 이들 이야기를 통해 아르키메데스의 순수 수학에서의 명석함과, '역학'으로 알려진 영역 즉 수학의 실제 응용에서의 천재적 재능과 발명이 서로 어떻게 결합되었는지를 알 수 있다.

유레카!

아르키메데스에 관한 가장 유명한 일화는 아마도 부력의 원리를 발견했을 때의 일일 것이다. 로마의 작가 비트루비우스에 따르면, 아르키메데스는 시라쿠사의 왕 히에론과 매우 가까운 사이였다. 금세공사에게 순금을 주고 왕관을 만들도록 했던 히에론은 금세공사가 은을 섞은 것이 아닌가 의심했다. 아르키메데스는 금세공사에게 준 금과 같은 무게로 금과 은을 섞어 왕관을 만들었다면, 왕관의 밀도가 순금의 밀도보다

목욕탕에 있는 아르키메데스를 중세에 묘사한 목판화.

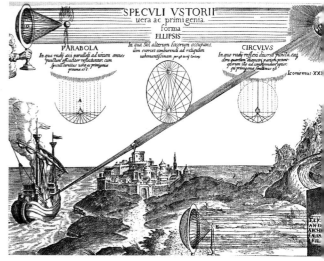

17세기 예수회 학자 아타나시우스 키르허(Athanasius Kircher)가 기록으로 남긴 아르키메데스의 불타는 거울 공학.

낮아 부피가 더 커진다는 것을 알고 있었다. 그러나 왕관의 부피를 계산할 방법을 찾지 못해 고민하던 아르키메데스는 욕조에 들어갔을 때 해답을 찾아냈다. 욕조에 들어가자 물이 흘러넘치는 것을 본 아르키메데스는 욕조에서 흘러넘친 물의 양이 물속으로 들어간 자기 몸의 부피와 같다는 사실을 발견했던 것이다. 이것이 바로 부력의 원리다. 그 순간, 아르키메데스는 "유레카!('알아냈다'라는 뜻의 그리스어)"를 외치며 발가벗은 채 뛰쳐나가 거리를 뛰어다녔다.

아르키메데스는 금관의 무게와 같은 금괴를 물통에 넣고 물을 가득 부었다. 그런 다음 금괴와 왕관을 바꾸어 넣자 물이 넘쳐흘렀다. 이를 통해 왕관이 순금으로 만들어진 것이 아님을 밝혀내 속임수를 쓴 금세공사는 벌을 받았다.

갈릴레이 이후의 주석가들에 따르면, 왕관과 금괴를 바꿔 넣어도 실제적인 물의 양의 차는 알아채지 못할 만큼 매우 작다고 한다. 그러나 현존하는 아르키메데스의 연구 성과들은 그가 부력에 대해 깊이 연구했다는 것을 보여준다. 아마도 그는 왕관과 금괴를 수평을 이루도록 매달아 물에 넣어보는, 보다 그럴듯한 해법을 생각해냈을 것이다. 왕관이나 금괴의 부피보다 더 많은 물을 넣게 되면 은을 섞은 왕관은 순금보다 부력이 더 크기 때문에 금괴보다 더 높은 곳으로 떠오르게 된다.

갈고리와 죽음의 광선

아르키메데스는 이집트와 그 외 여러 지역을 옮겨 다녔지만, 자신이 태어난 시라쿠사에서 가장 오랫동안 머물렀다. 기원전 212년 로마인들이 시라쿠사를 포위했을 때, 아르키메데스는 재능을 발휘하여 도시를 방어하는 무시무시한 무기들을 고안했다. 로마 작가 플루타르코스에 따르면, 이들 무기 중에는 접근하는 적선을 막기 위해 크레인처럼 갈고리를 단 밧줄을 지레에 연결한 방어용 무기가 있었다. 이를 이용해 연안에 접근하는 적선의 뱃머리에 갈고리를 던져 건 다음 공중으로 들어 올려 전복시켰다. 또는 들어 올린 배를 빙빙 돌린 다음 성벽 아래 돌출된 바위에 던져 배에 타고 있는 적을 몰살시켰다.

아르키메데스는 또한 광학 지식을 활용하여 햇빛을 모아 멀리 떨어진 배에 불을 붙일 수 있는 포물면 거울을 설치하기도 했다는 이야기도 있지만 오늘날의 거울공학에서는 실제로 이런 무기를 제작하여 사용하지는 않았을 것이라는 의견도 있다.

지레와 도르레

아르키메데스의 기계를 다루는 천재적인 재능은 지레의 원리에 대한 그의 연구를 통해서도 확인할 수 있다. 지레는 거리가 짧은 힘점에서는 많은 힘이 들지만, 거리가 긴 힘점에서는 적은 힘이 들어, 효율적으로 힘을 조절하는 도구다. 아르키메데스가 "서 있을 수 있는 장소와 충분히 긴 지레를 주면 지구를 들어 보이겠다"고 했다는 이야기는 유명하다. 플루타르코스가 기록한 또 다른 이야기에 따르면 아르키메데스가 복합 도르레를 사용하여 혼자서 항구를 통과하는 함대 중 가장 무거운 갤리선을 끌어 내려 히에론 왕을 감명시켰다고 한다.

아르키메데스의 나선양수기

아르키메데스는 젊었을 때 이집트에 머물렀던 만큼 알렉산드리아에서 연구했을 가능성이 있지만, 아르키메데스 나선양수기로 알려진 양수기를 발명했다는 것에 대한 주장은 확실치 않다. 이것은 내부에 커다란 목재 스크루가 들어 있는 긴 관으로 되어 있다. 관의 끝부분을 물속에 넣고 스크

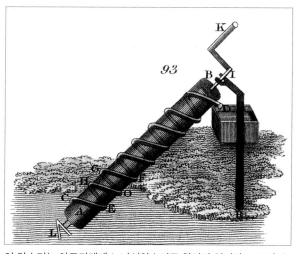

이 양수기는 아르키메데스 나선양수기로 알려져 있지만, 그보다 수 세기 전에 이미 사용되고 있었다.

루를 돌리면 물이 위로 올라오게 된다. 사실 이 기구는 바빌론의 공중 정원에서 물을 퍼올렸던 것으로 알려져 있어, 이미 아르키메데스보다 훨씬 오래전에 쓰였던 것으로 추정되고 있다.

아르키메데스의 수학

아르키메데스를 둘러싼 많은 전설과 일화는 수학에서의 그의 업적을 희석시키는 경향이 있다. 사실 그는 구와 원기둥에 관한 수학을 크게 발전시켰으며, 곡선 아래의 넓이를 구하는 오늘날의 적분법으로 알려져 있는 계산법에 능통하여 그때까지 알아낸 π값 중 가장 근사한 값을 구했다.

아르키메데스는 뉴턴과 라이프니츠가 연구한 고급 미적분 내용에 접근하지는 못했지만 고대 수학자들이 생각만 했을 뿐 철학적 입장에서는 받아들여지지 않았던 전략을 택했다. 그는 곡선 아래의 넓이를 연속하여 나열된 무한히 가는 직사각형들의 넓이의 합으로 생각하여 곡선 아래 넓이의 근삿값을 구한 다음, 실제 넓이에 필적하면서 정확히 계산가능한 또 다른 한 도형의 넓이를 구함으로써 곡선 아래 넓이의 근삿값이 실제 넓이가 됨을 증명했다. 이 근삿값이 알려진 도형의 넓이보다 더 많거나 적은 것이 아닌 그 자체라는 것을 보여줌으로써, 아르키메데스는 그것이 알려진 넓이와 같다는 것을 증명할 수 있었다. 이것은 아르키메데스가 곡면이 있는 도형 및 입체도형의 넓이와 부피를 구하면서, 근삿값을 정확한 양으로 바꿀 수 있도록 한 엄밀한 증명이었다.

또한 아르키메데스는 지레에 관한 논문과 거울반사에 관한 논문을 썼으며,《부체 浮體에 대해》에서 유체정역학을 창안했고, 천문학에 대한 저서를 남겼다. 그는 태양중심설을 예견했으며 태양의 직경을 계산하기 위한 방법을 기술하는가 하면, 태양과 달, 다섯 행성의 움직임을 보여주는 천체 모형 두 개를 만들었다. 이 천체 모형은 시라쿠사를 함락시킨 마르셀루스가 로마로 가져갔다. 뿐만 아니라 순수 수학 특히 적분학과 자연철학(오늘날 물리학이라 부르는 것)을 결합시키는 그의 능력은 약 1800년 이

시라쿠사의 방어 시설을 설계하고 있는 아르키메데스의 모습을 묘사한 16세기 판화.

후에 일어난 과학혁명에서 매우 중요한 역할을 했다.

그러나 후대의 수학자들에게 깊은 인상을 준 것은 그의 수많은 연구 결과물만큼이나 다양한 연구 방법이었다. 그의 논문들은 짧지만 긴장감이 넘쳤다. 시작할 때는 서로 관계없어 보이는 일련의 결과들을 증명한 다음, 끝낼 때는 결코 부정할 수 없는 증명으로 그 결과들이 서로 어떻게 결합될 수 있는지를 보여줬다. 옥스퍼드 고전 사전에는 "최소한의 놀라움과 최대한의 확실성을 갖춘 이런 결합을 통해 그가 고대에 가장 위대한 수학자임을 알 수 있다"라고 기록되어 있다.

모래알을 세는 사람 sand reckoner

오늘날 최초의 보고서로 여겨지는 〈모래알을 세는 사람The Sand Reckoner〉에서, 아르키메데스는 아직까지 생각해보지 못한 큰 수를 나타내기 위해 수체계를 만들어 계산하는 방법을 보여주었다. 모래알로 우주 전체를 채울 때, 모래알의 개수는 얼마나 될 것인지를 계산하기 위한 재미있는 시도에서, 그는 '미리아드myriad(10,000)'라는 수를 생각해내고, 큰 수를 표현하기 위한 기수로 미리아드 미리아드(10,000×10,000=100,000,000 또는 10^8)의 개념을 사용했다. 그리고 모래알로 우주 전체를 채울 때 필요한 모래알의 개수는 대략 8×10^{63}개라고 추정했다.

죽음과 묘비

플루타르코스의 《영웅전》에는 시라쿠사가 함락당한 후 아르키메데스가 로마 군인의 손에 죽임을 당하는 이야기가 실려 있다.

"기하학 문제로 고심하고 있던 아르키메데스는 불행히도, 로마군이 침입한 것을 모르고 있었을뿐더러 시라쿠사가 함락당했다는 것조차 모르고 있었다.

연구에 몰두해 있는 사이, 한 로마 군인이 그에게 다가와 따라올 것을 명령했다. 하지만 아르키메데스는 논증으로 이 문제를 해결하기 전엔 갈 수 없다면서 명령을 거부했다. 이에 화가 난 병사는 칼을 빼들고 그를 찌르고 말았다."

아르키메데스의 죽음.

위대한 수학자는 자신이 가장 아끼고 자랑스러워하던 수학적 발견을 묘비에 묘사해 달라는 유언을 남겼다. 그것은 바로 그가 원기둥 안에 구를 내접시킬 경우 부피의 비가 3 : 2가 된다는 것을 밝힌 것이었다.

로마의 학자이자 정치가였던 키케로는 아르키메데스가 사망한 지 137년이 지난 기원전 75년 시라쿠사에 갔을 때, 위대한

오늘날의 무덤.

수학자가 잠들어 있는 장소를 찾았다. '시라쿠사인들은 그 무덤에 대해 알지 못했으며, 실제로 무덤이 존재한다는 것도 알지 못했다. 그의 무덤은 가시나무 덤불 사이에 가려 숨겨져 있었다'는 기록과 함께, 묘비에 그려진 독특한 그림을 떠올림으로써 찾을 수 있었다는 설명을 남겼다. 그는 '구와 원기둥 위를 덤불이 덮고 있어 거의 보이지 않던 묘비'를 어렵게 찾아냈다.

에라토스테네스 : 지구를 측정한 사서

알렉산드리아에 있는 무세이온의 관장을 맡았던 키레네^{Cyrene}의 에라토스테네스(기원전 276~194)는 아르키메데스와 동시대에 살았으며, 오늘날 수학과 지리학에서의 업적으로 유명하다. 그중 가장 많이 알려진 것이 지구 둘레의 길이를 구한 것이다. 이는 지팡이와 기하학적 지식만으로 알아낸 것이었다.

정오에 생기는 그림자

지리학자로서 에라토스테네스는 이미 알려진 곳을 지도에 상세히 나타냈으며, 특히 이집트의 지형에 대해 매우 잘 알고 있었다. 그는 알렉산드리아 남쪽에 위치한 시에네^{Syene}(오늘날의 아스완)의 위치가 북회귀선에 매우 가깝다고 관측하고, 독특하게도 이를 이용하기로 했다. 시에네가 북회귀선에 가깝다는 것은 시에네가 연중 낮의 길이가 가장 긴 하짓날 정오에 태양이 바로 머리 위 상공에 있는 위도 지역에 위치해 있다는 것을 말한다. 이는 곧 이날 정오에는 시에네에 있는 우물 안이나 땅에 꽂은 지팡이의 그림자가 전혀 생기지 않는다는 것을 뜻한다.

에라토스테네스는 같은 날 알렉산드리아에서 땅에 꽂은 지팡이에 그림자가 생기는 것을 알고 있었으며, 이를 이용하여 지구 둘레의 길이를 계산했다.

그는 《기하학원론》 제13권 19번째 명제인 '원과 한 직선이 만날 때, 만나는 점에서 그 직선이 접선과 수직을 이루면 원의 중심은 그 직선 위에 있다'를 토대로 연구했다. 접선은 원과 만나지만 원의 내부를 통과하지 않는 직선이다. 유클리드의 명제에서 설명된 대로, 이 접선과 직각을 이루도록 그린 선은 원의 중심을 지난다. 이 경우, 알렉산드리아에서 땅에 꽂은 지팡이는 지표면에 대한 접선과 수직이다. 따라서 땅에 꽂은 지팡이의 연장선을 그리면 지구의 중심을 통과하게 된다. 시에네에서 땅에 꽂은 지팡이 또한 그 연장선은 지구의 중심을 지나게 된다. 그림 1에서 알렉산드리아를 A, 지구의 중심을 B, 시에네를 C라 했을 때 지구를 나타내는 완전한 원에서 서로 다른 두 반지름이 부채꼴 ABC를 만들어냄을 알 수 있다. 이때 각 $x°$를 구할 수 있고 알렉산드리아(A)와 시에네(C)를 잇는 곡선이 이루는 거리를 측정할 수 있다면, 지구 둘레의 길이에서 각 1°에 해당하는 길이가 어느 정도인지를 구할 수 있다. 여기에 360°를 곱함으로써, 지구 둘레의 길이를 계산할 수 있다.

각 $x°$를 알아내기 위해, 에라토스테네스는 《기하학원론》 제1권의 29번째 명제 "평행한 두 직선이 한 직선과 만날 때 엇각의 크기는 서로 같다"는 사실을 이용했다. 태양 광선은 지구를 향해 평행하게 비추므로, 그림 2에서 햇빛과 알렉산드리아에서의 지팡이가 만드는 각 y(지팡이의 그림자 각, 천정각이라고도 함)는 각 x와 엇각이 됨을 알 수 있다. 제1권의 29번째 명제에 따르면, 엇각이 같으므로 에라토스테네스가 해야 할 일은 지팡이와 지팡이 그림자 사이의 각을 측정하는 것이었으며, 이를 통해 알렉산드리아와 시에네 사이의 지표면이 이루는 각의 크기를 알아냈다.

여러분 또한 막대와 그림자의 길이를 측정함으로써 이 각을 구하기 위해 간단한 삼각법을 이용할 수 있다. 그러나 에라토스테네스는 이를 직접 측정하기 위해 스카페scaphe(반구형 해시계)라

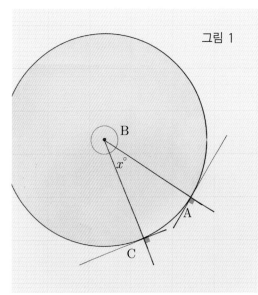

그림 1

A: 알렉산드리아의 땅(A)에 수직으로 꽂은 지팡이는 지표면의 접선과 직교한다.
B: 2개의 지팡이를 연장한 두 선분이 지구의 중심 B에서 만난다.
C: 시에네의 땅(C)에 수직으로 꽂은 지팡이 또한 지표면의 접선과 직교한다.

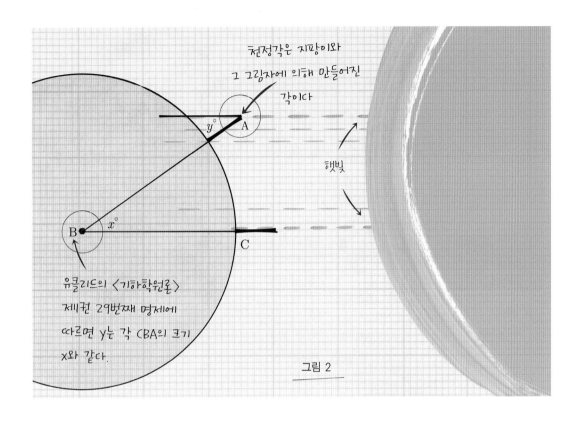

천정각은 지팡이와
그 그림자에 의해 만들어진
각이다

햇빛

유클리드의 〈기하학원론〉
제1권 29번째 명제에
따르면 y는 각 CBA의 크기
x와 같다.

그림 2

는 도구를 사용했을 것으로 추정된다.

　에라토스테네스가 측정한 각은 $7°$ 또는 대략 지구 둘레의 $\dfrac{1}{50}$에 해당한다. 에라토스테네스는 알렉산드리아에서 시에네까지의 거리가 5000스타디온(고대의 거리 단위)이라는 것을 알고 있었다. 따라서 지구의 둘레 길이가 $50 \times 5000 = 250{,}000$스타디온임을 계산하는 것은 간단했다.

　오늘날의 측정값과 이것이 얼마나 근사한지를 알아보기 위해서는 에라토스테네스의 1스타디온이 어느 정도의 길이를 나타내는지 알 필요가 있다. 그 당시에 1스타디온으로 나타내는 길이가 다양했기 때문에 이에 대해서는 많은 논란이 있다. 하지만 일반적으로 에라토스테네스가 구한 지구 둘레의 길이는 39,690~46,620km 사이에 해당한다. 오늘날 북극과 남극을 통과하는 측정 둘레의 길이는 40,008km이고, 적도를 따라 측정한 둘레의 길이는 40,075km로 에리토스테네스가 구한 값과 거의 차이가 없다.

اط كد فنصل راح خطا واجرا الكوز زاويتي

مراح ما حا قائمة وكذلك ما طا وكح من آ ك موازيا

لد بيقع داخل الثلث لان زاوية دما اكبر من فا به فكون

زاوية ما آك اقل من زاوية ما آح القائمة وبقطع لا حاله

عليه وينقسم به مربع ما آك والسطح ما ك لح ونصل

حا حاد فلان في مثلثي حاحز حاز آد ضلع لح ما حا

وزاوية محا مساوية لضلعي آك ما دوزاوية ما د

يكون الثلثان متساويين ومثل حاك ما ط يساوي نصف مربع

ما لكونها على قاعدة

حا ما من متوازي رح

وكذلك مثل را د

يساوي نصف سطح ما آك

لكونها على قاعدة ما د

من متوازي ما د آك

فمربع رك يساوي

سطح ما آك التساوي بنصفيهما ومثل ذلك يتبين ان مربع طح يساوي
سطح آح فاذا مربع ما حا يساوي يعني آ لح ودا ما اردناه ٠٠

중세 수학

고전 문명의 붕괴로 서양 수학은 수 세기 동안 발달을 멈추었지만, 다른 문화권에서는 계속 발전해나갔다. 가장 많은 진전을 이룬 곳 중 하나는 인도다. 중세의 인도 수학자들은 서양 수학자들이 수 세기 동안 이해하지 못했던 음수와 영(0), 무한과 같은 개념들을 이해하기 위해 고심했다. 이러한 연구 결과는 최고의 고전 학문과 함께 중세 이슬람 학자들의 연구 활동에 직접적인 영향을 미쳤다. 중세 이슬람 학자들은 삼각법과 대수학을 발달시키고, 인도의 수체계를 바탕으로 오늘날의 수체계를 만들어내는 등 수학을 고도로 발달시켰다. 12세기경, 인도 – 아라비아 수체계 및 다른 진전된 수학이 중세 유럽에 점진적으로 보급되면서 계산 및 학문으로서의 수학을 변화시켰다.

⇦
중세 아라비아에서 번역한 유클리드 《기하학원론》.
고전 수학의 초석 중 하나인 피타고라스의 정리를 보여주고 있다.

중세 인도 수학

로마인들이 지중해를 정복한 이후 헬레니즘 시대가 끝나고, 서양에서는 수학의 실용적인 측면이 축소되었다. 알렉산드리아 로마 시대에 디오판토스(200~284), 파푸스(290~350) 같은 뛰어난 수학자들을 계속 배출했지만, 유럽에서 수학의 의미 있는 진전이 이루어진 것은 약 13세기경의 중세에 이르러서였다. 하지만 인도에서는 청동기시대까지 거슬러 올라가는 전통적인 수학을 바탕으로 많은 발전을 이루었다.

황금기

약 5세기경부터 12세기에 걸쳐 인도 수학은 산술 법칙 및 매우 큰 수, 무한의 개념, 정교한 기하학을 제안한 힌두교와 불교 경전을 바탕으로 연구가 이루어지며 황금기를 누렸다. 이 기간에 미적분학을 포함하여, 나중에 서양 수학자들에 의해 독자적으로 주장되기도 했던 많은 진보된 수학 내용들이 예측되거나 발견되었다.

황금기의 중세 인도 수학 가운데 가장 친숙하면서도 널리 보급된 유산은 오늘날 인도-아라비아 수체계로 알려진 수체계로, 고대 인도 문헌들에 제시되어 있다. 이 기간 동안, 인도 학자들은 무한과 음수, 0을 다루었을 뿐만 아니라, 대수학과 삼각법에서도 획기적인 약진을 이루었다.

아리아바타

북부 인도 굽타 왕조 시대의 수학자이자 천문학자인 아리아바타(476~550)는 오늘날의 파트나에서 태어난 것으로 추정된다. 그는 500년경에 쓴 천문학 논문인 《아리아바티야》로 유명하다. 당시 스물네 살에 불과했던 아리아바타가 쓴 이 논문에는 그 당시까지의 인도 수학을 요약한 내용도 들어 있다. 산술 및 복잡한 일차방정식 $ax+by+c=0$의 모든 변수가 1차인 방정식과 이차방정식 $ax^2+by+c=0$과 같이 최소한 하나 이상의 변수가 2차인 방정식에 대한 대수학을 다루고 있다. 또 아리아바타는 반복된 나눗셈과 관련 있는 쿠타카^{kuttaka}라는 방정식을 푸는 기법 또는 '분쇄법^{pulverization}'을 제시하기도 했다.

《아리아바티야》는 아리아바타가 계산한 π의 근삿값과 삼각법으로 가장 잘 알려져 있다. 오늘날 우리가 π라고 부르는 것에 대해 다음과 같이 기록했다.

"4와 100을 더한 다음, 8을 곱한 값에 62,000을 더하라. 이 값은 지름이 20,000인 원의 둘레의 길이와 거의 같다. 이 규칙으로 지름과 원의 둘레의 길이 사이의 관계를 알 수 있다."

이 방법에 따르면 π의 값이 $\dfrac{62832}{20000}=3.1416$이 된다. 이것은 오늘날의 π값과 앞의 네 숫자가 정확히 일치하며, 수 세기 동안 가장 정확한 근삿값으로 남아 있다. 더 중요한 점은 아리아바타가 그것이 π의 근삿값일 뿐이라는 사실도 알고 있었다는 것이다. 즉 그는 그것이 무리수라는 것을 인식하고 있었다. 이는 1761년에야 스위스 수학자 요한 하인리히 람베르트$^{Johann\ Heinrich\ Lambert}$에 의해 증명되었다.

삼각법에서, 아리아바타는 최초로 사인(고대 그리스인들과 헬레니즘 시대의 사람들은 원의 현을 사용하여 같은 개념을 기술했다)을 기술했다. 그는 사인을 지야^{jya}라는 용어로 표시했으며 사인 함수와 다른 삼각함수에 관한 표를 계산했다.

이와 같은 수학적 업적으로 인해 아리아바타는 이후 인도 수학자들의 존경을 받았다. 그가 사망한 지 약 1세기 후, 수학자이자 천문학자인 바스카라는 다음과 같이 기록했다.

"아리아바타는 가장 먼 곳의 해안가에 도착하여, 수학, 운동학, 구면기하학 지식의 바다에서 가장 깊은 곳의 깊이를 잰 후, 수학, 운동학, 구면기하학의 기본 지식이라는 바다 깊은 곳의 깊이를 잰 후, 이 세 학문을 학계에 인도한 대가다."

브라마굽타

아마도 가장 유명한 중세 인도 수학자는 브라마굽타 (598~670)일 것이다. 그는 구르자라 왕국의 시기에 오늘날 인도 서북부의 라자스탄 주에서 활동했으며, 나중에 우자인에 있는 천문학 관측소장이 되었다. 628년에는 자신의 주요 저작인 《브라마스푸타 싯단타(우주의 창조)》를 완성했다. 이 책은 아바스 왕조의 수도 바그다드에서 아라비아어로 번역되어 큰 영향을 미쳤으며, 브라마굽타의 업적은 이슬람 및 이후 유럽의 수학의 발달에 중요한 역할을 했다.

브라마굽타가 천문학적 미스테리에 대해 생각하고 있다.

브라마굽타는 제곱, 세제곱, 제곱근, 세제곱근을 구하고 분수의 계산법을 설명했다. 또 $ax^2+c=y^2$ 꼴의 이차 방정식을 풀었고, 미지수에 대하여 여러 개의 값이 있을 수도 있다는 것을 알고 있었다. 수학자들은 특히 브라마굽타가 방정식 $61x^2+1=y^2$을 해결한 것에 대해 감탄해 마지않았다. 실제로 이 방정식의 가장 작은 해는 $x=226153980$, $y=1766319049$다.

하지만 브라마굽타가 유명한 더 큰 이유는 영(0)에 관한 연구 성과와 음수 및 우리가 오늘날 알고 있는 자릿값 체계를 사용한 계산 때문이다. 그는 큰 수들을 곱하는 방법을 기술하고, 이 방법을 "암소의 소변이 흘러가는 경로"라고 설명하면서 고무 트리카라 불렀다. 예를 들어 곱셈 321×456을 하기 위해 다음과 같이 합을 써 내려간다.

$$3 \quad \times \quad 456$$
$$2 \quad \times \quad 456$$
$$1 \quad \times \quad 456$$

이제 점선 아래에 위의 각 곱셈의 결과를 쓴다.

$$
\begin{array}{cc}
3 & 456 \\
2 & 456 \\
1 & 456 \\
\hline
& 1368 {-}{-} \\
& 912{-} \\
& 456 \\
\hline
& 146376
\end{array}
$$

이 완전한 기본 곱셈법이 오늘날에는 장황해 보일 수도 있지만, 이는 당시의 수학자들이 자릿값 체계의 힘을 인식해가고 있었음을 보여준다.

아리아바타의 천문학

아리아바타가 가장 두각을 보인 분야는 천문학이다. 아리아바타의 몇몇 업적은 그 시대를 능가하여 수 세기를 앞서가는 획기적인 약진을 이룩한 것들이기도 하다. 그는 π의 근삿값을 사용하여, 지구 둘레의 길이를 39,736km로 추정했다. 오늘날의 측정값(40,075km, 적도를 따라 측정)과는 그 차가 0.2%에 불과하다. 지구가 우주의 중심으로 정지해 있다는 당시의 일반적 관점과는 대조적으로, 아리아바타는 천체가 지구의 둘레를 회전하며, 지구가 축을 중심으로 회전하고 있다고 주장했다. 이러한 입장을 매우 파격적이라고 생각한 이후의 주석가들은 아리아바타의 주장을 잘못된 것이라 여겼다. 그는 태양 주변을 회전하는 행성 주기 함수처럼, 다른 행성들의 궤도 반지름을 계산했으며, 심지어 독일의 천문학자 요하네스 케플러의 행성 운동 법칙보다 천년 이상이나 앞서 각 행성의 궤도가 타원이라는 것을 이해하고 있었다. 또한 달과 행성의 빛을 햇빛이 반사한 것은 물론, 일식과 월식에 대해서도 설명했다. 또 1년의 길이를 오늘날과 15분 이내의 차로 추정하기도 했다.

오늘날의 파트나에 있는 파탈리푸트라 궁전의 폐허. 파탈리푸트라는 서기 490년경 갠지스 강과 간다카 강, 손 강이 합류되는 지점에 작은 요새(fort)로 설립되었다. 서기 3세기까지 세계적으로 가장 큰 도시였으며, 3세기에서 6세기의 굽타 제국 수도로 남아 있었다.

음수

많은 초기 산술과 마찬가지로, 브라마굽타 또한 대부이자를 계산하는 등 대부업과 빚의 실제적인 문제를 다루는 응용 부문에서 수학적으로 해결하려 했다. 예를 들어 그는 다음과 같은 전형적인 문제를 제시했다.

"500개의 드라크마 은화를 어떤 이율로 빌려주었다. 넉 달 동안 받은 그 돈의 이자를 다

마디아프라데시 주에 있는 오늘날의 우자인 도시.

시 같은 이율로 다른 사람에게 빌려주고 열 달 동안 78드라크마 은화를 받았다. 이때 이율은 얼마인가?"

빚에 대한 검토는 브라마굽타가 음수를 설명하는 데 도움이 되었다. 고대 이집트인이나 그리스인들처럼 고대 수학자들은 음수의 유효성이나 존재 자체를 무시하는 경향을 보였다. 그들은 3－4와 같은 합의 결과는 아무것도 없거나 전혀 무의미한 것으로 여겼다. 브라마굽타는 그러한 합의 결과가 계산에서 사용될 수 있는 유효한 수임을 인식하도록 하는 데 새로운 토대를 마련했으며, 이차방정식이 양수와 음수의 해를 모두 가질 수 있다고 생각했다. 예를 들어 이차방정식 $x^2=4$에서, x는 2 또는 -2가 될 수 있다. 음수를 '빚', 양수를 '재산'이라 하여, 다음과 같이 음수를 가지고 수학적 연산 법칙을 정했다.

빚에서 0을 빼면 빚이 된다($-x-0=-x$).

재산에서 0을 빼면 재산이 된다($x-0=x$).

0에서 빚을 빼면 재산이 된다($0-(-x)=0+x=x$).

0에서 재산을 빼면 빚이 된다($0-x=-x$).

두 빚을 곱하면 재산이 된다($-x\times-y=z$).

빚과 재산을 곱하면 빚이 된다($-x\times y=-z$).

재산과 빚을 곱하면 또한 빚이 된다($x\times-y=-z$).

케랄라 학파^{Kerala school}

14세기 인도 수학자 산가마그라마의 마다바^{Madhava of Sangamagrama}가 이끄는 천문학자이자 수학자들로 이루어진 학파가 남인도 케랄라 지역에서 연구 활동을 하고 있었다. 케랄라 학파는 매우 작은 분수의 값들로 0에 한없이 가까이 다가가는 무한소의 개념을 상당히 진전시켰다. 한 예로 마다바는 π를 다음과 같이 많은 분수를 교대로 더하고 빼는 무한급수로 나타낼 수 있다는 것을 알아냈다.

$$\pi=4-\frac{4}{3}+\frac{4}{5}-\frac{4}{7}+\frac{4}{9}-\cdots$$

유럽에서는 2세기가 지난 후에야 독일의 수학자이자 철학자인 고트프리드 라이프니츠가 같은 방법을 발견했다. 또 케랄라 학파는 아이작 뉴턴과 라이프니츠보다 앞서 미적분학의 초기 형태를 개발했지만, 이후의 인도 수학자들과 유럽 수학자들을 직접 연결해주는 역할을 했으리라는 것에 대해서는 논란의 여지가 많다. 하지만 피에르 드 페르마와 라이프니츠 그리고 비슷한 시기에 나타난 다른 학자들의 업적이 인도 수학자들이 쓴 책들을 읽고 익숙해지면서 이루어진 것이라고 주장하는 사람들도 있다. 인도 수학자들의 저서는 인도 남부의 도시 코친에 거주한 예수회 사람들이 전파시킨 것으로 추정된다. 이 책들을 읽어보면, 실제로 서양의 몇몇 위대한 수학적 업적들이 인도에서 따온 것임을 알 수 있다.

인도-아라비아 수체계

우리가 오늘날 셈하고 표기하는 수체계는 너무 익숙하여 분석하기가 어려울 수도 있다. 이 수체계는 고대 인도에서 비롯된 수 기호들을 사용하여 10진법 셈체계와 위치기수법이 결합된 것이다. 이 조합은 단순하면서도 능률적인 체계를 이뤄 계산을 수월하게 하고 크고 작은 수를 매우 간단히 표현하도록 해준다.

아라비아 숫자					
유럽		고바르	인도		
14세기	12세기	아랍	10세기	5세기	1세기

숫자의 기원

우리가 오늘날 사용하는 숫자들(1, 2, 3, 4, 5, 6, 7, 8, 9)은 1세기의 인도 문화에서 비롯된, 브라흐미 숫자에 그 기원을 두고 있다. 그러나 이것들은 이보다 앞선 고대의 것들도 담고 있다. 1, 4, 6의 기호들에 대해 가장 고대의 것으로 알려진 예들이 아쇼카 비문에서 발견되었다. 아쇼카 비문은 기원전 304년에서 232년 사이에 인도아 대륙의 넓은 지역을 다스렸던 마우리아 왕조의 아쇼카 대왕의 공적을 기록한 것이다. 2, 7, 9 숫자들은 기원전 2세기의 나나 가트[Nsns Ghat] 비문에서 처음 보였으며, 3과 5는 1~2세기 경의 나시크[Nasik] 동굴에서 발견되었다. 이들 브

오늘날의 유럽 숫자와 아라비아와 인도의 흘림체에 근거한 중세 아라비아, 인도 숫자의 비교.

라흐미 숫자들은 오늘날의 형태와 매우 비슷해서 쉽게 알아볼 수 있다. 숫자 1은 역사를 통틀어(역사적으로) 많은 문화권들에서 발견되는 단순한 형태인 한 획으로 되어 있다. 예를 들어 중국에서는 1을 가로선의 한 획으로 나타냈으며 숫자 2와 3은 각각 두 개, 세 개의 가로선들을 모아 흘림체로 나타냈다.

그러나 브라흐미 숫자들은 10, 20, 100……을 서로 다른 기호들로 나타내며 암호 체계의 일부로 사용되어졌다. 이 기호들과 자릿값 체계를 결합한 것은 획기적이었으며, 이 결합이 처음으로 표현된 출처는 제각기 다르다.

네덜란드 출신의 수학사학자 더크 스트루이크에 따르면, 가장 오래된 기록은 595년 인도인들이 만든 판에 등장한다. 여기에는 346일이 자릿값 체계인 10진법으로 쓰여 있다. 다른 사람들은 아리아바타가 이 체계를 처음 개발한 것으로 주장하고 있지만, 인도의 자이나교도들이 458년 펴낸 우주론에 관한 책《로카비바가^Lokavibhaga》에서 10진 자릿값 수들을 나타낸 것으로 주장되기도 한다. 자릿값 체계는 662년경 북부 시리아의 가톨릭 주교 세베루스 세보크트^Severus Sebokht가 연구했던 것으로 잘 알려져 있다. 그는 다음과 같은 기록을 남겼다.

"나는 인도인들의 학문에 관한 모든 논의에 대해서는 생략할 것이다. 이를테면 천문학에서의 창의력이 뛰어난 발견들, 이것들은 그리스인들과 바빌로니아인들의 발견들보다 훨씬 더 독창적이다. 내가 말하고 싶은 것은 아홉 개의 기호를 사용하여 계산한다는 것이다. 그리스어를 사용하고 있어 과학의 한계에 부딪혔다고 생각하는 사람들이 인도 문헌들을 읽는다면, 비록 시기는 좀 늦지만 많은 값들을 알고 있는 사람들이 존재한다는 것을 확신할 것이다."

세보크트가 아홉 개의 기호만을 말한 것으로 미루어, 그는 0의 존재를 알지 못했던 것으로 보인다.

서양으로 전파된 인도-아라비아 숫자

세보크트가 인도 숫자들을 접했을 수도 있지만, 그가 쓴 글에 따르면 이들 숫자에 대한 지식이 널리 보급된 것은 아니었다. 서양에서 수용하게 된 것은 이슬람을 통해서였다. 12세기 아랍 과학사학자 이븐 알키프티^{Ibn al-Qifti}가 정리한 《학자들의 연대기》에 따르면, 766년 아바시드의 칼리프 알 만수르가 이슬람 제국의 수도를 바그다드로 옮기고 '지혜의 책들의 창고^{khizanat kutub al-hikmah}'를 설립한 직후, 한 인도 학자가 도서관에 《브라마스푸타 싯단타(우주의 창조)》 사본을 가져왔다. 브라마굽타가 지은 이 책에는 10진 자릿값 체계의 사용법이 포함되어 있었다. 그러나 이 책의 아라비아어 번역판은 큰 영향을 미치지 못했으며, 9세기 아바시드의 7대 칼리프 알 마문의 통치기 동안, 철학자 알 킨디와 수학자 알 콰리즈미의 저서를 통해 비로소 아라비아 학자들이 새로운 체계로 바꾸어가기 시작했다.

이슬람 세계를 제외한 지역에서는 모두 이 숫자들을 늦게 채택하였다. 동양과 서양에서 서로 다른 형태의 숫자들이 사용되고 있었으며, 12세기에 알 킨디와 알 콰리즈미의 책들이 라틴어로 번역되면서 마침내 유럽에 도달한 것이 바로 서부 아라비아 숫자 또는 고바르 숫자였다. 이때까지 유럽 사회에서 보편적으로 사용하고 있던 것은 로마 숫자였다.

인도-아라비아 숫자들이 십자군과 사라센의 협상 결과 전파되었다는 것에 대해서는 의심의 여지가 있다. 피보나치로 알려진 위대한 이탈리아 수학자 피사의 레오나르도는 1202년 그의 저서 《산반서^{Liber Abaci}》에서 '이 아홉 개의 숫자와 0이라는 기호를 더하여 (……) 어떤 수도 쓸 수 있다'라고 쓰며 이 체계에 크게 감탄했다. 그러나 인도-아라비아 숫자에 대한 그의 지지에도 불구하고, 로마 숫자는 수 세기 동안 계속 사용되었다. 벨기에 사학자 조지 사튼^{George Sarton}의 기록에 따르면, '서부 국가들이 인도 숫자를 보다 늦게 사용한 것은 한 가지 예만 봐도 충분하다. 18세기 말, 프랑스 국가회계감사원은 여전히 로마 숫자를 사용하고 있었다'

숫자에 나타낸 각의 개수로 수 나타내기

인도 – 아라비아 숫자를 표기할 때 각 숫자가 나타내는 수를 선분들이 만나며 만들어낸 각의 개수와 관련시켜 1에서 9까지의 수임을 나타내는 흥미로운 방법이 있다. 오른쪽 그림의 각각의 수에서 각의 개수를 세어보면, 각 숫자가 나타내는 수와 같다. 각이 하나도 없는 0의 기호에 대해서도 같은 원리를 적용했음을 알 수 있다.

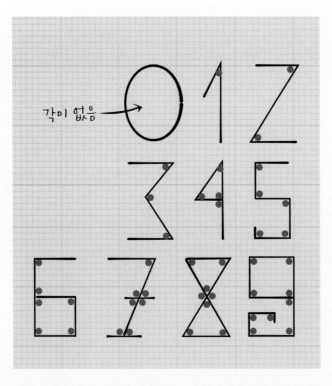

인도-아라비아의 각 숫자가 나타내는 수와 각 숫자의 모양을 대응시키는 표기 체계.

0의 간략한 역사

오늘날 0은 다른 수들과 마찬가지로 평범한 수로 보이지만, 믿을 수 없게도 비교적 최근까지도 0의 개념은 쉽게 받아들여지지 않았다. 'zero'라는 용어와 0의 현대적인 기호는 불과 400여 년 전에 만들어진 것이다.

비어 있는 자리를 기호로 나타내다

0은 아무것도 존재하지 않거나 비어 있음을 뜻하는 측면과 위치기수법에서 자리지기로서의 측면을 모두 가지고 있다. 전자는 오랜 시간에 걸쳐 진화해온 것으로, 구체적인 실생활의 예들을 바탕으로 수학이 이루어짐에 따라 0마리의 소 떼나 넓이가 0인 땅을 말하는 것이 아무런 의미가 없기 때문에 개념을 정립하기가 어려웠다. 후자는 10진법에서 매우 중요한 역할을 한다. 예를 들어 0이 없으면 21과 201, 210을 구분할 수 없다. 그럼에도 바빌로니아인들은 천년 동안 0을 표시하는 대신, 문맥을 통해 수들이 서로 다르다는 것을 표시했다. 이것은 그들이 60진법을 사용했기 때문에 훨씬 간단했다. 60까지의 수를 나타낼 때는 0이 필요하지 않았으며 3600 미만의 수에서도 딱 59번만 나타나기 때문이다.

위치기수법에서 0이 빈자리를 의미하는 최초의 체계가 발견된 것은 기원전 300년이 되어서였다. 이것은 셀레우코스 왕조의 바빌로니아인들이 사선과 쐐기 모양의 철필 자국을 사용하여 기록한 문서에 있었다.

오늘날의 0의 편재는 0의 기원이 그다지 오래되지 않았다는 것을 믿기 힘들게 한다.

0이 10진법에서 자리지기로 사용되고 있음을 보여주는 연료 주입기의 금액 표시 부분.

기원전 700년경까지 거슬러 올라가는 고대의 예들에는 다른 모양의 무늬가 포함되어 있다. 그러나 이들 중 어떤 경우도 수의 끝부분에 빈 자리지기를 사용하지 않은 까닭에 예를 들어 21과 210을 전혀 구별할 수 없었다. 대신 이들은 수들을 구별하기 위해 문맥을 활용했다.

고대 그리스인들은 그런 자리지기를 거의 필요로 하지 않았다. 그것은 당시의 수학이 선과 선의 일부로 양을 표시하는 등 주로 기하학에 초점이 맞춰져 있었기 때문이다.

그러나 천문학에서는 예외였다. 처음으로 기호 O가 0과 관련하여 나타났으며 자리지기로 사용되었다. 영향력 있는 알렉산드리아의 천문학자 프톨레마이오스는 2세기에 《알마게스트》에서 0을 자리지기 표시로 사용했다. 그는 수의 끝부분에도 0을 사용했지만, 이 방법이 널리 보급되지는 않았다.

비어 있음 이상의 의미

인도인들은 0을 수로 사용했으며, 힌두교의 우주론과 공(비어 있음)의 개념이 연결되어 있었다. 가장 최초의 예는 인도 여성의 이마에 찍는 점인 빈디에서 파생된 하나의 점을 사용하여 비어있는 자리지기를 나타낸 것일 수도 있다. 그러나 수로서의 0이 처음 나타난 것은 7세기 브라마굽타의 저서에서였다.

브라마굽타는 $1+0=1$, $1-0=1$, $1 \times 0 = 0$과 같이 0을 사용하기 위한 기본 산술 법칙을 설정했다. 그러나 브라마굽타조차 0으로 나누는 개념에 대해서는 어려워했다.

12세기 인도 수학자 바스카라는 1을 0으로 나누면 무한이 될 것이라고 주장했지만 현대 수학자들은 이에 동의하지 않으며, 현재는 무언가를 0으로 나눌 때 유의미한 값이 없다는 의미에서 'undefined'한 것으로 여긴다.

0을 동그라미로 표기한 것은 인도에서 비롯된 것으로 보인다. 초기의 것(876년으로 추정되는)으로 알려진 예는 괄리오르 비석에 새겨진 수에서 자리지기로 사용된 작은 'o'이다.

이슬람 수학자들은 인도에서 수 0을 얻었지만, 대수에서 사용하지는 못했다. 이것은 다른 숫자들처럼 수로서의 자격을 부여받지 못했다는 것을 의미한다. 마찬가지로 피보나치는 《산반서》에서 0을 하나의 수라기보다는 기호로 나타냈다.

17세기가 되어서야 프랑스 수학자 알베르 지라르^{Albert Girard}(1595~1632)가 0을 대수학 문제의 해로 인정했다.

단어 'zero'의 기원

단어 'zero'는 '없음'을 의미하는 아랍어 시프르sifr에서 유래한 것으로, '비어 있음'을 의미하는 인도어 수냐sunya를 옮긴 말이다. 시프르는 라틴어로 옮긴 아랍어 책에서 제피룸zephirum으로 쓰였으며, 이것이 zero가 되었다. 시프르가 독일로 들어가 시프라cifra로 옮겨 쓰게 되면서 하나의 기호 또는 암호에 사용된 기호를 의미하는 'cipher'가 되기도 했다.

마야의 0

마야인들은 유라시아 중심 문명과는 독자적으로 자신들만의 수체계를 개발했다. 665년경, 그들은 오직 세 개의 기호, 1을 나타내는 점과 5를 나타내는 선분, 0을 나타내는 조개껍데기 모양만으로 20진법의 수를 표기했다.

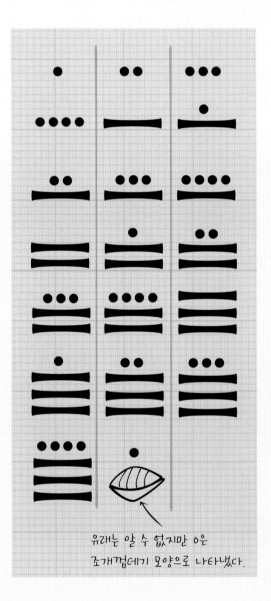

유래는 알 수 없지만 0은
조개껍데기 모양으로 나타냈다.

대수학의 도입

대수학에서는 양 대신 문자를 사용하여 만든 방정식으로 수학 문제를 나타낸다. 방정식은 균형이 잡힌 양팔 저울과 같다. 수학 문제를 해결하고 미지량을 구할 때 이 같은 특성을 이용할 수 있다. 균형 잡힌 저울의 한쪽에 어느 정도의 양이 있는지를 알면, 정의에 따라 다른 쪽에도 어느 정도의 양이 있는지를 알 수 있다.

방정식

방정식은 두 식이 서로 같다는 것을 나타낸 식이다. 예를 들어 방정식 $2+3=3+2$ 에서, $2+3$이 한 식이고, $3+2$가 또 다른 식이다. 이 방정식은 그 수들 대신 문자를 사용함으로써 $x+y=y+x$와 같이 대수학적으로 나타낼 수 있다.

방정식을 이루는 각 수나 문자는 특별한 이름을 가지고 있다. 예를 들어 방정식 $2x+5=9$에서

- x는 미지수다 – 미지수는 보통 알지 못하는 값이다. 방정식을 푸는 것은 이 미지수를 구하는 것이다.
- 2는 계수다 – 계수는 미지수에 곱해진 수를 말한다.
- 5와 9는 상수다 – 상수는 주어진 수다.
- +는 연산자다 – 실행해야 하는 연산을 명기한 것으로, 이 경우는 덧셈 기호다.
- = 는 방정식의 양변이 균형이 잡혀 있다는 것을 의미한다. 방정식이 양팔 저울일 경우, 우변에는 무게가 9이고 좌변의 총 무게 또한 9가 됨을 말한다.

- $2x$, 5, 9는 각각 항이라 한다.
- $(2x+5)$는 항들로 이루어진 식이다.

대수학과 기하학

미지수를 나타내는 문자가 들어 있는 오늘날의 친숙한 대수학 형태를 기호대수학이라 한다. 고대 문명의 수학자들은 대수학을 다루었지만, 오늘날의 의미로 인지한 것은 아니었다. 그들에게 대수학은 단지 미지의 양들이 포함된 기하학 문제를 다루는 기하학의 한 분야에 불과했다. 예를 들어 한 직사각형 땅의 전체 넓이가 12이고, 한 변의 길이가 4라는 것을 알고 있을 때, 다른 한 변의 길이를 쉽게 구할 수 있다. 그것은 길이가 주어지지 않은 변의 길이와 4를 곱한 값이 12와 같거나 또는 (미지의 양)×4=12임을 알고 있기 때문이다. 넓이와 부피가 제곱, 세제곱과 관련이 있어, 넓이와 부피 문제에는 미지량을 제곱한 것과 세제곱한 것이 포함된다. 이 양들을 나타내는 문제와 방정식을 각각 이차방정식, 삼차방정식이라 한다.

대표적인 예로 고대 바빌로니아 문서에서 발췌한 다음과 같은 기하학적인 문제를 들 수 있다.

오른쪽 그림의 사각형이 땅이라고 상상해보자. 땅의 전체 넓이는 얼마일까? 이것은 두 식의 곱 $(a+1)\times(a+2)$로 나타낼 수 있다. 계산하면 $(a+1)\times(a+2)=a^2+3a+2$가 된다. 이것은 기하학적으로 표현한 땅의 넓이에 관한 문제를 통해 유도한 2차방정식이다.

고대 바빌로니아 문서들에서는 저

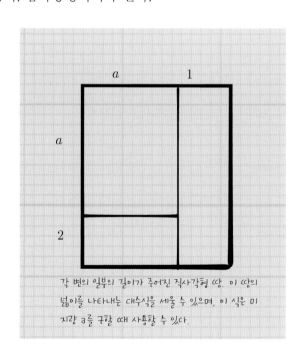

각 변의 일부의 길이가 주어진 직사각형 땅. 이 땅의 넓이를 나타내는 대수식을 세울 수 있으며, 이 식은 미지량 a를 구할 때 사용할 수 있다.

장실을 파기 위해 삼차방정식을 다루고 있으며, 고대 인도의 베다 경전에서는 제단을 건설하는 상황에서 그와 같은 방정식들을 다루고 있다. 이 두 가지 모두 부피를 계산하는 것과 관련이 있다. 이처럼 실제적이고 실생활 문제를 숙고하던 것에서 추상적 원리를 기호를 사용한 식으로 나타내기까지는 긴 여정이었다.

수사적 대수학에서 기호 대수학으로

현존하는 고대 이집트와 메소포타미아 문서들은 대수학을 표현하기 위해 기호나 기하학을 사용하지 않는다. 대신 그들의 대수학은 문제의 풀이를 생략하거나 어떠한 기호도 사용하지 않고 순전히 산문체로 쓴 수사적 대수학이었다. 수사적 대수학은 그리스와 헬레니즘 시대 수학을 아우르는 대표적인 형태로, 적어도 15세기까지 서유럽에서는 지배적이었다. 수사적 대수학의 최고의 예 중 하나는 500년경의 《팔라틴 선집》(그리스 사화집으로 알려져 있음)이다. 이 책에는 다음과 같은 46개의 문제들이 실려 있다.

'현대 대수적 표기법의 아버지'로 알려진 프랑수아 비에트는 문자를 사용하여 변수를 나타냈다.

- 데모카레스는 그의 생애의 $\frac{1}{4}$을 소년으로 살았고, $\frac{1}{5}$을 젊은이로, $\frac{1}{3}$을 성인으로 살았으며, 13년간은 정신이 온전치 못한 상태로 지냈다. 그는 몇 살에 죽었을까?
- 삼미신이 같은 개수의 사과가 들어 있는 사과 바구니를 옮기고 있었다. 뮤즈의 아홉 여신이 그들과 만나 각각 사과를 달라고 했다. 삼미신은 각 뮤즈에게 같은

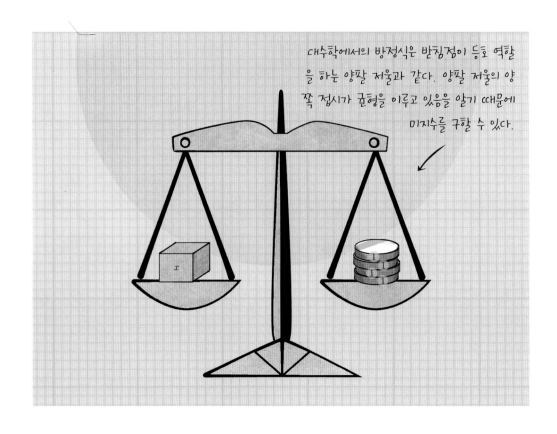

대수학에서의 방정식은 받침점이 등호 역할을 하는 양팔 저울과 같다. 양팔 저울의 양쪽 접시가 균형을 이루고 있음을 알기 때문에 미지수를 구할 수 있다.

개수의 사과를 주었다. 그 결과, 삼미신과 뮤즈의 아홉 여신이 각각 같은 개수의 사과를 갖게 되었다. 삼미신은 몇 개씩 주었으며, 그들 모두 어떻게 같은 개수의 사과를 가지고 있는지 말하라.

이와 같은 문제들을 기호대수학으로 바꾸면 비교적 쉽게 풀 수 있지만, 수사적으로 해결하려 할 때는 훨씬 어렵다.

수사적 대수학과 기호대수학 사이의 중간 단계를 축약된 대수학^{syncopated algebra}이라 한다. 축약은 수사적 문제를 써내려갈 때 약어를 사용하는 것으로, '대수학의 아버지'로 알려진 고대 그리스 수학자 알렉산드리아의 디오판토스가 주로 사용했다(중세 아랍의 수학자 알 콰리즈미도 '대수학의 아버지'라 부른다).

디오판토스는 《산학》에서 미지수를 나타내는 기호로 단 한 개의 문자를 사용했으며, 미지수의 제곱(즉 x^2)을 나타내기 위해 기호 Δ^r를 사용했다. 이는 거듭제곱을 나타내기 위해 최초로 두 개의 그리스어 문자를 사용한 것이었다. 또한 그는 수학적 연산자와 음수, 계수를 사용했는데, 이것들은 모두 기호대수학에서 다룬 것들이다.

그러나 디오판토스의 대수학은 많은 한계가 있었다. 그는 구체적인 상황과 관련된 문제들을 다룸으로써 추상적인 것으로 일반화시키지 못했다. 또 등식의 개념을 가지고 있지 않아 방정식을 사용하지 않았으며, 한 번에 한 개의 미지수만 다루었다. 음수를 해解로 인정하지도 않았고, $x+y=4$와 같은 방정식에서 무한개의 해가 존재할 때조차도 음수를 인정하지 않았다.

아리아바타나 브라마굽타와 같은 고대 인도 수학자들 또한 축약된 대수학을 사용했으며, 급기야 후기 중세에는 유럽 수학에 영향을 미치기 시작했다. 그러다 16세기의 유럽 수학자들이 우리가 오늘날 사용하는 기호 표기를 도입하기 시작했다. 1557년에는 영국인 로버트 레코드가 = 기호를 도입하고 1706년에는 원주율의 기호로 π를 사용했다.

이항과 소거

용어 'algebra'는 중세 1아랍의 수학자 알 콰리즈미가 825년경에 쓴 책 제목 'Al-Kitab al-mukhtasar fi hisab al-jabr w'al-muqabala'에서 유래한 것으로, 아랍어 al-jabr가 'algebra'가 된 것이다. 여기서 뒷부분의 al-jabr는 '이항', al-muqabala는 '소거'로 번역되기도 하지만, 이 책의 제목은 보통 《The Compendious Book on Calculation by Completion and Balancing(완성과 균형에 의한 계산 개론)》으로 번역된다. 이 책은 제목에서 언급한 두 가지 방법(이항과 소거)을 통해 대수학적 문제의 해결 방법을 단계적으로 제시하고 있다는 점에서 중요시된다.

이항을 통해 방정식의 한 쪽에 미지수가 같은 것을 모두 모으는 것, 즉 한 쪽에 차수와 미지수가 같은 항들을 모아 방정식을 재정리한다. 예를 들어 방정식 $bx+y=ax^2+bx-3y$의 경우, 좌변의 bx와 우변의 $-3y$를 각각 이항하여 $y+3y=ax^2+bx-bx$와 같이 나타낼 수 있다. 소거하게 되면 가장 간단한 형태로 항들을 정리할 수 있다. 위의 방정식은 처음의 방정식보다 훨씬 간단한 $4y=ax^2$이 된다.

따라서 오늘날의 용어 'algebra'는 실제로 알 콰리즈미에 의해 기술된 과정 두 가지 중 한 가지만을 나타낸 것이다. 또 간단히 almuqabala로 불렸을지도 모르며, 아마도 algebra almuqabala로 불리는 것이 더 적절할 수도 있다.

사과 상자

여러분은 자신도 모르는 사이에 일상생활에서 대수학을 활용하고 있다. 예를 들어 슈퍼마켓에서 30개의 사과가 들어 있는 사과 상자를 4.50파운드에 판매한다고 해보자. 사과 1개의 가격을 계산할 수 있을까? 사과 한 개의 가격은 15펜스다. 여러분이 그 값을 정확히 구했다면, 방정식 $30x=450$을 푸는 것과 같은 무언가를 했다는 것이다.

사과 한 개의 가격이 미지수일 때, 대수학을 이용해 한 개의 가격을 구할 수 있다.

디오판토스는 몇 살일까?

디오판토스의 생애에 대해서는 거의 알려진 바가 없다. 그가 태어나 활동한 시기는 여러 정황을 고려하여 추정한 것으로, 논란의 여지가 있는 번역서들을 바탕으로 한 것이었다. 서기 500년경에 편찬한 《팔라틴 선집[Palatine anthology]》에는 디오판토스가 죽었을 때의 나이에 대해 수사적으로 표현된 문제가 들어 있다.

"……그는 인생의 $\frac{1}{6}$을 소년으로 보냈다. 인생의 $\frac{1}{7}$이 더 지난 뒤 결혼했다. 다시 인생의 $\frac{1}{12}$이 지난 뒤에는 수염을 길렀으며, 5년 뒤 아들을 얻었다. 아들은 아버지의 반밖에 살지 못했다. 그는 아들을 먼저 보낸 후 4년 뒤에 일생을 마쳤다."

디오판토스가 몇 살에 사망했는지 계산할 수 있는가?

디오판토스는 스물여섯에 결혼했으며 아들은 마흔두 살에 죽음을 맞이했고, 4년이 더 흐른 후 디오판토스는 여든넷의 나이에 생을 마쳤다.

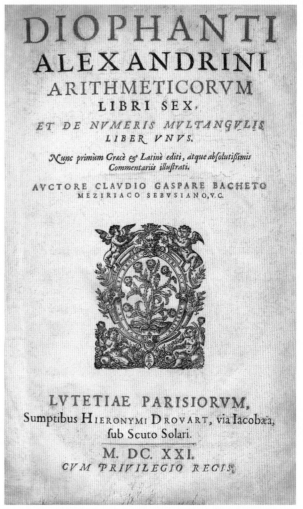

DIOPHANTI
ALEXANDRINI
ARITHMETICORVM
LIBRI SEX,
ET DE NVMERIS MVLTANGVLIS
LIBER VNVS.

Nunc primum Græcè & Latinè editi, atque absolutissimis Commentariis illustrati.

AVCTORE CLAVDIO GASPARE BACHETO
MEZIRIACO SEBVSIANO, V.C.

LVTETIAE PARISIORVM,
Sumptibus HIERONYMI DROVART, via Iacobæa,
sub Scuto Solari.
M. DC. XXI.
CVM PRIVILEGIO REGIS.

디오판토스에 관하여 17세기 번역한 책의 머릿그림(권두 삽화).

지혜의 집: 수학과 중세 이슬람

7세기, 새로운 세력(이슬람)이 한 차례의 폭풍처럼 중동과 근동을 휩쓸었다. 632년 아라비아에서 이슬람 제국이 세력을 확장하기 시작해 100년 동안 지속되다가 732년 프랑스 남부 푸아티에 전투에서 패하면서 유럽 북부를 향한 거침없는 전진은 저지되었다.

이슬람 정치 종교 지도자 칼리프가 통치하는 칼리페이트^{Caliphate}라는 이슬람 제국은 인도 및 중국의 국경에서부터 북아프리카와 스페인까지 그 영토를 확장했다. 칼리페이트는 갈등을 야기하고 종교적 광신자들을 탄생시키기도 했지만, 당시에 가장 문화가 발달되고 학문적으로 조예가 깊은 체제를 갖추어나갔다. 학자들은 수학에서 많은 발전을 이루어냈으며, 동양과 서양의 지식 교류에 중요한 역할을 했다. 또한 유럽이 암흑기로 빠져들면서 자칫 상실될 뻔했던 고대 학문의 잔존에도 중요한 역할을 했다.

학자들의 도시

750년, 여러 칼리프들의 신왕조가 이슬람 제국을 지배하면서 아바시드 왕조 시대가 열렸다. 왕조의 2대 칼리프인 알 만수르는 다마스쿠스에서 티그리스 강가에 건설한 새로운 계획도시 바그다드로 수도를 옮겼다. 알렉산더 대왕이 건설한 계획도시 알렉산드리아처럼 바그다드 역시 놀라운 속도로 세계에서 가장 위대한 도시이자 규모

762년 건설된 후 '원형 도시'로 알려진 바그다드.

가 큰 도서관을 중심으로 학문의 중심지가 되어갔다.

아바시드 왕조 직전의 우마야드 왕조는 다마스쿠스에 키자낫^{khizanat}을 운영하고 있었다. 책 보관 창고가 있던 건물을 가리키는 키자낫은 일종의 도서관으로 천문학에 관한 가장 중요한 몇몇 페르시아 책들의 번역본들을 수집하여 보관하고 있었다. 아바시드 왕조의 5대 칼리프인 하룬 알 라쉬드(소설 《아라비안나이트》의 주인공)의 통치기에, 황실 도서관 키자낫은 중세 이슬람 과학사학자 이븐 알 키프티가 '지혜의 책들의 보고'라고 명명할 정도로 크게 성장했다. 이곳에서는 '번역 운동'이라 알려질 정도로 번역 활동이 활발히 이루어졌으며, 황제를 보필하던 부유한 조신들을 위해 프톨레마이오스의 《알마게스트》가 번역되기도 했다.

키자낫이 전설적인 지혜의 집으로 꽃 피우고, 바그다드가 철학적 혁명의 중심지가 된 것은 813년~833년까지 통치했던 라쉬드의 아들 알 마문의 후원을 받을 때였다. 지식인들의 모임을 시작한 알 마문은 바그다드로 오기 전에 아리스토텔레스 꿈을 꾸었던 것으로 전해진다. 또 콘스탄티노플에서 인도에 이르기까지 여러 곳에서 펴낸 광범위한 책들의 번역을 독려하고, 알 콰리즈미, 바누 무사 형제, 알 킨디 등의 유명 인사를 포함한 학자들을 불러 모았다. 부유한 귀족들은 알 마문의 학문 장려 정책에서 밀려나지 않기 위해 앞다투어 도서관을 짓고 천문대를 건설하여 천문학자들을 고용하고 연구를 통해 지식을 발전시켰다. 이로 인해 대학자들이 몰려들고 새로운 책들을 접하게 되면서 지혜의 집은 번역 중심에서 고유의 학문 연구기관으로 변해갔다.

알 킨디

아부 유수프 야쿠브 이븐 이스하크 아 사바 알 킨디(801~873)는 바그다드로 유학한 아랍의 학자로, 알 마문에 의해 지혜의 집에서 공부할 수 있었다. 그는 황실 가족들의 개인 교수로 지내기도 했지만 다른 학자들과의 경쟁에서 밀려나고 말았다. 서양에서 종종 알킨더스^{alkindus}라 불리는 그는 주로 철학자로 알려져 있지만, 그리스 수학 번역 서들에 대한 중요하고 통찰력 있는 주석서들을 저술했다. 실제로 한 이슬람 과학사학 자는 '논리학, 철학, 기하학, 수학, 음악, 천문학을 포함한 전체 고대 과학자들의 지식 에 있어 동시대의 과학자들 중 가장 독특하고 가장 박식한 학자'로 그를 인정했다.

알 킨디는 광학과 천문학에 대한 중요한 저서뿐만 아니라, 특히 논문 〈인도 숫자의 사용에 관한 책〉으로도 유명하다. 이 논문은 인도 숫자에 관한 지식을 유럽으로 보급하는 데 핵심 역할을 했던 책 중 하나다. 또한 수학 지식의 중요한 응용인 암호해독 분야에서 획기적인 발견을 거두기도 했다. 외국어로 된 책들을 번역할 때 유용한, 암호해독 방법인 빈도 분석을 개발했던 것이다. 뿐만 아니라 평행선에 관한 논문 등 수학에서 그만의 고유한 연구가 이루어졌다. 그는 고대 학자들의 연구를 이해하고 이를 토대로 연구하면서 다음과 같은 기록을 남겼다.

"고대인들이 과거에 말한 것들에 대해

제5대 칼리프인 하룬 알 라시드가 바그다드에서 샤를 마뉴 대제의 사절단을 접견하고 있다.

생각하는 것은 큰 도움이 된다. 그것은 그것들을 추구하는 이들이 적용하고, 그들이 언급하지 않았던 분야에서 진전을 이루게 하는 가장 간단하면서도 시간을 적게 들이는 방법이다."

빈도 분석

어떤 스파이가 적에게서 가로챈 메시지를 보냈다고 하자. 하지만 도저히 이해할 수 없는 말들로 되어 있다. 이 암호를 어떻게 해독할 수 있을까? 만일 그 메시지가 매우 길다면, 언어의 특성을 이용하여 중요한 단서를 얻을 수 있다. 어떤 언어에서도, 몇 가지 문자들이 다른 문자들에 비해 출현 빈도가 높다. 예를 들어 영어에서 출현 빈도가 가장 높은 문자는 'e'와 't'다. 보통의 영어 책에서 'e'의 출현 빈도는 12.7%고, 't'의 출현 빈도는 9.1%다. 따라서 암호화된 문서(글)에서 그 문자들을 세면 'e'와 't' 등이 어떤 문자로 변환된 것인지를 알아낼 수 있다. 이를 빈도 분석이라고 한다. 간단한 암호들을 해독하기 위해서는 단지 이와 같은 몇 개의 단서가 필요하다. 예를 들어 만일 그 메시지가 'a'를 'b'로, 'e'를 'f'로 변환시킨 것과 같이 다른 문자로 알파벳을 변환시켜 작성되어 있다면, 빈도분석에 따라 그 암호를 해독하기 위해서는 단 한 개의 문자만 알아내도 된다.

오로지 메카를 향해

이슬람 수학은 삼각법, 구면기하학과 지도 제작 분야가 크게 발전하는 데 중요한 역할을 했다. 이들 분야는 모두 이슬람의 과학적 업적에 숨겨진 주요 동력 장치 중 하나인 키블라 문제^{qibla problem}와 관련되어 있다. 키블라는 '방향'을 뜻하며, 메카의 방향을 확인할 때 필요하다. 무슬림들은 세계 어디에 있든 메카를 향해 기도하도록 되어 있다. 새로운 모스크를 짓고 신자들의 예배 방향을 가리키는 벽면의 오목한 곳인 미흐라브 또는 니치는 정확한 메카의 방향을 향하도록 설계되어야 한다. 무슬림 학자들은 세계 어디에서도 이 방향을 계산하는 것이 매우 중요한 관심사였으며, 그 주제는 이슬람에서 가장 중요한 수학의 응용에 해당했다.

아마도 이 분야에서의 가장 최고의 도해법적인 예는 아스트롤라베astrolabe의 개발일 것이다. 수평선 위에 있는 천체의 경사각을 측정하는 장치인 아스트롤라베의 지침반과 눈금으로 알아낸 정보를 경도와 위도로 변환하면 키블라와 그날의 시간을 알 수 있다. 메카를 향해 기도하는 시간 역시 정해져 있다. 아스트롤라베는 정교한 계산 기구이자, 이론적 연구 업적을 물리적으로 구체화시킨 것으로서 최고의 지식과 기술이 결합된 결과라고 할 수 있다.

알 비루니

유명한 몇몇 중세 이슬람 학자들은 측량과 지도 제작에 수학을 활용했다. 대표적인 학자로 아부 알 라이한 무하마드 이반 알 비루니(973~1048)가 있다. 그는 우즈베키스탄인으로 인도와 중앙아시아의 지도를 제작했으며, 구면기하학에서 새로운 방법을 개척하고, 뉴턴보다 몇 세기 앞서 미적분학의 기초를 탐구했다.

그러나 가장 많이 알려진 알 비루니의 업적은 에라토스테네스의 간단한 삼각법에 비해 새롭고 보다 진전된 방법으로 깜짝 놀랄 만큼 정확하게 지구의 둘레 길이를 측정한 것이었다. 알 비루니는 《여러 도시의 좌표 측정Determination of the coordinates of cities》에서, 먼저 에라토스테네스의 방법과 알 마문 통치기의 천문학자가 재현한 것을 철저히 조사한 후, 자신만의 측정 방법을 제시하고 있다. "이것은 지구 둘레 길이의 또 다른 측정 방법이며, (……) 이 방법은 사막에서 걸어 다니며 측정하지 않아도 된다"라는 글도 함께 남겼다. 대신 산을 걸어 올라가야 한다. 알 비루니가 오른 산은 오늘날의 파키스탄 난다에 있는 한 요새 근처의 산으로, 1020년과 1025년 사이에 가즈나 왕조의 술탄 마흐무드의 수행원으로 방문했을 때였다.

알 비루니는 정사각형 판을 사용하여 먼저 산의 높이를 구하고, 산꼭대기에서 천문학적 수평선과 실제 수평선 사이의 각의 크기를 구했다. 그는 내각의 크기가 같은 삼각형들은 대응하는 각 변의 길이의 비가 같다는 닮은 삼각형의 공리와 기초 삼각법을 이용하여 지구의 반지름을 구한 다음, 이 반지름의 길이를 두배 하고 π를 곱하여 지구 둘레의 길이를 구했다. 이 값과 오늘날 측정값의 오차는 1% 이내에 지나지 않는다. 이렇게 알 비루니가 지구의 반지름을 거의 정확히 구하게 된 비결은 비교적 단순한 이론을 이용한 것이 아닌, 크기가 매우 작은 각을 측정한 그의 기술에 있다. 그는

아스트롤라베를 사용 중인 천문학자들을 보여주는 사본 도해.

아스트롤라베를 사용하여 산꼭대기에서 천문학적 수평선과 실제 수평선 사이의 절반에 해당하는 작은 각을 측정했다.

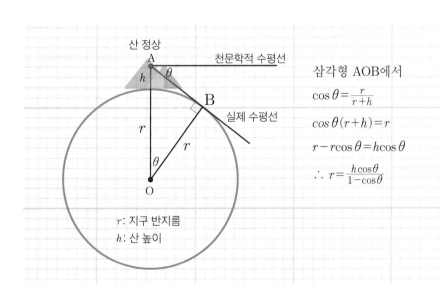

삼각형 AOB에서

$$\cos\theta = \frac{r}{r+h}$$

$$\cos\theta(r+h) = r$$

$$r - r\cos\theta = h\cos\theta$$

$$\therefore r = \frac{h\cos\theta}{1-\cos\theta}$$

r: 지구 반지름
h: 산 높이

아스트롤라베 ^{astrolabe}

아스트롤라베는 천구를 평면에 평사도법으로 투영시켜 나타낸다. 구형의 지구를 경도와 위도가 격자로 표시된 평평한 지도 위에 투영시키는 것처럼, 별자리와 행성들이 있는 천구를 구면 상의 선들로 격자를 구성한 원반에 투영시키는 구면평사도 기법으로 나타낸 것이다. 원반을 종이나 목판으로 만들었지만, 오늘날 남아 있는 것은 금속으로 만든 것들뿐이며, 현존하는 대부분의 초기 아스트롤라베는 별에 관한 지도가 새겨진 황동 원반이었다.

평사도법과 아스트롤라베에 관한 이론은 고대까지 거슬러 올라가며 2세기경 프톨레마이오스가 아스트롤라베를 가지고 있었던 것으로 추정되지만, 최초의 실제적인 장치는 600년경에야 만들어졌다. 아스트롤라베가 이슬람 세계에 도입된 것은 8세기 중반이었으며, 새로운 기능들이 추가되는 등 형식이나 기술적인 면에서의 발전이 절정을 이루었다. 아스트롤라베는 정교한 기술력의 집합체이며 아름다움을 갖춘 것으로 점점 더 가격이 올라가고 많은 사람들이 선호하는 물품이 되었다.

9~10세기경 이란에서 만든 아스트롤라베.

삼각법의 도입

삼각법은 문자 그대로 '삼각형을 측정하는 것'으로서 삼각형의 각의 크기와 변의 길이에 관한 수학이다. 이것은 삼각형의 두 가지 기본 공리를 바탕으로 한다. 첫 번째 공리는 한 변의 길이와 두 각의 크기를 알면 삼각형이 결정된다는 것이다. 즉 삼각형의 한 변의 길이와 두 각의 크기가 주어지면, 다른 두 변의 길이와 나머지 한 각의 크기가 결정된다는 것을 의미한다.

두 번째 공리는 내각의 크기가 모두 같은 삼각형들은 닮은 도형으로, 대응변의 길이의 비가 같다는 것을 나타낸다. 이 두 공리를 이용하면, 삼각형에서 길이나 크기가 주어지지 않은 변의 길이와 각의 크기를 구하는 문제를 쉽게 해결할 수 있다. 이때 삼각형의 변의 길이나 각의 크기 중 세 가지는 알고 있어야 한다. 특히 이들 문제는 한 각의 크기가 주어져 있고 피타고라스의 정리를 적용하는 직각삼각형에서 용이하게 해결할 수 있다. 따라서 여기서 다루는 대부분의 기초 삼각법은 직각삼각형과 관련있다.

삼각비

직각삼각형에서 변들 사이의 비에는 특별한 이름들이 주어져 있다. 빗변의 길이에 대한 높이의 비를 사인(sine, 간단히 'sin'으로 나타냄), 빗변의 길이에 대한 밑변의 길이의 비를 코사인(cosine, 간단히 'cos'로 나타냄), 밑변의 길이에 대한 높이의 비를 탄젠트(tangent, 간단히 'tan'으로 나타냄), 그리고 사인, 코사인, 탄젠트를 삼각비라 한다. 보통 사인을 말할 때는 직각삼각형에서 밑변, 높이, 빗변을 결정하는 각과 관련하여 말한다. 즉 사인을 $\dfrac{높이}{빗변의 길이}$ 로 나타낼 때, 높이와 빗변의 길이는 모두 각 θ의 크기에 따라 달라지므로 사인을 말할 때는 '각 θ의 사인'이라고 해야 한다. 각 θ의 삼각비를 기호로 나타내면 다음과 같다.

$$\sin\theta = \dfrac{\overline{AC}}{\overline{AB}}$$

$$\cos\theta = \dfrac{\overline{BC}}{\overline{AB}}$$

$$\tan\theta = \dfrac{\overline{AC}}{\overline{BC}}$$

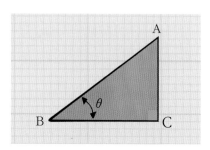

4~5세기경, 인도에서는 직각삼각형의 한 각 θ의 크기가 주어지면 두 변의 길이 사이의 비가 항상 같고, $1°$에서 $89°$까지의 모든 θ에 대해 삼각비를 구할 수 있다는 것을 알고 표로 정리했다. 이 표를 이용하면 삼각비의 값으로 각 θ의 크기를 구할 수 있다. 예를 들어 각 θ의 크기가 주어지지 않은 직각삼각형에서 높이가 4.5이고 빗변의 길이가 9일 때 $\dfrac{높이}{빗변의 길이}$ 는 $\dfrac{4.5}{9}=0.5$다. 이때 $\dfrac{높이}{빗변의 길이}$ 가 $\sin\theta$이고, $\sin\theta=0.5$ 이므로, 삼각비의 표의 사인 줄에서 0.5를 찾으면, 해당하는 각의 크기가 $30°$임을 알 수 있다. 즉 $\theta=30°$인 것이다.

직각삼각형의 요소

직각삼각형의 한 각의 크기는 $90°$임을 알고 있다. 보통 그 크기가 주어지지 않은 각은 그리스 문자 θ로 나타낸다. 직각삼각형에서 θ를 구할 수 있으면, 이미 다른 한 각의 크기($90°$)를 알고 있으므로 나머지 한 각의 크기는 $(180° - 90° - \theta)$가 된다. 한 각의 크기가 θ인 직각삼각형의 세 변은 그 위치에 따라 서로 다른 이름으로 불린다. 각 θ의 대변을 높이, 직각을 낀 또 다른 변을 밑변이라 한다.

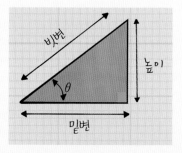

닮은 삼각형

삼각형 A가 삼각형 B보다 크지만, 대응하는 내각의 크기는 모두 같다. 이때 두 삼각형을 서로 닮았다고 한다. 삼각형 A와 삼각형 B에서 각각 밑변의 길이에 대한 빗변의 길이의 비의 값인 $\frac{빗변의 길이}{밑변의 길이}$ 를 계산해보자. 어떤 값이 나오는가? 삼각형 A에서의 비의 값은 $\frac{10}{8}$ = 1.25이고, 삼각형 B에서의 비의 값 또한 $\frac{5}{4}$ = 1.25로 같다. 실제로 삼각형 A와 대응각이 같은 삼각형은 크기에 상관없이 어떤 것이라도, $\frac{빗변의 길이}{밑변의 길이}$ 의 값은 항상 1.25다.

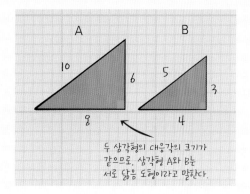

두 삼각형의 대응각의 크기가 같으므로, 삼각형 A와 B는 서로 닮음 도형이라고 말한다.

천체 삼각형

5세기에서 12세기까지 인도 수학의 황금기에, 인도의 수학자들은 삼각법에 대한 전문적 지식에 천문학과 관련한 기술적 재능을 더하여 지구와 달과 태양의 상대적 거리를 계산했다. 달이 반달일 때 지구와 달과 태양이 직각삼각형을 이룬다는 것을 알아내고, 태양과 달을 잇는 선분과 태양과 지구를 잇는 선분이 이루는 각을 측정하여 $\frac{1}{7}°$임을 알아냈다. 그런 다음 태양과 지구 사이의 거리가 지구와 달 사이의 거리보다 400배 더 멀다는 것을 계산해냈다. 이것은 오늘날의 측정값과 비교할 때 97% 정확하다.

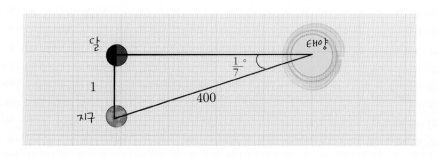

삼각법으로 나무의 높이를 재다

삼각법은 이론적 흥미에 머물지 않고 실제적으로 활용되고 있다. 여러분이 정원의 나무를 베어야 한다고 하자. 나무가 쓰러질 때 집을 건드리지 않기 위해서는 나무가 집에서 얼마나 멀리 떨어져 있는지, 또 나무의 높이가 얼마인지를 알아야 한다. 이를 위해 먼저 정원 끝에 서서, 여러분이 서 있는 곳에서 나무의 밑동을 잇는 선분과 나무 꼭대기를 잇는 선분 사이의 각 크기(θ)를 측정(길이가 짧은 자와 각도기 사용)한 다음, 여러분이 서 있는 곳에서 나무까지의 거리를 측정한다. 나무가 땅과 직각을 이루므로, 여러분은 아래 그림의 삼각형 ABC에서 세 각의 크기와 한 변의 길이를 알고 있는 셈이다. 각 θ의 크기가 $60°$이고, 여러분이 서 있는 곳과 나무까지의 거리를 5m라고 하자. 이때 $\tan 60° = \dfrac{\overline{AC}}{\overline{BC}} = \dfrac{\overline{AC}}{5}$이므로 나무의 높이는 $5 \times \tan 60°$이다. 삼각비의 표에서 $\tan 60° = 1.732$이므로, $\overline{AC} = 5 \times 1.732 = 8.66$(m)가 된다. 즉 나무의 높이가 8.66m인 것이다. 따라서 여러분의 집이 이 나무의 높이보다 더 가까이 있으면, 나무를 자를 때 다른 방향으로 쓰러뜨려야 집을 건드리지 않게 된다.

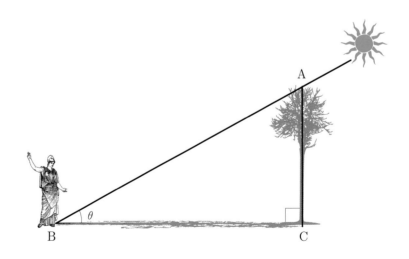

알 콰리즈미

무하마드 알 콰리즈미(780?~850?)는 일반적으로 중세 이슬람의 가장 중요한 수학자로 인정받고 있으며, '대수학의 아버지'로 불린다. 이 존칭은 고대 그리스의 수학자 디오판토스도 불린다. 무슬림의 작가이자 수학에도 기여한 무하마드 칸은 "시대를 초월하여 수학자들을 일렬로 세우면 그중 선두에 알 콰리즈미가 있다"고 말했다.

또한 "그는 산술과 대수학에 관하여 가장 오래된 책을 썼다. 이 책들은 수 세기 동안 동서양에서 중요한 수학적 지식의 근원으로서의 역할을 했다. 산술 책은 처음으로 유럽에 인도 숫자들을 소개했으며, (……) 대수학 책은 (……) 유럽에서 수학의 중요한 분야에 대수학이라는 명칭을 붙이도록 했다"고 말하기도 했다.

알 콰리즈미의 삶이나 살아온 배경에 대해서는 알려진 바가 없다. 그의 이름은 '호레즘의^{of Khorezm}'로 번역하며, 중앙아시아 우즈베키스탄의 도시 호레즘(오늘날의 히바)에서 유래한 것으로 보인다. 실제로 히바에서는 그를 자신들의 후손으로 주장하고 있다. 조로아스터교의 영향을 받았다는 주장이 있지만 이 주장은 오역에 따른 것일 수도 있다. 오늘날의 일치된 의견에 따르면, 알 콰리즈미는 바그다드에서 태어난 것으로 추정된다. 지혜의 집에 지원하여 천문학자이자 지질학자, 수학자로 연구에 몰두했으며, 재능을 발휘하여 수역학과 관련된 공학문제에서부터 논란거리를 검증하는 문제를 해결하였다. 번역가는 아니었지만 번역 운동에 따른 번역서들을 통해 많은 지식을 습득했으며, 인도와 고대 그리스, 히브리인의 책들을 탐독한 것으로 여겨진다.

'대수학의 아버지'

알 콰리즈미의 저서 중 가장 유명한 것은 《완성과 균형에 의한 계산 개론 Kitab al-mukhasar fi hisab al-jabra wa'l muqabala》으로, 이 책의 제목에서 용어 'algebra'가 유래했다. 그는 '상속, 유산, 분배, 소송, 교섭 등의 상황과 상거래의 모든 상황에서 반드시 필요한 산술을 가장 간결하면서도 매우 유용하게 하거나 또는 토지의 측량, 수로 건설, 기하학적 계산, 그 밖의 유사한 매우 다양한 분야'를 가르치기 위해 이 책을 저술했다.

알 콰리즈미가 대수학을 다룰 때는 엄격하게 수사적(즉 기호 표기를 전혀 하지 않고 모두 산문 형식으로만 표현함)이었지만,

알 콰리즈미를 기리며 발행한 소비에트 우표(고향인 우즈베키스탄은 한때 소련에 속했다).

단순히 구체적인 문제들을 통해 연구한 것이 아닌 대수학의 추상적 원리를 강조했다. 그리고 그의 수사적 표현법은 획기적인 것으로 여겨졌다. 알 콰리즈미는 주어지지 않은 미지량(오늘날의 기호대수학에서 'x'로 나타내는 것)을 나타내기 위해 '어떤 것'을 뜻하는 shay라는 단어를 사용했으며, 이 미지량이 그 자체로 하나의 물건처럼 다루어질 수 있다는 것을 최초로 인지했다.

《Al-Jabr》는 알 콰리즈미가 일차방정식과 이차방정식을 체계적으로 푸는 방법을 보여주는 교과서다. 그는 이차방정식이 제곱(x^2으로 나타냄)과 근(x로 나타냄), 수(오늘날의 용어로는 문자 c로 나타내는 상수)로 구성되어 있다고 설명한다. 알 콰리즈미에 따르면, 방정식 $x^2+3x+4=0$은 한 개의 제곱(x^2)과 세 개의 근($3x$), 한 개의 수(4)로 이루어져 있다. 그는 다음과 같이 일차방정식과 이차방정식을 여섯 가지

유형으로 분류했다.

- 제곱이 근과 같다($ax^2 = bx$).
- 제곱이 수와 같다($ax^2 = c$).
- 근이 수와 같다($bx = c$).
- 제곱과 근이 수와 같다($ax^2 + bx = c$).
- 제곱과 수가 근과 같다($ax^2 + c = bx$).
- 근과 수가 제곱과 같다($bx + c = ax^2$).

그는 어떤 문제든 이 여섯 가지 유형 중 한 가지로 정리한 다음, 책에서 제시한 방법에 따라 문제를 해결했다. 그의 저서 제2부에서는 자신의 방법을 일상생활 속 상황에 적용하는 몇 가지 예를 통해 문제를 해결하고 있다.

고대 바빌로니아와 이집트, 그리스인들이 일종의 대수학을 다루었지만, 알 콰리즈미가 다룬 대수학은 매우 새로운 수학 분야였다. 당시 수학에서 여전히 대세를 이루고 있던 그리스의 기하학이 산문으로 문제 해결 방법과 답을 제시하자 이에 알 콰리즈미도 기하학적 증명을 이용해 답을 구했다.

그는 먼저 수사적인 방식으로 문제를 다시 나타냈다. 예를 들어 "한 개의 제곱과 열 개의 근은 39와 같다. 이런 유형의 방정식 문제는 다음과 같다. 열 개의 근에 한 개의 제곱을 합쳐 39가 될 때 근은 얼마인가? 이 문제를 푸는 방법은 방금 언급한 열 개의 근의 절반을 추가한다. 이 문제에서 근은 열 개이므로 다섯 개를 추가한다. 이때 이 5에 자기 자신 5를 곱하면 25가 되며 39에 25를 더해 64를 만들 수 있다. 64의 제곱근 8을 구한 다음, 이 수에서 전체 근의 절반인 5를 빼면 3이 된다. 따라서 3이 제곱의 한 근을 나타낸다. 그러므로 9가 제곱이다."

기호로 나타내면 방정식은 $x^2 + 10x = 39$이고, 알 콰리즈미가 구한 해는 $x = 9$다. 그는 또한 정사각형을 만드는 방법으로 기하학적 증명을 하고 있다. 먼저 오른쪽의 그림 1과 같이 한 변의 길이가 x인 정사각형을 그린다. 여기서 정사각형은 x^2을 기하학적으로 나타낸 것이다. 그런 다음, 그림 2와 같이 정사각형의 네 변에 가로의 길이가 $\frac{10}{4}$이고 세로의 길이가 x인 직사각형을 각각 붙여, 원래의 정사각형 넓이에 $10x$를 추가한다. 이때 직사각형의 넓이는 각각 $\frac{10x}{4}$로, 네 개의 직사각형 넓이를 합하면 $10x$가 된다. 우리는 이 방정식에서 새로운 도형의 넓이가 39라는 것을 알고 있다. 그런 다음 그림 3과 같이 이 도형의 네 모서리에 작은 정사각형들을 붙여 큰 정사각형을 완성한다. 네 직사각형의 가로 길이

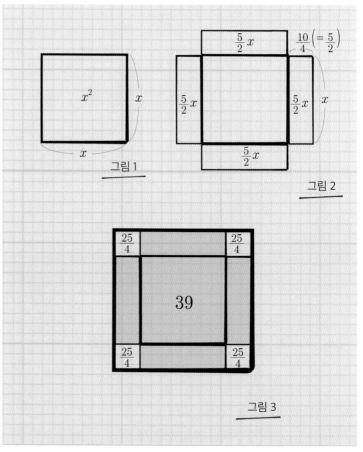

정사각형을 만듦으로써 대수적 문제를 해결하는 방법을 기하학적으로 보인 그림.

가 각각 $\frac{10}{4}\left(=\frac{5}{2}\right)$임을 알고 있으므로, 네 모서리에 덧붙인 정사각형의 한 변의 길이는 $\frac{5}{2}$이고, 이는 곧 각 정사각형의 넓이가 $\frac{25}{4}$임을 의미하며, 정사각형이 네 개이므로 전체 넓이는 25다. 따라서 새로 만든 큰 정사각형의 넓이는 $39+25=64$로 이것은 곧 큰 정사각형의 한 변의 길이가 8임을 의미한다. 또 그 변의 길이가 $\frac{5}{2}+x+\frac{5}{2}$와 같다는 것을 알고 있으므로, $x+\frac{10}{2}=8 \rightarrow x+5=8 \rightarrow x=8-5 \rightarrow x=3$임을 알 수 있다.

알고리즘

오늘날의 용어 중 algebra만이 알 콰리즈미의 책에서 유래된 것이 아니다. 계산 절차를 뜻하는 'algorithm' 또한 그의 이름에서 유래한 것이다. 이 용어는 알 콰리즈미가 쓴 인도-아라비아 숫자에 관한 논문 〈algoritmi de numero Indorum(인도 수학에 의한 계산법: 12세기 라틴어 번역판)〉 또는 영어 번역판 'Al-Khwarizmi on the Hindu Art of Reckoning'에서 비롯되었다. 이 논문에서 그는 인도 숫자의 위치기수법을 설명하고 있으며, 이 기수법에서 최초로 0을 자리지기로 사용한 것으로 여겨진다. 알 콰리즈미는 또한 산술연산법의 사용 및 제곱근 구하는 방법에 대하여 설명하고 있다. 영국 과학사학자 G. J. 투머$^{\text{G. J. Toomer}}$가 쓴 《과학인명사전》은 다음과 같이 기술하고 있다.

"10진법의 위치기수법은 인도에서 아주 최근에 도입되었으며, (……) 이것을 최초로 체계적으로 상술한 것이 바로 알 콰리즈미의 책이었다. 이는 비록 기초적이기는 하지만 상당히 중요한 것이었다".

라틴어 번역판을 통해, 용어 'algorism'은 산술 수행 시 주판을 사용하는 전통적인 방법이 아닌, 인도-아라비아 숫자를 사용하는 것을 의미하게 되었다. 이 용어는 19세기경 'algorithm'으로 진화한 후, 문제를 해결하거나 수학에서 과제를 수행하는 임의의 일정한 절차를 의미하게 되었다. 용어 algorithm이 만들어진 후 실제 어원인 'algorism'은 관심 밖으로 멀어졌으며, 근세에는 그 유래에 대한 다양한 주장이 이루어지고 있다. '고통스러운'을 뜻하는 라틴어 algiros와 '수'를 뜻하는 arithmos의 합성어에서 유래한 것이라는 언어학자들이 있는가 하면, 카스티야의 왕 알고르^{Algor}에서 유래한 것으로 믿는 학자들도 있었다.

대수학의 계부가 아닐까?

알 콰리즈미가 편찬한 〈Hisab al-jabr wa'l-muqabala(완성과 균형에 의한 계산 개론)〉의 자료들과 독창성에 대해 많은 논란이 있다. 이 책이 수학사에서 가장 위대한 발견 중 하나이며, 알 콰리즈미가 모든 시대를 통틀어 가장 위대한 수학자들 중 한 명이라고 생각하는 과학자들이 있는 반면, 이 책의 대부분이 전해 내려온 책들을 베낀 것에 불과하다고 주장하는 이들도 있다. 또 알 콰리즈미가 2세기의 히브리어 책 《측정에 관한 논문Mishnat ha middot》을 복사했다고 주장하는 이론도 있다. 《측정에 관한 논문》이 실제로는 《완성과 균형에 의한 계산 개론》이 편찬된 후 쓰인 것이라고 주장이 있음에도 불구하고 말이다.

세계지도

알 콰리즈미는 수학과 천문학 책뿐만 아니라 지질학 책인 《지구의 외형에 관한 책Kitab surat al-Ard》('지리학'으로 간단히 번역되었다)도 저술했다. 그는 이 책에 세계지도를 그려 넣고, 도시와 산, 바다, 섬 등의 지질학적 장소와 강을 포함시켰으며 2400개가 넘는 장소에 위도와 경도를 나타냈다.

바누 무사 형제

바누 무사 형제로 알려진 무하마드, 아흐마드, 하산은 지혜의 집에서 알 콰리즈미와 함께 연구했던 인물들이다. 칼리프 알 마문이 자신이 지배하던 메르브(오늘날 중앙아시아에 위치한 도시인 마리 부근)에서 3형제의 학문을 우연히 알게 된 뒤 그들을 바그다드로 데려왔다. 그들은 지혜의 집에서 연구에 몰두하며, 알 킨디와 같은 다른 학자들을 몰아낼 계획을 세우기도 했다. 그 결과, 알 킨디는 타격을 받아 서고가 몰수되었고 그것은 바누 무사 형제에게 돌아갔다. 형제들이 이룬 과학적 업적 중에는 무하마드가 쓴 논문 《별의 운동과 인력》이 포함되어 있다. 이 논문에서 그는 달이나 행성 같은 천체가 지구 상 물체들과 같은 물리적 법칙에 영향을 받는다고 주장했다. 이는 뉴턴의 중력

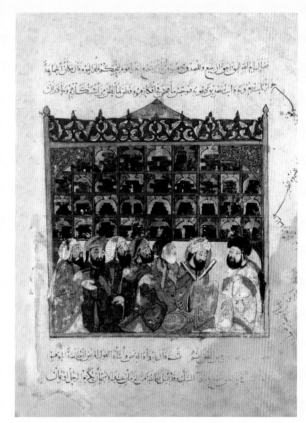

도서관의 한 장면을 묘사한 필사본의 삽화.

이론을 약 8세기 이상 앞서 예측한 것이었다. 바누 무사 형제는 관개 프로젝트와 운하 건설의 책임을 맡아 관리했는데, 정작 그들의 저서 중 가장 유명한 책인 《독창적 기계에 대한 책》Kitab al-Hiyal》은 기술 분야였다. 기이하면서도 훌륭한 기계 장비를 간략히 정리해놓은 이 책에는 프로그램에 따라 작동하는 최초의 기계일 수도 있는 플루트 연주 기계, 즉 '스스로 작동하는 기구'와 같은 자동기계도 포함되어 있다.

중세 유럽 수학

5세기 서로마제국의 붕괴로 인해 유럽이 침략기에 들어서며 대규모 이주, 불안감 팽배 및 법과 질서의 붕괴, 인구 감소와 거대 경제의 수축이 뒤따랐다. 학문과 과학은 신념이 확고한 엘리트들과 번화한 상업 지역을 중심으로 발전했으며, 이는 특히 수학에서 두드러졌다.

오늘날에는 중세 초기를 암흑시대로 설명하는 것은 잘못되었다고 여겨지고 있지만 수학에 대해서는 그 표현이 타당해 보인다. 재정을 다루기 위해 산술을 사용하고 발전시키는 상인들과 사업가들의 수가 줄어들고, 학문에 전념하기 위한 시간과 기회를 가진 사람들의 수가 더 적어지는가 하면, 학문에 대한 지원보다는 통치자들의 자금과 시간을 보다 절실히 요구하면서, 유럽은 교양 및 책의 활용, 교육 수준이 척박한 시기가 이어지고 있었다.

톨레도의 번역 학교

그러나 중세 이슬람에서는 수학이 번창하여, 알 콰리즈미와 알 킨디 및 다른 학자들의 책들과 유클리드, 프톨레마이오스 외 다른 학자들의 아랍어 번역서들이 이슬람 세계의 가장 서쪽 지역인 알 안달루스(이슬람 제국이 지배한 스페인 안알루시아 지방)에 까지 전해졌다. 8세기 초부터 알 안달루스에서는 이슬람 제국이 번창했지만, 북쪽에

1492년까지 통치한 스페인의 마지막 무슬림 왕국의 궁전 알함브라.

서부터 영토를 확장해오던 기독교 왕국에 점차 땅을 빼앗기고 있었다. 이베리아 반도 최후의 무슬림 국가인 그라나다 토후국이 멸망한 것은 1492년이었다. 알 안달루스에서는 지속적으로 기독교인과 무슬림인 사이에 갈등이 있었지만, 학문의 전파를 포함하여 많은 문화적 교류가 이루어지기도 했다. 기독교는 물론, 유대교 및 무슬림 학자들은 아랍어에서 라틴어에 이르기까지 함께 책을 번역했는데, 톨레도는 이런 새로운 번역 운동의 중심지가 되었다. 1085년 톨레도는 레온-카스티야의 기독교 왕 알폰소 6세에 의해 함락되었지만, 대규모의 도서관들과 함께 각 종교들 사이에 유지되어오던 협동적인 학문의 전통이 지속되었으며, 톨레도 번역 학교는 유럽에 수학적 지식을 전파하는 주요 통로의 역할을 했다.

이 톨레도에서 12세기 유럽의 주요 학자들인 바스의 애덜라드^{Adelard of Bath}와 크레모나의 제라드^{Gherard of Cremona}가 아랍어로 된 유클리드와 알 콰리즈미의 책을 번역했다. 주석을 단 애덜라드의 유클리드 번역서는 라틴어 번역의 표준이 되었고, 1482년 가장 먼저 인쇄된 수학 교과서 중 하나이기도 했다. 스페인의 현왕이라 불리는 알폰소 10세(1252~1284년까지 통치)는 톨레도를 알 마문의 지혜의 집과 동등한 수준으로 만들고, 학자들을 모집해 아라비아 천문학과 점성술을 번역하고 알폰소 천문표 제작을 적극 지원했다.

톨레도는 인도-아라비아 숫자를 유럽에 전파하는 데 영향을 미쳤으며, 알 콰리즈미의 책《On the Hindu Art of Reckoning(인도 수학에 의한 계산법)》을 라틴어로 번역(Algoritmi de numero indorum)하여 편찬한 것도 바로 이곳 톨레도였다. 인도-아라비아 숫자는 유럽에서 톨레도 숫자로 알려졌으며 용어 'zero'는 아랍어로 비었다는 뜻의 sifr를 카스티야인들이 라틴어로 번역한 zephirum을 사용하는 과정에서 만들어졌다.

알폰소 천문표

현왕 알폰소의 후원 아래 톨레도 학교에서 만들어낸 것 중 가장 많이 알려진 것이 천체들의 좌표를 표로 정리한 알폰소 천문표다. 천문표는 2세기 프톨레마이오스가 《알마게스트》를 저술한 이후 널리 알려졌으며, 이들 표는 천문학자와 점성술사들이 어떤 특정한 날(예를 들어 별점을 치기로 정한 날)의 태양과 달, 행성, 별자리의 천구 상의 정확한 위치를 산출할 때 이론적 토대를 제공했다. 그러나 《알마게스트》에서 만든 천문표는 알아 보기 어려워 사용자들이 실용적인 목적에 맞추어 천문학적 원리를 보다 쉽

알폰소 천문표 제작을 후원한 카스티야의 '현왕'. 알퐁소 10세.

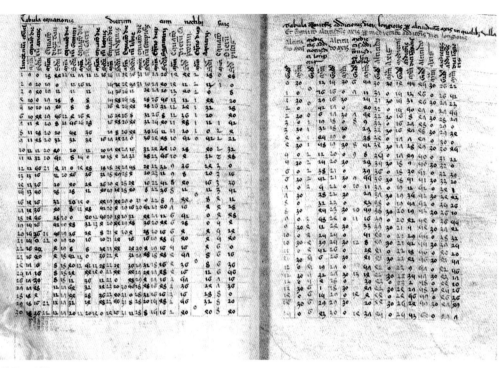
알폰소 천문표.

게 적용하도록 편찬했다. 좌표는 시간의 변화 및 사용자의 위치와 관련이 있으므로, 천문표에는 원하는 대로 산출 결과를 맞추기 위한 과정들이 담겨 있다. 천문표는 천문학적 방법뿐만 아니라 수학적 방법에 대해서도 함께 이루어졌으며, 몇몇 유명 수학자들이 천문표를 편찬하는 경우도 있었다. 이것이 수학의 순수하고 엄격한 분야로서의 이미지에 반하는 것처럼 보일 수도 있지만, 점성술사들이 정확하게 별점을 치고자 하는 욕구는 수학을 발전시킨 주요 원동력 중 하나가 되기도 했다.

아라비아에서는 천문표를 지즈$^{z-ij}$라고 했으며, 11세기 말 톨레도가 여전히 무슬림의 통제하에 있을 때 알 콰리즈미와 다른 뛰어난 수학자들(알 바타니 등)이 만든 지즈와 프톨레마이오스의 번역서들을 결합하여 가장 권위 있는 천문표 중 하나인 톨레도 천문표$^{Toledan\ Tables}$를 만들었다. 톨레도 천문표는 12세기에 라틴어로 번역되었지만, 이후 톨레도에서 편집한 새로운 천문표로 대체되었다. 현왕 알폰소 10세는 히브리 천문학자 예후다 코헨^{Jehuda Cohen}과 이삭 벤 시드^{Isaac Ben Sid} 등의 학자들을 충원하여, 1263년경 새로운 천문표 제작 작업에 착수했다. 이 과정에서 만들어진 알폰소 천문표는 기독교 국가에 가장 널리 보급된 천문표가 되었으며, 1551년까지 꾸준히 사용되었다.

하지만 이전에 만들어진 모든 천문표와 마찬가지로, 지구가 중심에 있고 천구의 천체들이 지구 주변을 회전하는 지구 중심의 정확하지 않은 우주 모형의 구조를 따름으로써 알폰소 천문표의 정확성과 유용성이 제한되었다. 천문표는 사용자의 시간과 장소를 나타내는 좌표 계산 방법을 제시하며, 오류를 바로잡고 보다 간결하게 만들기 위해 계속 보정했다.

하지만 천문학적 이론의 근본적인 결점으로 인해 1504년 코페르니쿠스가 알폰소 천문표를 적용하여 화성과 토성의 합을 예측했을 때는 실제로 합이 있었던 날에서 10일 정도 예측이 벗어났다.

코페르니쿠스의 태양중심설을 토대로 하여 최초의 천문표를 편집한 것은 1551년이 되어서였다. 덴마크 천문학자 튀코 브라헤와 독일의 천문학자이자 수학자인 요하네스 케플러가 작성한 루돌프 천문표^{Rudolfine table}는 1627년에 편집되었다. 이들 천문표는 태양 중심 원리와 케플러의 타원궤도 모형을 통합하여 편집한 까닭에 훨씬 더 정확해졌다.

2인 1조 방식

톨레도 학교에서 번역은 학문적인 협동을 통해 이루어졌다. 2인 1조가 되어 책을 번역하는데, 한 명은 원문을 읽는 동시에 머릿속에 자신들의 언어로 번역한 후 이를 다시 큰 소리로 말하는 동안, 다른 한 명이 라틴어로 번역하여 써내려간다. 톨레도 학교의 주요 번역가들 중 한 명이자 유대교 개종자로 추정되는 세비야의 존은 자신과 동료가 이븐 시나$^{ibn Sina}$(보통 아비센나로 알려져 있음)가 쓴 《영혼론$^{De Anima}$》을 어떻게 번역했는지 설명했다. "그 책은…… 아라비아어로 된 책을 번역한 것으로, 나는 글자 그대로 우리들의 언어로 말하고 부주교인 도미니크^{Dominic}가 라틴어로 바꾸었다." 또 크레모나의 제라드는 갈리푸스^{Galippus}라는 이름의 모사라베(이슬람 지배하의 스페인에서 개종하지 않은 기독교도)와 함께 번역 작업을 했다. 이들은 번역과 알 콰리즈미의 수학을 유럽에 전파하는 데 중요한 역할을 했던 것으로 추정된다.

오래된 흑마술

13세기 유럽에서는 'scientia toletana(톨레도의 과학)'라는 말이 흑마술과 동의어로 받아들여졌다. 그것은 번역 학교에서 출판되는 책들이 점성술을 포함한 데다 수학과 관련 있었기 때문에 일종의 지적 과학기술이 상당히 발전하여 많은 사람들이 마술로 잘못 생각하기도 했다. 때문에 동시대의 작가들은 번역 학교를 마술과 결부시켰다. 독일의 하이스터바흐^{Heisterbach} 수도원의 케사르^{Caesar}는 톨레도에서 두 명의 슈바벤인이 《마법사의 기술$^{arte nigromantica}$》에 관해 연구했다는 내용의 이야기를 했다. 한편 현왕 알폰소의 조카였던 돈 후안 마누엘$^{Don Juan Manuel}$은 마법의 기술을 배우고 싶어 했으며 그 분야에서 최고라는 톨메토의 일란 이야기를 듣고 가공 인물 산티아고의 데안에 대해 묘사했다. 수학의 마법 같은 특징에 따른 이런 의심은 중세 유럽에서 새로운 아이디어와 기술들이 더디게 전파되는 원인 중 하나가 되었다.

피보나치 이후

피보나치보다 더 잘 알려진, 피사의 레오나르도는 중세의 가장 위대한 수학자였다. 상인의 아들이었던 그는 무슬림 국가에서 교육을 받았으며, 지중해를 통해 많은 곳을 여행하며 동양에서 전파된 수학의 가장 최신 아이디어들을 받아들였다. 그는 산술과 정수론(수들 사이의 관계를 다루는 수학 분야), 오늘날 피보나치수열로 알려진 수열에 관한 책을 저술했다. 피보나치가 알 콰리즈미의 인도－아라비아 숫자 체계의 유용성을 강조하고 적극 전파하면서 유럽에는 인도－아라비아 숫자를 이용해 종이와 펜으로 계산하는 사람들과 로마 숫자를 사용해 주판이나 계산판, 체커 바둑판 무늬가 있

새겨 넣은 혼천의는 프톨레마이오스의 우주를 표현한 것이다.

산술의 여신이 셈판을 사용하기보다는 수를 써서 계산하는 방식을 더 선호한다는 것을 나타낸 판화.

는 천으로 계산하는 전통적인 방법을 고수하는 사람들로 나뉘게 되었다.

피보나치 다음으로 위대한 중세 수학자는 프랑스인 니콜 오렘^{Nicole Oresme}(1323~1382)이다. 그는 최초로 분수지수(예를 들어, 4의 제곱근인 $4^{\frac{1}{2}}$)를 연구했으며, 무한급수에 대해 집필하기도 했다. 하지만 그의 가장 큰 수학적 업적은 데카르트보다 수 세기 앞서 좌표기하학의 한 형태를 제안한 것이다. 오렘은 일정하게 가속하고 있는 한 물체가 일정한 속력(첫 번째 물체의 평균속력)으로 이동하는 다른 물체와 같은 거리를 이동한다는 주장을 하나의 그래프를 사용해 증명하면서, 최초로 도식 해법을 사용했다. 또한 최초로 시간과 속력, 거리를 나타내기 위해 그래프를 그렸던 것으로 추정된다.

다음 세기의 가장 유명한 수학자는 독일인 요한 뮐러^{Johann Müller}(1436~1476)로, 일반적으로 레기오몬타누스로 더 잘 알려져 있다. 신동이었던 그는 열한 살 때 대학에 진학했다. 이후 천문학자가 되었으며, 1457년에 알폰소 천문표의 오류를 직접 알아내기도 했다. 화성과 월식을 관찰하면서 화성이 예상된 위치보다 2° 정도 벗어나 있는 반면, 월식은 예상보다 한 시간 늦게 일어났다는 것을 알아냈던 것이다.

레기오몬타누스의 저서 중 가장 중요한 두 권은 프톨레마이오스의 천문학에 관한 《알마게스트의 요약본》과 《삼각형에 관하여^{De Trainagulis Omnimodis}》다. 《알마게스트의 요약본》은 과학과 천문학 데이터에 관한 당시의 최첨단을 걷는 책이었다. 구면기하학의 규칙들을 사용하는 삼각법은 천문학의 필수 도구인데, 요약본을 쓰는 동안 레기오몬타누스는 삼각법에 관한 체계적인 기술의 필요성을 알게 되었다. 이를 계기로 그는 《삼각형에 관하여》를 집필했다. 머리말에 적은 집필 동기대로 그는 오늘날 수학을 공부하는 학생들조차 적용할 수 있을 정도로 편한 단어들로 책을 완성했다.

"여러분이 위대하고 굉장한 것들을 연 구하기를 원하며, 별들의 이동에 대해 궁금해한다면 삼각형에 관한 이들 정리를 반드시 읽어야 한다. (……) 삼각형에 관한 학문을 무시하는 사람은 어느 누구도 별들에 관한 만족스러운 지식을 얻을 수 없다. (……) 신입생이라면 겁을 먹지도 절망하지도 않아야 한다. (……) 그리고 한 정리가 몇 가지 문제를 제기할 경우엔, 항상 도움이 되는 수치적 예시들을 살펴보는

지구본을 연구하는 크리스토퍼 콜럼버스. 그는 자마이카에서 조난을 당했을 때 천문력을 사용하여 월식을 예측했다.

것이 좋다."

레기오몬타누스는 수학사뿐만 아니라 전체 과학사에서도 중요한 인물이다. 1439년경 구텐베르크^{Gutenberg}가 활자 인쇄를 발명한 후, 레기오몬타누스는 도표가 들어 있는 정확하게 수정된 과학 문서들이 대량으로 전파되는 것을 보고 이 신기원적인 개발의 중요성을 깊이 이해하고 1471~1472년 독일의 뉘른베르크에 자신의 인쇄소를 설립했다.

"오랫동안 머물기 위해 이곳을 선택했다. 이곳은 도구들을 쉽게 이용할 수 있을 뿐만 아니라, 상인들의 여행으로 인해 유럽의 중심부로 평가되고 있어 도처에 거주하는 학자들과 모든 종류의 의사소통도 매우 용이하다"

최초의 과학 출판인이 된 레기오몬타누스는 1474년 다가오는 몇 년 동안의 행성들의 위치를 미리 산출한 천문학 자료로 천문력 '에피메리데스^{Ephemerides}'를 제작했다. 5~10일 간격의 행성 위치가 아닌 매일의 행성 위치가 담겨 별점을 훨씬 쉽게 칠 수 있었던 이 천문력은 수차례 재인쇄되었다. 이 책의 영향력은 멀리 퍼져 이탈리아 탐험가인 크리스토퍼 콜럼버스와 아메리고 베스푸치까지도 신대륙에서 경도를 측정하기 위해 사용했다.

출판 그리고 저주를 받다!

1476년 로마에서 사망한 레기오몬타누스의 죽음 뒤에는 과학계의 원한이 도사리고 있다는 흥미로운 의견이 있다. 레기오몬타누스의 〈요약본〉에는 그가 트레비존드의 그리스 철학자 게오르게의 연구를 비판한 내용이 들어 있으며, 게오르게가 출판한 책들이 "결점은 없지만…… 가치가 없다"는 것을 "가장 명료하게" 보여준 후속편을 출판하고 그 의도에 대해 공공연히 떠벌리고 다녔기 때문이다. 실제로는 그가 전염병으로 사망했다는 설이 더 신빙성 있지만, 그 공공연한 논쟁이 바로 게오르게의 두 아들이 레기오몬타누스를 살해할 동기가 되었을 것이라는 의심과 함께 이 소문이 널리 퍼졌다.

유럽에서 인쇄된 휴대 가능한 최초의 책, 구텐베르크 성경.

베네치아의 회계법: 루카 파치올리와 회계수학

점성술사들의 요구와 더불어, 수학이 발전하게 된 또 다른 강력한 원동력은 회계사들의 필요에 의해서였다. 상업과 재무를 위한 산술은 인도 – 아라비아 숫자의 채택에 강력한 영향을 미쳤으며, 독자들에게 일반 수학에 관한 책들을 제공하는 역할을 했다.

1211년부터 작성된 피렌체 은행원의 회계장부 일부에서 초기 복식부기의 증거를 찾아볼 수 있다. 그리고 그 방법(복식부기)은 1494년 출간된 프라 파치올리^{Fra Pacioli}의 《산술 집성^{Summa de arithmetica, geometria, proportioni et proportionalita}(산술, 기하학, 비와 비례에 관하여)》을 통해 널리 보급되었다. 이 책은 수학의 모든 면에 관한 일반 교과서였으며, 파치올리가 베네치아 상인들 사이에서 접했던 복식부기 회계 방법에 대해 기술한 〈상업적 계산과 기록^{De Computis et Scripturis}〉이 포함되어 있다. 이 논문은 베네치아의 회계법으로 알려져 있기도 하다. 이 회계법은 우르비노 대공이 거느린 사람들에게 상업적 업무처리에 대한 완벽한 설명을 제공하고 그의 재산과 부채에 관한 정보를 지체 없이 상인에게 건네주기 위한 것이었다.

회계학의 아버지, 파치올리

《산술 집성》은 구텐베르크 인쇄술로 펴낸 최초의 책 중 하나로, 이탈리아 전역에서 가장 널리 읽힌 수학책이 되었다. 그중 논문 〈상업적 계산과 기록〉은 파치올리가 '회계학의 아버지'라는 별칭을 얻도록 하면서 곧바로 그 분야의 고전이 되었다. 그는 오늘날 시산표로 알려진 'summa summarium'을 포함하여, 오늘날에도 여전히 친숙한 부기의 다양한 측면들을 기술했다. 이전 년도의 원장에서의 부채는 대차대조표 왼쪽에 그리고 자산은 오른쪽에 기입한다. 총액이 같으면, 원장은 균형이 맞추어진 것으로 여긴다. 파치올리는 총액이 같지 않다면 "그것은 원장에서 틀린 곳이 있다는 것을 나타내는 것이다. 그 실수는 신이 네게 준 근면성과 지능으로 부지런히 찾아야 한다"라고 말했다. 미국의 회계학자 헨리 랜드 하트필드^{Henry Rand Hatfield}(1866~1945)는 "파치올리의 〈상업적 계산과 기록〉처럼, 어떤 주제에 관한 최초의 책이 그 문헌 분야에서 독보적인 우위를 차지하는 경우는 거의 없다"고 말하기도 했다.

르네상스적 교양인

《산술 집성》과 〈상업적 계산과 기록〉의 저자인 파치올리는 프란시스코회의 탁발수사였지만, 성직에 몸담기 훨씬 이전부터 수학자였다. 실제로 그는 르네상스적 교양인이었다. 르네상스적 교양인은 르네상스 시기에 각각 다른 여러 분야에서 뛰어난 사람들을 말한다. 《산술 집성》을 쓰던 무렵, 밀라노의 공작 스포르차의 대저택에 수학교사로 초빙된 파치올리는 레오나르도 다빈치와 친구이자 동료가 되었다. 파치올리의 수학 제자이기도 했던 레오나르도는 파치올리가 원근법과 비례에 관해 쓴 《신성한 비례^{De Divina Prpportione}(1905년)》에 들어갈 삽화를 그렸다. 파치올리는 레오나르도에게 《최후의 만찬^{Last Supper}》과 같은 그림을 그릴 때 이 원리들을 적용하는 방법을 알려주며 보다 현실적인 도움을 주기도 했다. 한 예로 그는 레오나르도가 제작하는 스포르차 공작의 조각상에 들어갈 청동의 양을 계산해주었다고 한다. 1509년 파치올리는 '비와 비례^{proportion and Proportionality}'를 주제로 한 강연에서 종교, 의학, 법, 건축, 문법, 인쇄술, 조각, 음악 및 모든 교양과목들의 균형 관계를 강조했다.

피렌체, 베네치아, 로마를 비롯한 여러 도시들에서 가르치고 집필하면서 남은 생을

계산하고 있는 중세 회계사.

보내던 파치올리는 볼로냐에 갔다가 스키피오네 델 페로^{Scipione del Ferro}가 쓴 삼차방정식에 자극받기도 했다. 그는 고향인 산세폴크로에 돌아와 1517년에 세상을 떠났다.

복리

복리는 원금의 일정 비율이나 부분인 이자를 원금에 추가하거나 결합한 값, 즉 원금보다 많은 새로운 값의 일부를 바로 다음의 이자가 되도록 하는 방식을 말한다. 즉 100원에 대한 연이율 10%의 이자가 매년 10원이 되는 것이 아니라, 두 번째 해의 이자가 110원의 10%가 되고, 세 번째 해의 이자는 121원의 10%가 되는 방식으로 계산된다. 복리는 고대 이래로 특히 재정과 대금업자들을 유혹했으며 고대 바빌로니아의 점토판에는 복리와 분할 상환식 담보대출이 이루어졌다는 기록이 남아 있다. 현재 파리의 루브르 박물관에 있는 고 바빌로니아기(기원전 2000~1700)의 점토판 AO6770판에서는 연이율 20%로 돈의 합계가 두 배가 되도록 하려면 얼마나 걸릴 것인지를 구하는 문제를 다루고 있다.

이자를 굳이 연 1회로 계산할 필요는 없다. 이자를 더 자주 계산하고 복리로 지급될수록, 총액은 더 빨리 증가할 것이다. 1183년 런던의 차관 계약서 기록에 따르면, 매주 파운드당 2페니의 이율을 복리계산했다고 하며, 이는 연이율 43%와 동등한 수준이다. 심지어 1235년 런던의 상인들이 수도원에 고이율로 돈을 빌려주었는데, 조건은 "두 달마다 빌려준 돈의 10마크당 1마크를 갚으라"는 것으로, 놀랍게도 연이율 60%에 해당한다.

돈을 빌리거나 빌려줄 때, 빚이나 받을 돈이 얼마인지를 어떻게 산출할 수 있을까? 대수학을 이용하여 간단한 공식을 유도할 수 있다. 원금이 p이고 연이율을 r(예를 들어 10%의 이율은 $r=0.1$임을 뜻한다)이라 하자. 그러면 그해 말의 이자는 $r \times p$가 되고, 받게 되는 총액은 원금에 이자를 더한 값인 $p+pr$이다. 이것은 $p(1+r)$과 같이 나타낼 수도 있다.

이 돈을 받지 않으면, 다음 해의 이자는 $r \times p(1+r)$ 또는 $rp(1+r)$이 되며, 그해 말의 새로운 원금과 이자를 더한 총액은 $p(1+r)+rp(1+r)=p(1+r)^2$이 된다. 이 과정을 계속 반복하면 3년 후에 받게 될 총액은 $p(1+r)^3$이고, 4년 후 받게 될 총 금액은 $p(1+r)^4$이 된다. 따라서 n년 후 복리로 계산된 총액을 나타내는 식은 $p(1+r)^n$이다.

피보나치

피보나치는 중세 이탈리아 수학자로 피사의 레오나르도(1170~1250)라고도 부른다. 사실 이 이름은 19세기에 붙여졌지만, 그의 가장 유명한 책《산반서》첫 줄에서 그 유래를 찾을 수 있다. "1202년 보나치의 아들인 피사의 레오나르도가 정리한《산반서》는 여기서부터 시작한다."

Filius Bonacci를 문자 그대로 번역하면 '보나치의 아들'이지만, 레오나르도 아버지의 이름은 굴리크무스^{Guilichmus}였다. 이로 미루어 그가 '보나치의 아들'로 불리기를 의도했던 것으로 보인다. 1838년 이탈리아 역사학자 굴라우메 리브리^{Guillaume Libri}가 'Filius Bonacci'를 Fibonacci로 축약하여 사용하면서 그 이름이 쓰이게 되었다.

마음을 넓히는 여행

피보나치의 아버지는 피사의 상업 도시국가에서 수완이 탁월한 상인으로, 당시 지중해에서 강력한 권력을 가진 사람 중 한 명이었다. 그는 중세를 변화시키고 있던 국제무역에서의 빠른 변화를 선도하면서 다양한 문화를 깊이 있게 접하기도 했다. 또한 북부 아프리카의 버기아 항구(현재 알제리의 베자이아)의 무역 통상 대표이자 세관원으로 임명받자, 아들 레오나르도를 데려가 최신의 이슬람 수학을 배울 수 있도록 했다. 피보나치는 다음과 같이 기술했다.

피사에 있는 피보나치 조각상.

"피사의 상인들을 대행하는 버기아 세관의 서기로 임명받은 아버지는 어린 나를 불렀다. 유용한 것과 미래에 편리한 것에 주목한 아버지는 내가 그곳에 머무르며 회계 학교에서 공부하기를 바랐다. 내가 훌륭한 지도를 받아 인도인들의 아홉 개의 기호가 나타내는 예술을 알게 되었을 때, 나는 그 무엇보다도 그 예술에 대한 지식을 이해하게 되어 기뻤다. 그리고 이집트, 시리아, 그리스, 시칠리아와 프로방스에서 다양한 형태의 그 예술을 모두 공부했다."

피보나치는 여행하는 곳마다 아랍의 상인들이 인도 - 아라비아 숫자를 사용해 10진법의 위치기수법으로 계산하는 것을 지켜보며, 유럽인들이 주판을 사용한 계산 결과를 로마 숫자로 기록하는 방식보다 우월하다는 것을 알게 되었다.

피사에 돌아온 피보나치는 그동안 배웠던 것을 종이에 기록하고, 그의 첫 번째 위대한 저서 《산반서$^{Liber Abaci/Liber Abacci}$》를 집필하기 시작해 1202년에 완성했다. '계산에 관한 책'인 《산반서》는 오늘날 인도 - 아라비아 숫자와 그 숫자들로 더하고 빼고 곱하고 나누는 방법을 서양에 전달한 중요한 책이다. 하지만 보다 작으면서 쉽게 이용할 수 있는 요약판 《소책자$^{Libro di minor guise}$》만큼 영향을 미치지는 못했다. 요약판은 오늘날 사본조차도 남아 있지 않지만, 상인들 사이에 널리 유포되었을 것으로 추정된다.

사실 피보나치가 유럽에서 인도 - 아라비아 수체계의 대중화를 최초로 시도한 사람은 아니다. 당시 사람들은 주판을 사용하여 계산하고 그 결과를 로마 숫자로 기록하는 주산파와 새로운 숫자를 직접 사용하여 계산하는 알고리즈미^{algorismi} 기수법파로

피사의 성당과 기울어진 사탑의 중세의 전경.

나뉘어져 있었다.

《산반서》가 이들 사이에 빠르게 스며 들거나 하룻밤 사이에 상황을 변화시키지는 못했다. 대중들은 새롭고 친숙하지 않은 숫자 사용에 반대했고, 로마 숫자를 읽을 수 있는 사람들은 새로운 수체계를 사용하는 엘리트주의자들에게 소외감을 느끼지 않았다. 중세 내내 로마 숫자로 작성된 상인들의 원장을 보면 상인들이 지조 있게 주산파에 속해 있었다는 것을 알 수 있다. 공무상의 저항도 있었다. 1299년 아르테 델 캄비오Arte del Cambio의 피렌체 법령에서는 환전상들의 아라비아 숫자 사용을 금지했다. 알고리즈미 기수법이 널리 보급되기 시작한 것은 14세기가 되어서야 가능했다.

피보나치수열

《산반서》는 많은 예시 문제들을 다루고 있으며, 상인과 회계사들을 위해 일상에서 필요한 계산 문제들의 예시와 어려운 문제들이 포함되어 있다. 《산반서》의 제3부에는 피보나치의 가장 유명한 문제가 실려 있다.

"어떤 남자가 벽으로 둘러싸인 장소에 한 쌍의 토끼들을 둔다. 만약 각 쌍이 두 번째 달부터 매달 새끼 토끼를 한 쌍씩 낳는다고 가정하면 그해에는 몇 쌍의 토끼가 생산되겠는가?"

피보나치가 제시한 답은 오늘날 피보나치수열로 알려진 수열(1, 1, 2, 3, 5, 8, 13, 21, 34, 55……)이다. 수백 년 전에 이미 인도 수학자들이 기록을 남겨놓았던 이 수열은 처음 두 항을 1로 하고, 세 번째 항부터는 바로 앞의 두 항의 합이 되는 수들로 반복하여 나열한 것이다. 피보나치수열은 수학, 과학 분야 및 자연에서 찾아볼 수 있다.

토끼 문제를 대수학적 식으로 나타내면 피보나치 수를 생성하는 식을 유도할 수 있다. n달 후에 x_n쌍의 토끼가 있으면, 다음 달인 $(n+1)$달에는 x_n쌍의 토끼에 새로 태어난 각 쌍의 새끼 토끼의 수가 더해질 것이다. 이때 새로 태어난 각 쌍의 새끼 토끼는 적어도 한 달 이전에 태어난 토끼들이므로, 새로 태어난 각 쌍의 새끼 토끼는 x_{n-1}이 된다. 따라서 $x_{n+1}=x_n+x_{n-1}$이며, 이것이 바로 피보나치 수를 생성하는 식이다.

피보나치 수의 토끼들.

수학 시합을 하다

토끼 문제는 1225년 피사를 방문한 신성로마제국의 황제 프리드리히 2세가 당시 프리드리히 2세의 왕실 서기였던 팔레르모의 요하네스에게 지시해 피보나치에게 냈던 많은 문제 중 하나였다. 그중 몇 개의 문제에 대한 해답이 1225년에 쓴 그의 세 번째 책《수론^{Fros}》에 실려 있다. 이슬람 수학자이자 천문학자이며 후에 시인이 된 오마르 하이암$^{Omar\ Khayyam}$이 제시했던 삼차방정식 $x^3+2x^2+10x=20$에 대한 풀이도 그중 하나이다.

피보나치는 고대 바빌로니아인들의 60진법을 사용하여 계산한 뒤 1, 22, 7, 42, 33, 4, 40을 답으로 제시했다. 이 수들은 다음과 같이 분수표기법으로 나타낼 수 있다.

고대 바빌로니아의 수체계에 대하여 오늘날의 분수표기법으로 쓴 피보나치의 삼차방정식에 대한 해

피보나치는 10진법을 대중화시키고 싶어 했지만 위의 문제의 답을 10진법으로 나타내지는 않았다. 이 수를 10진법으로 나타내면 1.3688081075가 되며, 소수점 아래 아홉 번째 자리까지는 정확하다. 피보나치가 이 답을 어떻게 얻었는지에 대해서는 알려지지 않았으며, 이후 300년 동안 어느 누구도 정확한 값을 제시하지 못했다.

제곱에 관한 책

피보나치는 《수론》을 집필하던 해, 《제곱수에 관한 책$^{Liber\ quadratorum}$》도 저술했다. 일반적으로 이 논문은 수학사학자들이 피보나치의 가장 중요한 책으로 여기고 있다.

이 책에서 피보나치는 제곱수들을 홀수들의 합으로 나타낼 수 있다는 정리를 어떻게 알아내게 되었는지에 대해 기술하고 있다.

"나는 제곱수들의 원천에 대해 생각하고 규칙적으로 커지는 홀수들로 나타낼 수 있다는 것을 알아냈다. 1은 제곱수이므로 1이 첫 번째 제곱수가 된다. 이 수에 3을 더하면 두 번째 제곱수 4가 만들어지며, 이 수의 제곱근은 2다. 1과 4를 더한 값에 세 번째 홀수 5를 더하면, 세 번째 제곱수 9가 만들어지며, 이 수의 제곱근은 3이다. 따라서 규칙적으로 홀수들을 더함으로써 제곱수들은 물론 제곱수들의 합을 만들어낼 수 있다."

이 말을 통해 제곱수를 구성하는 식을 나타내면 다음과 같다.

$$n^2 + (2n+1) = (n+1)^2$$

피보나치는 피타고라스 세 쌍을 구성하는 방법에 대해서도 기술하고 있다. 피타고라스 세 쌍은 $a^2 + b^2 = c^2$을 만족하는 세 개의 양의 정수 a, b, c를 말한다. 피타고라스 세 쌍의 한 예로 3, 4, 5를 들 수 있다. 피보나치는 다음과 같이 기술했다.

"이런 식으로, 두 제곱수의 합이 또 다른 제곱수가 되는 두 제곱수를 구하려 할 때는, 먼저 두 제곱수 중 한 개를 임의의 홀수의 제곱수를 선택한 다음, 1과 이 홀수의 제곱수보다 작은 홀수들을 더하여 또 다른 제곱수를 구하면 된다. 예를 들어 언급된 두 제곱수 중 하나로 9를 택하면, 또 다른 제곱수는 9 이하의 모든 홀수, 즉 1, 3, 5, 7을 더하여 얻을 수 있다. 이때 이 합은 16으로 제곱수이며, 이 수에 9를 더하면 제곱수인 25가 된다."

1228년 이후, 단 하나의 문서를 제외하고는 역사적 기록에서 피보나치를 찾아볼 수 없다. 이 문서는 1240년 '진지하고 학식 있는 대가 레오나르도 비골로(the serious and learned Master Leonardo Bigollo)'에게 급료를 지급하는 것에 관하여 피사 공화국이 만든 포고문이었다. 여기서 피보나치의 어린 시절을 참고로 추정컨대 'bigollo'는 '여행자'를 의미하는 것으로 보인다. 피보나치는 상인들과 은행원들에게 회계 문제를 조언해주고 수학을 가르치며 피사에서 남은 생애를 보내다 1250년경 세상을 떠난 것으로 추측하고 있다.

황금비

유클리드는 《기하학원론》에서 한 선분을 분할할 때, 전체의 길이에 대한 큰 부분의 길이의 비율과 큰 부분의 길이에 대한 작은 부분의 길이의 비율이 같도록 한 다음 두 선분의 길이의 비에 관해 다루었다. 여기서 유클리드는 전체 선분을 두 조각으로 나누어 작은 부분의 길이를 1, 큰 부분의 길이를 x라 할 때, $x+1$과 x의 비가 x와 1의 비와 같게 되는 선분의 길이 x를 구하였다.

대수학적으로 이것은 $\dfrac{x}{x+1}=\dfrac{1}{x}$로 나타낼 수 있다. 이 방정식은 다시 이차방정식 $x^2-x-1=0$으로 나타낼 수 있으며, 양수의 해는 $x=\dfrac{\sqrt{5}+1}{2}\fallingdotseq1.6180339\cdots$ 다. 이 값은 순환하지 않는 무한소수인 무리수다. 이 비율은 오늘날 황금비(황금분할, 중용 또는 신성한 비율)로 알려져 있으며 그리스 문자 Φ(Phi)로 나타낸다. 크기가 작은 'p(Phi)'를 사용하여 나타내기도 하는데, 이때 p는 $\dfrac{1}{\Phi}=0.618034$를 말한다. 실제로 이 p가 유클리드가 얻으려 했던 답으로서, 때때로 p(Phi) 또는 $\dfrac{1}{\Phi}$을 황금비라고 말하기도 한다. 보다시피 이 두 수는 $\Phi=1+p$와 같은 특별한 관계를 가지고 있다.

피보나치 수와 황금비

피보나치수열(1, 1, 2, 3, 5, 8, 13, 21, 34, 55……)은 놀랍게도 항의 개수가 많아질수록 각 피보나치 수에 대한 바로 다음 항의 수에 대한 비율이 황금비에 가까워진다.

$$\frac{1}{1}=1,\ \frac{2}{1}=2,\ \frac{5}{3}=1.6666,\ \frac{13}{8}=1.625,\ \frac{21}{13}=1.615384\cdots,\ \frac{34}{21}=1.619047\cdots$$

르코르뷔지에(Le Corbusier)가 황금비를 적용하여 설계한 유니테 다비타시옹(Unité d'Habitation).

만일 좌표평면 위에 점을 찍어 이 값들을 나타내면 극한값 $\Phi = 1.618034\cdots\cdots$를 향해 다가갈 것이다.

피보나치 수들 사이의 황금비는 피보나치수열과 황금비를 둘러싼 여러 주장과 전해 내려오는 이야기들을 결합시키는 역할을 했다 이 중 대부분은 잘못된 것이지만, 피보나치 나선(연속되는 피보나치 수들의 제곱수들의 극한을 따라

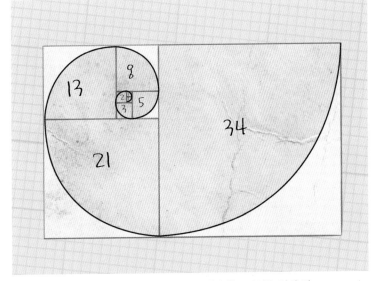

황금각을 이루며 회전하는 나선에 의해 만들어진 황금나선은 변의 길이가 피보나치수열로 증가하는 정사각형들의 내부에 그린 호들을 연결할 곡선에 해당한다.

가는 나선)이 황금비에 매우 가까운 일정한 각도로 회전한다는 것은 사실이다. 때문에 황금나선이라고 불리게 되었다.

황금비를 둘러싼 이야기들

보통 자연의 형태에서부터 예술 작품 및 건축물에 이르기까지 어디에서든 황금비를 찾아볼 수 있다고 주장한다. 자연의 경우에는 어느 정도까지 사실이지만, 예술 작품 및 건축물의 경우에는 기껏해야 대부분 꾸며내거나 추측에 따른 것이었다.

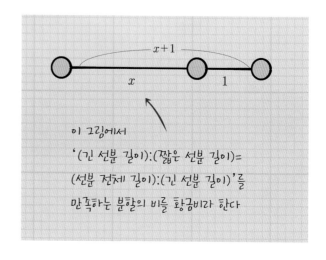

예를 들어 피라미드의 여러 치수에서, 그리고 파르테논 신전에 적용된 비율에서 황금비를 찾아볼 수 있다는 주장이 있으며 가로세로의 비가 황금비를 이루는 황금 직사각형이 가장 만족할 만한 비를 가지고 있어 액자나 영화 스크린에 사용하는 것이 좋다고 말하기도 한다. 나아가 레오나르도 다빈치를 비롯하여 쇠라와 다른 예

신용카드의 가로, 세로의 비율은 완벽한 황금 직사각형의 비율과 거의 같다.

술가들이 황금비를 적용하여 그림의 구도를 잡거나 비율을 정했다는 주장도 있다.

하지만 황금비가 가장 만족할 만한 비를 가지고 있다는 주장은 잘못된 것이며, 피라미드와 파르테논 신전의 비율에 대한 주장도 꾸며낸 것이었다. 이런 주장들은 이들 건축물의 정확한 치수보다 더 크게 측정한 데서 비롯된 것이다. 마찬가지로 레오나르도 다빈치와 다른 예술가들의 그림에 대한 주장들도 추측에 불과한 것으로 추정된다. 사실 몇 가지 명백한 경우의 황금비는 평균적인 측정치를 찾는 과정에서 정해지는 것일 수도 있으며, 임의의 평균 측정치들이 황금비에 가까워질 수도 있다. 재미있게도 오늘날의 중요해진 소비 제품 중 몇 가지는 완벽한 황금 사각형을 구현했는데, 현대인에게 신용카드가 그중 하나이다.

자연 속 수학

피보나치수열과 황금비는 자연계의 몇 가지 근본 원리를 표현하고 있다는 점에서 많은 흥미를 불러일으킨다. 꿀벌 조상의 개체 수를 비롯해 해바라기꽃에서 씨앗들의 나선형 선회율과 데이지 꽃잎 수에 이르기까지 자연의 다양한 부분에서 피보나치수열과 황금비를 찾아볼 수 있다.

가계도

자연계의 수학적 양상에 대해 검토하기 시작한 예는 토끼 쌍의 수에 관한 피보나치의 난제였다. 피보나치의 예에서 제시한 조건들이 다소 비현실적이긴 하지만 그가 알아낸 관계는 사실이다. 영국의 퍼즐광인 헨리 E. 듀드니^{Henry E. Dudeney}는 토끼 쌍을 암소로 대체(달의 수 대신 햇수를 사용함)하여 피보나치의 토끼 문제에 관해 보다 현실적인 버전을 제시했다. "만일 암소 한 마리가 태어난 지 2년째에 암컷 송아지를 낳고, 이후 매년 또 다른 암컷 송아지를 낳는다면, 도중에 한 마리의 암소도 죽지 않을 때 12년 후에는 몇 마리의 암소들이 있을까?" 12년 동안 해마다 암소의 수는 피보나치수열 1, 1, 2, 3, 5, 8, 13, 21, 34, 55…을 따르며, 12년 후에는 모두 144마리의 암소가 있게 될 것이다.

피보나치수열은 꿀벌들에서도 찾아볼 수 있다. 꿀벌들은 독특한 생식 방법, 즉 암벌은 두 마리의 부모 벌을 갖지만, 수벌(일벌)은 오직 한 마리의 어미 벌을 갖는다. 이에 따라 한 마리의 암벌은 세 마리의 조부모 벌을 가지며, 수벌은 오직 두 마리의 조모를 갖게 된다. 또 한 마리의 암벌은 다섯 마리의 조부모 벌을 가지며, 수벌은 오직 세 마리의 조모를 갖게 될 뿐이다. 암벌과 수벌의 조상 세대를 거슬러 올라가면, 암벌의 경우에는 피보나치수열 2, 3, 5, 8, 13······이 되고 수벌의 경우에는 1, 2, 3, 5, 8······이 된다.

꽃잎과 씨앗 그리고 나선

많은 종류의 꽃들을 살펴보면 꽃잎 수가 피보나치 수로 되어 있는 것들이 있다. 예를 들어 백합과 아이리스는 꽃잎이 세 장이고, 미나리아재비와 장미는 다섯 장, 참제비고깔은 여덟 장, 금방망이(국화과의 다년초)는 열세 장, 과꽃과 치커리는 21장, 질경이와 제충국은 34장, 그리고 갯개미취는 55장 혹은 89장의 꽃잎을 가지고 있다.

피보나치 수는 해바라기의 씨앗 부분과 파인애플, 솔방울 등의 많은 식물에서 나타나는 나선의 수에서도 찾아볼 수 있다. 예를 들어 솔방울을 살펴보면, 시계 방향과 시계 반대 방향의 나선, 특히 여덟 개의 시계 방향 나선과 열세 개의 시계 반대 방향 나

꽃잎이 5개인 미나리아재비와 같이 꽃잎수가 피보나치수를 이루는 꽃들을 종종 찾아볼 수 있다.

씨앗부분의 나선의 수가 피보나치수를 이루는 해바라기꽃.

나선의 수가 피보나치수를 이루는 작은 꽃봉오리들이 다시 나선을 이루며 큰 꽃봉오리가 된 콜리플라워.

선을 볼 수 있다. 이때 이 나선의 수들은 바로 이웃하는 피보나치 수로, 이것은 우연의 일치가 아니다. 너무 빽빽하지 않으면서도 틈이 보이지 않게 최대 개수의 꽃잎이나 씨앗을 채우는 과정에서 나타난 결과다.

어떻게 이렇게 만들 수 있을까? 씨앗으로 한 개의 나선을 만들기 위해서는 새 씨앗을 조금 회전시켜놓고, 또 다른 씨앗도 조금 더 회전시켜놓는 과정을 계속 거치면 된다. 그런데 이때 씨앗들 사이의 공간을 최소화시키면서 가장 효율적으로 공간을 채우기 위해서는 한 번 회전할 때 얼마나 회전해야 할까? 새 씨앗이 전혀 회전하지 않거나 완벽하게 한 번 회전한 위치에 생기면 씨앗들은 직선, 즉 한 줄의 나선을 만들게 될 것이다. 만일 새 씨앗이 1회전의 절반만큼씩 회전한 곳에 생기면, 씨앗들은 마찬가지로 직선을 만들게 된다. 이때 이 직선은 두 줄의 나선으로, 나선의 각 줄은 서로 반대방향에서 위로 뻗게 된다. 만일 새 씨앗이 매번 1회전의 $\frac{1}{7}$을 간 후 생기게 되면, 네 줄의 나선이 서로 교차하는 모양으로 씨앗들이 배치된다. 새 씨앗이 매번 1회전의 $\frac{1}{3}$ 또는 $\frac{1}{7}$과 같은 단순 분수만큼의 위치에 생기게 되면 이 분수의 분모에 해당하는 수(3 또는 7……)의 나선들이 만들어진다. 이를 통해 가장 효율적으로 씨앗들을 배치하려면 새 씨앗이 매번 1회전의 0.618……(또는 0.382……)의 위치에 생겨야 한다는 것을 알 수 있다. 단순 분수는 확실히 씨앗들이 규칙적인 패턴으로 생겨 공간이 생기는 반면, 복잡한 분수 또는 $\varPhi$와 같은 무리수는 비어 있는 공간이 거의 생기지 않도록 씨앗들이 배치된다. 1회전의 황금 비율에 해당하는 각도는 222.5°(1회전의 0.618) 또는 137.5°(1회전의 0.382)로, 이들 각도를 황금 각이라고 한다. 새 씨앗이 황금 각에 따라 생기면 피보나치 수의 나선이 생긴다. 예를 들어 해바라기 꽃에는 34줄의 시계 반대 방향 나선과 55줄의 시계 방향 나선이 있다. 이때 34와 55는 서로 이웃하는 피보나치 수다.

앵무조개 껍데기와 황금 각

　자연에서 피보나치수열과 황금 각이 나타나는 것을 설명할 때 가장 보편적으로 그리는 이미지가 앵무조개 껍데기다. 앵무조개는 해상 연체동물로, 일정한 각을 갖는 나선을 만들기 위해 껍질 안에 새로운 방을 계속 만든다. 앵무조개가 만드는 나선은 피보나치 또는 황금나선과 유사하다. 그러나 실제로 앵무조개 껍데기의 나선에서 나타나는 각은 황금 각이 아니다. 따라서 황금 각과 앵무조개 껍데기를 연결시키는 것은 잘못된 일이다.

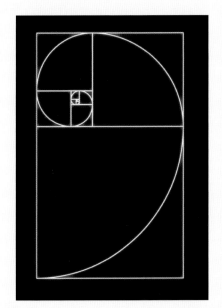 

널리 알려져 있는 것과 달리 앵무조개 껍데기의 단면은 황금나선으로 되어 있지 않다.

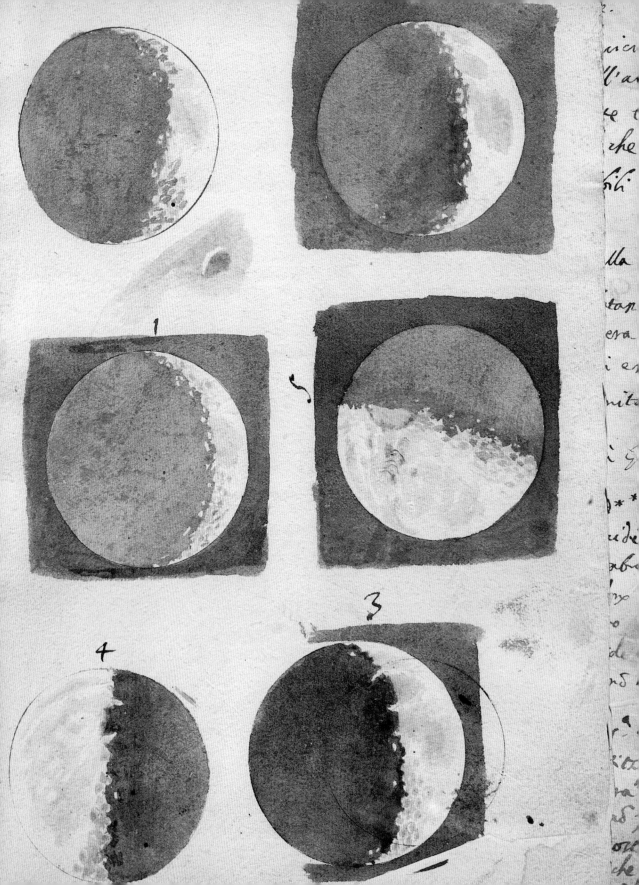

르네상스와 혁명

르네상스 시대 유럽에서는 현대 수학이 출현하여 고대 그리스와 중세 이슬람, 인도 수학자들의 업적을 뛰어넘을 정도의 발전을 이루었으며, 더 많은 기호와 계산 도구들을 개발해 훨씬 더 복잡한 수학적 위업을 이룩했다. 수학의 발전은 과학의 발전과 함께 이루어졌으며, 수학은 과학혁명의 핵심 역할을 하면서 미적분학과 해석기하학, 확률론의 발달을 이끌었다.

⇦

1609년 갈리레오가 망원경을 통해 관찰해 최초로 자세히 묘사한 달의 모습.
갈릴레오 등의 수학자들은 수학을 주요 도구로 사용하면서 과학 혁명을 시작했다.

르네상스 유럽

르네상스 운동은 14세기 무렵 이탈리아에서 시작되어 유럽 전역으로 확산되었다. 르네상스는 고전 지식의 부활로 정의할 수 있는데, 오늘날에는 독립적이거나 심지어 대조를 이루는 것으로 여기지만 그 당시에는 서로 연결되고 상호 의존적인 것이라 여겼던 다방면의 문화, 즉 예술, 자연철학, 서양 고전학과 번역, 역학과 공학, 측량, 지도 제작과 탐험에 영향을 미쳤다. 수학은 회화에서부터 방어 요새 건설 및 탐험을 위한 항해술에 이르기까지 모든 것과 밀접하게 연관되어 있었다.

그 대표적인 예로 선원근법의 원리를 설명하는 과정에서의 수학의 역할을 들 수 있다. 이탈리아 예술가이자 작가이며 역사학자였던 조르조 바사리^{Giorgio Vasari}는 《미술가 열전^{Lives of the Painters}》(1550)에 브루넬레스키^{Brunelleschi}와 도나텔로^{Donatello}에서부터 마사초^{Masaccio}와 알베르티^{Alberti}에 이르기까지 르네상스의 많은 화가와 예술가들의 기하학을 다루는 능력에 대해 기록했다.

피에로 델라 프란체스카^{Piero della Francesca}는 1480년경 《회화에서의 원근법에 관하여 De prospectiva pingendi》을 썼으며, 라파엘과 레오나르도 다빈치 또한 원근법에 대해 연구했다. 파치올리는 1494년 《수마^{Summa}》에 원근법에 관한 내용을 실었으며, 레오나르도가 삽화를 그린 비례와 황금분할에 관한 책을 쓰기도 했다. 파치올리는 레오나르도에게 원근법과 기하학에 대해 가르쳤다.

인간 계산기

공학은 예술만큼이나 르네상스의 많은 부분을 차지하며, 기술자들의 수요는 삼각법을 발전시키는 계기가 되었다. 사회가 점점 더 복잡해짐에 따라 삼각비의 표를 만들기 위해 철저한 계산이 필요해졌다. 예를 들어 1596년 출판된《삼각형의 연구 개요^{Opus Palatinum de Triangulis}》에는 여섯 개의 삼각함수 값들을 소수점 아래 10자리까지 정리한 표가 실려 있으며, 1613년 독일 수학자 바르톨로메오 피티스쿠스^{Bartholomaeus Pitiscus}가 출판한《삼각비의 표》는 소수점 아래 15자리까지의 값들을 제시했다.

1514년 카르파치오가 제작한 '성 스테판의 논쟁'은 원근법을 확실하게 인지하고 있었음을 보여준다.

삼각비의 표를 편찬하는 과정에서 필요한 계산 기술은 수학의 다른 영역에도 영향을 미쳤다. 프랑스 앙리 4세의 법정 변호사였던 프랑수아 비에트[François Viète](1540~1603)는 1593년 벨기에 수학자 아드리안 반 루멘[Adriaen van Roomen]이 공식적으로 제기한 도전 문제 '45차 방정식 풀기'에 대한 답을 산출했다. 또한 비에트는 대수학에서 최초로 수를 문자로 나타냈으며, 기호대수학을 발전시키는 데 기여했다. 뿐만 아니라 원주율을 소수점 아래 아홉 자리까지 계산하는가 하면, 무한급수로 나타내기도 했다. 그러나 바로 얼마 뒤 네덜란드 델프트에서 펜싱을 가르치던 루돌프 반 쿨렌[Ldolph van Coolen]이 소수점 아래 35자리까지 계산했다.

플라밍어 회계장부 계원에서 군대 기술자가 된 시몬 스테빈[Simon Stevin](1548~1620)은 소수를 대중화시켰다. 1585년에 출판한 《10분의 1에 관하여[La Theind]》에서 여러 개의 작은 원들 안에 소수점 아래의 자리를 써넣어 소수를 표기했고, 10진 분수를 거듭제곱하고 강조했으며, 정수를 진하게 쓰는 등 다양한 표기법을 시도했다. 또 스테빈은 육상 요트를 발명하고, 무게가 서로 다른 물체들이 같은 속력으로 떨어진다는 갈릴레이의 발견을 예측하는가 하면, 기호 $+$, $-$, $\sqrt{}$를 사용한 것으로도 유명하다.

마방진

르네상스 시대에 수학에 매료되고, 수학을 숭배했음을 표현한 것 중 가장 주목할 만한 것으로 독일의 화가 알브레히트 뒤러$^{Albrecht\ Dürer}$가 1514년에 제작한 판화 작품 〈멜랑콜리아 1$^{Melencolia\ 1}$〉에 들어 있는 마방진을 들 수 있다. 판화 속 마방진은 다양한 대칭축을 가진 4차 마방진이다. 마방진의 차수는 정사각형의 각 변에 놓인 수의 개수를 말한다. 따라서 3차 마방진은 각 변에 세 개의 수를 배치시키고, 4차 마방진은 각 변에 네 개의 수를 배치시킨다. 판화 속 마방진은 가로, 세로, 대각선의 합이 34로 같으며, 마찬가지로 합이 34가 되도록 16개의 수 중에서 네 개의 수를 선택하여 조합하는 방법 역시 매우 다양하다. 놀랍기 그지없는 이 수학적 마방진은 어디에서 유래되었을까? 또 어떤 마술을 부릴 수 있을까? 마방진은 중국에서 유래된 것으로 추정된다. 최초의 것으로 기록된 마방진은 1세기경에 만들어진 것이다. 하지만 전해 내려오는 이야기에 따르면, 최초의 마방진은 기원전 2200년경의 우왕 시대에 나타났다. 우왕이 황허 강가를 따라 걷고 있을 때, 등딱지에 마방진 무늬가 새겨진 신비한 거북을 발견하고 낙서^{洛書}(Lo-Shu)라는 이름을 붙였다. 등딱지에 새겨진 무늬는 검은색과 흰색의 매듭으로 이루어져 있었고, 가로, 세로, 대각선의

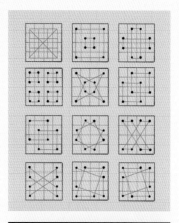

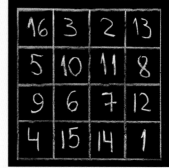

가로, 세로, 대각선의 합이 34인 뒤러의 판화속 마방진.

합이 15이고, 가운데 수를 기준으로 서로 반대편에 있는 두 수의 합이 10인 3차 마방진이었다.

마방진은 고대 중국에서 인도로, 인도에서 이슬람 세계를 거쳐 유럽으로 퍼졌다. 마방진의 생소한 수학적 특성과 초자연적 기원에 관한 설화는 마방진이 마법과 관련 있다고 믿게 했다. 그래서 6세기 인도인들의 문서에는 향료 점을 치기 위해 마방진을 사용했다는 기록이 있으며, 10세기 인도의 의학 논문에서는 마방진이 출산의 고통을 줄여줄 수 있다고 주장했다. 이슬람교에서는 점성술사들이 별점을 칠 때 사용했으며, 유럽에 소개될 때까지 카발라, 연금술, 수 암호와 함께 마법사가 되기 위한 비법 교육과정의 일부로 여겨졌다.

삼차방정식 문제

루카 파치올리는 1494년 《수마^{Summa}》에서 다음과 같은 세 가지 형태의 삼차방정식의 풀이 문제를 설명하며 마무리하고 있다. $x^3+ax=b$, $x^3+b=ax$, $x^3=ax+b$. 그는 삼차방정식을 풀이하는 일이 원과 같은 넓이를 갖는 정사각형을 작도하는 것만큼이나 대단히 어려운 일이라고 주장했다.

거인의 수학

르네상스 수학은 그리스 · 로마 시대 사람들과 이슬람교도들의 기발한 생각에 의한 위업을 뛰어넘고자 하는 의욕으로 넘쳐났으며, 수학 활동의 중심지는 15세기 중반의 볼로냐 대학교였다. 이곳에서 수학자들은 대중의 관심을 끈 공식 경연 대회에 참여해 부와 명예를 얻을 수 있었다. 삼차방정식의 풀이는 스키피오네 델 페로$^{\text{Scipione del Ferro}}$(1465~1526)가 최초로 발견했다. 그는 세 가지 형태의 삼차방정식 중 한 가지 그리고 경우에 따라 세 가지 형태의 삼차방정식 모두에 대하여 푸는 방법을 알아낸 것으로 알려져 있다.

15세기 수학에 대한 경쟁적 분위기에서, 스키피오네의 지식은 매우 높게 평가될 만한 것이었지만, 혹시나 다른 수학자들과의 수학 시합에서 상대가 사용하는 것을 방지하기 위해, 해법을 비밀에 부쳤다. 실제로 1526년 스키피오네가 사망했을 때, 제자 안토니오 마리아 피오르$^{\text{Antonio Maria Fior}}$를 비롯해 소수의 사람들만 그 해법에 대해 알고 있었다. 그런데 피오르 역시 세 가지 형태의 삼차방정식 중 단지 $ax+x^3=b$의 해

칠판과 12면체 모형
등 다른 도구들을 이용
하여 학생을 가르치고
있는 프라푸카 파치올
리의 초상화.

법만 알고 있었다. 그리고 남은 해법은 수학자 타르탈리아가 독자적으로 발견했다.

말더듬이

타르탈리아로 알려진 니콜로 폰타나$^{\text{Niccolo Fontana}}$(1500~1557)는 가난한 이탈리아 수
학자로, 1512년 프랑스 군대가 그의 고향인 브레시아에서 대량 학살을 벌일 때 끔찍
한 부상을 입었다. 프랑스 병사의 칼에 입술과 입천장을 베이는 바람에 말더듬이가
되면서 타르탈리아('말더듬이')라는 별칭을 얻게 되었다. 부상과 가난에서 벗어나기
위해 독학으로 교사가 되었던 타르탈리아였지만 천재성에도 불구하고 오만한 성격
때문에 많은 적대 세력을 만들었다.

타르탈리아가 저술한 책들 중 가치가 높은 책으로는 유클리드 책(그리스어)을 최초
로 이탈리아어로 번역한 것도 있다. 이때 아라비아어 번역 도서들의 이용에 한계를

주던 중요한 오류들을 수정했다. 또 그가 저술한 탄도학에는 대포에서 발사된 포탄의 낙하지점을 산출하는 식이 실려 있다. 이는 갈릴레이의 낙하하는 물체에 관한 연구보다 수십 년 앞선 것이었다. 타르탈리아는 여러 수학 시합에서 성공을 거두며 명성을 쌓았고 1535년에는 볼로냐에서 유명한 삼차방정식이 포함된 피오르와의 수학 시합에 참여하게 되었다.

이 수학 시합은 각 참가자가 상대에게 30문제를 내고 40~50일 사이에 문제를 해결하는 것이었다. 타르탈리아는 한 영역의 주제를 다룬 문제들을 낸 반면, 피오르는 자신만이 해법을 알고 있다고 확신했던 삼차방정식의 한 형태인 '$ax+x^3=b$'의 풀이 문제를 냈다. 이 시합에 참가하기 8일 전까지만 해도, 피오르의 확신은 틀린 것이 아니었다. 그런데 행운과 영감 덕분에 타르탈리아는 풀잇법을 발견하고 세 가지 형태의 삼차방정식을 모두 해결해 시합이 시작된 지 단 두 시간만에 풀어냄으로써 승자가 되었다.

비밀의 해법

새로 얻은 타르탈리아의 명성은 지롤라모 카르다노^{Girolamo Cardano}(1501~1576)의 관심을 끌었다. 그 시대의 위대한 학자들 중 하나였던 카르다노는 잘나가는 의사이자 수학자, 도박꾼이었으며 적대자를 만드는 능력은 타르탈리아와 필적할 정도였다. 그는 자신에 대해 다음과 같이 말했다.

"이것이 바로 내가 알고 있는 단점들 중 독특하고 가장 두드러진 것이다. 그것은 바로 내 말을 듣는 사람들을 불쾌하게 하는 말을 좋아한다는 것이다. 나는 이를 알면서도 고치려 하지 않고, 나에 대한 적대자들이 얼마나 있는지 조금도 신경 쓰지 않는다"

카르다노는 타르탈리아에게 편지를 써서 삼차방정식의 풀잇법을 알려달라고 간청했지만 타르탈리아는 곧바로 거절하며 다음과 같은 답장을 보냈다. "내가 알아낸 것은 다른 사람의 책이 아닌 나의 책에 실어 출판하려고 합니다. 그러니 귀하께서 너그러이 이해해주십시오." 부유한 후원자를 얻기 위해 속을 태우고 있던 카르다노는

게오르크 브라운과 프란츠 호헨베르크가 제작한 〈전 세계의 도시〉 중 1572년의 밀라노 지도.

1539년 밀라노로 가서 타르탈리아의 마음을 얻는 데 성공해 결국 풀잇법을 알아냈다. 타르탈리아는 카르다노에게 유언 집행자조차도 알아볼 수 없도록 암호로 풀잇법을 기록할 것과, 죽은 후에도 그것을 발설하지 않겠다는 약속을 받고 알려주었다.

카르다노와 그의 제자 페라리는 곧바로 타르탈리아의 해법을 확장하고 발전시키기 위한 연구에 착수했다. 페라리는 심지어 그것을 사차방정식에 적용하여 성공하기도 했다. 고대 그리스인들은 오로지 기하학적 방법에 의존하여 대수학을 다룬 나머지, 제곱은 넓이, 세제곱은 부피만을 의미했다. 그 기준에 따라, 네제곱은 의미가 없는 것으로 여겼다. 그들은 4차원의 공간을 알지 못했기 때문이다. 하지만 오늘날 그 상상할 수 없는 일이 해결되었다.

르네상스의 황금기

217

타르탈리아의 패배

1543년 카르다노는 스키피오네 델 페로의 풀잇법을 발견하고, 타르탈리아의 풀잇법이 꼭 그의 것만이 아니라는 결론을 내렸다. 그리고 타르탈리아와의 약속이 의미 없다고 생각하기에 이르렀다. 1545년, 그는 수학에서 기념비적인 업적이라 할 수 있는 《위대한 술법^{Ars Magna}》를 출판했다. 그는 이 책에 타르탈리아에게 명예를 돌린다는 말과 함께, 삼차방정식은 물론 사차방정식의 풀잇법도 실었다. 이에 노한 타르탈리아는 공개적으로 비난했고, 페라리는 다음과 같은 말로 그의 스승에 대하여 방어했다.

"당신은 제 스승 카르다노가 수학에 대해 무지하고, 교양이 없으며 단순하고, 비천한 지위는 물론 음담패설과 다른 모독적인 언어를 지루하게 반복하는 사람이라고 악평하고 있습니다. 귀하가 귀하의 지위로 보호받고 있지만 저는 스승의 제자로서의 지위로 공개적으로 당신의 부족함과 악의적인 생각을 알리도록 하겠습니다."

브레시아에서 좋은 강사 자리를 얻기 위해서는 페라리와의 시합에서 수학 실력을 입증해야만 하자 1548년 타르탈리아는 페라리와의 수학 시합을 승낙했다. 그러나 시합 첫날, 타르탈리아는 페라리의 수학 실력이 자신을 뛰어넘는다는 것을 깨닫고, 불명예스럽게 밀라노를 떠나야 했다. 그 수치스러운 패배는 그의 경력에 큰 상처를 남겼으며, 삼차방정식의 풀잇법이 카르다노의 방법으로 알려지면서 상처에 모욕이 더해지는 꼴이 되고 말았다.

음수와 허수

카르다노의 삼차방정식 풀잇법은 음수와 허수의 사용으로 유명하다. 음수는 그 숫자가 의미가 없거나, 오로지 부채의 의미로만 생각하여 음수를 멀리한 수학자들에게 오랜 세월에 걸친 도전 문제였다. 고대 그리스인들은 일반적인 정의에 따라 양수인 양으로 나타내는 길이, 넓이와 관련된 모든 수학을 기하학적으로 사고함으로써 그 문제를 회피했다. 인도 수학자 브라마굽타는 음수를 사용하는 산술연산 규칙을 정했지만, 여전히 음수는 '부채'로 다루고 있었다. 알 콰리즈미는 방정식을 풀이하기 위한 도구로서 음수를 사용하는 브라마굽타의 방식을 따르려 했지만, 그리스인들의 기하학적 논리에 따라 결국 음수가 의미 없는 것이라고 생각했다. 파치올리 또한 음수를 다루었지만, 또다시 회계 상황에서 부채로만 다루어졌다. 오늘날에는 이차방정식과 사차방정식의 경우 양수 해와 음수 해가 있는 것으로 인식하고 있으나(예를 들어 방정식 $x^2=4$의 해는 2 또는 -2이다), 당시에는 어느 누구도 방정식의 해로 음수를 포함시키려 하지 않았다.

수학자들을 더욱더 고통스럽게 했던 것은 터무니없어 보이는 $\sqrt{-1}$이었다. 음수에 음수를 곱하면 양수가 되기 때문에 어떤 수를 제곱한 수는 음수가 될 수 없으며 이에 따라 음수의 제곱근을 구하는 것은 불가능하다. 수학자들은 오늘날 허수라고 부르는 이런 수들이 복소 방정식 풀이와 같은 연산을 수행할 때 필요하다는 것을 알게 되었다. 또한 전자공학에서 교류의 진폭을 결정할 때도 유용하다.

카르다노의 책 《위대한 술법(아르스 마그나$^{\text{Ars Magna}}$)》에 실린 문제들 중 하나는 해가 $\sqrt{-15}$ 와 관련된 것이었다. 카르다노는 그런 수들을 '가짜 수'로 기술했지만, 그것이 $(5-\sqrt{-15})(5+\sqrt{-15})$로 나타나기 때문에, 허수를 다룰 수 있었다. 괄호 안의 수들을 곱한 결과 $25-(-15)=25+15=40$이 되어 허수가 없어진 것이다.

성공적으로 허수를 사용한 카르다노(와 페라리)가 다른 유형의 수인 복소수로의 문을 연 것이라 할 수 있다. 복소수는 실수와 허수를 결합한 수로 모두 $a+bi$로 나타낼 수 있다. 이때 a와 b는 실수이고, i는 $\sqrt{-1}$을 나타내는 허수다.

타르틸리아의 저서 《새로운 문제들과 발명》의 권두삽화. 이 책에서 타르탈리아는 카르다노에 대항하여 자신의 방법을 정리하였다.

여왕의 마술사: 존 디

오늘날 튜더 왕가의 마술사로 알려져 있는 존 디[John Dee](1527~1609)는 엘리자베스 여왕 시대 이후 천사들과의 대화로 유명해진 인물로, 수학에 관한 책에서 다루기에는 적절하지 않을 수도 있다. 하지만 그가 가장좋아한 학문은 수학이었으며 중요한 저서도 여러 권 있다.

존 디는 영국 르네상스의 핵심 인물로, 수학은 그의 신비주의에 핵심적인 부분을 차지했다. 실제로 당시에 수학과 점성술은 거의 같은 것으로 간주되고 있었으며 디는 스스로 '추잡하고 쓸모없는 계산과 추측 과정'을 비난했다고 기록하기도 했다. 그는 특별한 수학적 발전을 이룩한 것은 없지만, 역학 및 항해 등의 분야에서 수학을 활용하여 세상을 변화시켰다. 과학혁명이 시작되고 산업의 파생 효과가 뒤따르는 새로운 과학기술 세계에 선도자로서의 도움을 주며 수학이 이론에서 실제로 변화해가는 과정에서 중요한 역할을 했던 것이다.

존 디의 날아다니는 커다란 말똥구리

존 디의 아버지는 황실의 관리인이자 포목상을 운영하면서 디가 좋은 교육을 받도록 했다. 디는 케임브리지 대학을 다니며, 하루에 18시간씩 공부했는데, 네 시간은 잠을 자고 두 시간은 기타 활동을 했다고 말하기도 했다. 그는 특히 수학의 힘이

항해하는 모습의 존 디.

철학 연구의 도구 역할을 한다고 생각해 실제적인 응용에서도 수학을 활용했다. 디가 마술사 및 신비주의 예술의 대가로 세상의 주목을 받게 된 것은 1547년, 아리스토파네스의 작품 〈평화^{Pax}〉를 연극 무대에 올리면서였다. 그는 독창적인 연출 기법으로 무대를 꾸몄는데, 기계로 조작하는 커다란 말똥구리를 만들어 날아다니게 한 뒤 나중에 이것을 '마술^{thaumaturgy}'이라고 설명했다. thaumaturgy는 오늘날 마술을 뜻하는 용어에 해당하지만, 디에게는 "인지했을 때 깜짝 놀랄 만한 기묘한 작품을 만들 때 어떤 체계를 제시하는 수학적 미술"에 해당했다. 나중에 '아리스토파네스의 말똥구리'로 알려진 이 놀라운 기계장치는 주연배우가 말똥구리 위에 올라타고 대학 현관의 천장까지 올라가는 극적인 장면에서 무대에 올려졌다.

디는 유럽에 소개된 모든 지식을 알고 싶어 했으며 1548년에는 케임브리지에서 제공하는 교육과정을 연구한 후 남부 네덜란드(오늘날의 벨기에)로 떠나 루뱅 대학교에서 공부하기도 했다. 당시 루뱅 대학교는 지도 제작법, 천문학과 점성술 같은 분야에서 응용 수학의 최첨단을 달리고 있었다. 그곳에서 디는 헤라르뒤스 메르카토르Gerardus Mercator와 같은 뛰어난 인물들을 사귀기도 했다. 메르카토르는 메르카토르 도법의 창안자로서, 경도와 위도를 정확히 나타낸 지도를 최초로 개발하고, 자신의 지도에 신대륙에서 발견한 장소들을 최초로 그려 넣은 사람이다. 나중에 그는 '자신의 철학적 연구의 전체적인 체계를 처음이자 가장 깊게 그 근간을 세운' 곳이 바로 이곳이었다는 기록을 남겼다. 이후 파리에서 수학 강의를 하며 자신만의 설명으로 돌풍을 일으키기도 했다.

1551년, 디는 영국으로 돌아와 어린 에드워드 6세에게 자신의 저서를 선물했는데, 그중에는 천체의 크기 및 거리에 관한 책 등이 포함되어 있었다. 1553년, 그는 학자들을 대상으로 한 국가적 조사에서 평판 좋은 지식인으로 인정받아 '전문 천문학자 astronomus peritissimus' 명부에 이름을 올렸다. 에드워드 6세가 사망하자 가톨릭 신자인 메리 여왕이 왕위를 물려받으면서 개신교도였던 디는 위험에 처하게 되었다. 1555년 그는 메리 여왕과 엘리자베스 공주의 운명을 '계산'했다는 이유로 체포되었으며, 1세기 후 전기 작가 존 오브리 John Aubrey가 남긴 기록에 따르면, 그때 당국에서 '마술을 부리는 것이라 하여 수학 책들을 태워버렸다'고 한다.

행운의 별

1558년 메리 여왕이 세상을 떠나고 엘리자베스 여왕이 즉위하면서, 디는 극적인 운명의 전환점을 맞이하게 되었다. 그는 모틀레이크에 있는 어머니의 집으로 이사한 후 책을 수집하고 연금술 연구소를 열기도 했다. 엘리자베스의 대관식을 위한 가장 좋은 날짜를 계산해달라는 요청을 받았을 때는 점성술과 수학적 접근법으로 날짜를 정하고 대관식을 진행하였으며 후에 엘리자베스 여왕에게 자신의 저서인 수학책 《Propaedeumata aphoristica》

존 디의 도움을 받아 대관식 날짜를 정한 엘리자베스 1세.

로 개인 지도를 했다. 1570년에는 영어 번역판 유클리드의 《기하학원론》을 편집하며, 수학의 가치에 대해 쓴 《수학적 서문^{Mathematicall Preface}》을 추가했다.

"O는 충분히 매력적이며, 또 O는 매우 오래된, 매우 순수한, 매우 훌륭한, 모든 창조물들에 관한, 창조자가 모든 창조물을 각각 창조하는 과정에서 전능하고 무한한 지혜를 사용한 주제들로 가득 찬 과학을 다룰 때 매혹적으로 설득시킨다. 모든 창조물들의 독특한 부분과 특성, 본질, 가치, 정돈 상태, 가장 절대적인 수에 있어 아무것도 아닌 것에서 그것들의 존재 및 상태에 형식을 부여한다."

1572년, 신성(오늘날 1572년 튀코 브라헤의 초신성으로 알려진 별)이 하늘에 나타나자, 디와 그의 조수 토머스 딕스^{Thomas Digges}는 이를 관측하고 브라헤와 서신을 주고받았다. 1573년 저서 《Parallacticae commentationis praxosque》에서 디는 삼각법을 사용해 새로운 별까지의 거리를 구하는 방법을 제시했다. 후에 딕스는 당시 정설로 알려진, 지구 둘레에 여러 개의 투명 천구가 있다는 프톨레마이오스의 우주론 대신 실제로는 지구로부터 무한히 펼쳐지는 공간이라는 디의 혁명적인 개념을 확장했다. 디는 새로운 코페르니쿠스의 태양중심설을 지지했던 것이다.

항해의 완벽한 예술

디는 천문학 및 점성술뿐만 아니라, 항해와 지도 제작 분야에도 수학적 지식을 적용했다. 새로운 별들의 발견을 통해 천체에 대한 고대의 정설을 깨고 새로운 연구 분야를 개척했으며 신대륙을 발견한 후 식민지를 만들기 위해 과학 및 거래와 관련된 새로운 분야를 개척했으며, 이런 시도에서 수학이 핵심 도구 역할을 했다.

1555년부터, 디는 머스코비 상사에 들어갔다. 머스코비 상사는 북아메리카 일부를 개척하기 위해 탐험가 서배스천 캐벗이 설립한 영리 기업이었다. 디는 메르카토르에게서 배웠던 것을 이용해 지도를 그렸고 상사의 탐험가들에게 기하학과 항해술, 천문학을 가르쳤다. 동시에 신세계에 대한 권리를 주장하고, 대영제국을 확립하기 위해 영국의 대외 정책에서 새로운 방향을 위한 철학적 토대를 개발했다. 신세계에 대

1564년 존 디가 저술한 기호와 고대의 지혜에 관한 《모나스 히에로글리피카》의 권두삽화.

이 책에서 디는 단자(모나드)로 알려진 기호의 창 안에 숨겨져 있는 시비적 지혜에 관해 설명하고 있다. 단자를 나타내는 기호는 이 페이지 맨 윗부분에서 찾아볼 수 있다.

한 권리 주장 및 대영제국의 확립이라는 말은 디가 1577년 출간한 《완벽한 항해 기술 연마를 위한 일반적이면서도 희귀한 기억의 모음^{general and rare memorials pertaining to the perfect art of navigation}》에서 만들어낸 것이다.

천사들과의 대화

디는 자연의 언어를 알아내기 위한 탐색 과정에서 수학에 빠져들었지만, 우주에 숨겨진 지혜를 발견하려는 야심이 지나쳐 실패하고 말았다. 그는 자연철학과 수학에서 얻은 결과에 만족하지 않고, 연금술이나 점성술 등의 비술로 관심을 돌렸다. 당시엔 천사들이 지상과 초자연 사이에서 활동한다고 생각했는데, 디는 이 중간적 존재들과 접촉하기 위해 수정 점을 치는 돌(수정 볼)을 사용했다. 불행히도 그는 그 돌을 작동시킬 능력이 없어 중간적 존재들을 만날 수 없는 것이란 믿음 하에 중간적 존재들을 무조건 신뢰하고 있었다. 그 결과 1582년 연금술사이자 협잡꾼인 에드워드 켈리와 어울리게 되었다.

켈리와 함께 연구하면서, 디는 기이하고 암호 같은 언어를 사용하고 물질들을 그냥 통과하는 천사들과 접촉했다고 믿었다. '천사들'은 이 언어를 에녹어(에녹은 많은 천사들의 이름을 명부에 올리고 대홍수를 예측한 구약성서 속 인물이다)라고 주장했으며, 켈리와 함께 수정 점을 칠 때마다 '천사'들은 위험하고 불온한 지시어들과 함께 암호 같은 언어를 사용한 설화들을 연이어 만들어냈다.

1587년 디와 켈리, 그들의 부인은 신성로마제국의 황제 루돌프 2세의 초청을 받아 프라하를 방문했다. 당시 디는 천사들이 루돌프 2세의 종교적 과오에 대하여 질책해야 한다는 지시를 내렸다고 주장했다.

하지만 프라하에 머무는 동안, 천사들과 영적인 교감을 갖던 켈리가 디에게 천사들이 아내 교환을 명령했다는 말에 마지못해 동의한 후, 디는 켈리와의 관계를 끊고 영국으로 돌아왔다. 그리고 자신의 귀중한 서재와 연구소가 도난당한 것을 알게 되었다. 그의 재정과 지위는 더이상 복원되지 않았으며, 후에 그는 아내와 아이들을 프라하로 떠나보냈다. 그는 주술을 사용하고 악마를 연구했다는 의심을 받아 기소되기도 했으며 1609년 가난 속에서 죽음을 맞았다

신비로운 상태에서 단 12일 만에 썼다는 이 책에서 주장하는 것은 우주의 신비함에 대한 비결을 밝히는 것이다.

로그함수

로그함수는 지수함수의 역함수다. 예를 들어, $2^3=8$은 "밑 2를 세제곱한 것은 8과 같다"와 같이 나타낼 수 있다. 이것은 반대로 "2를 밑으로 하는 8의 로그는 3과 같다." 또는 $\log_2 8 = 3$으로 나타낼 수 있다.

$\log_2 8 = 3$에서 8을 $\log_2 8$의 '진수'라고 하며, 로그는 "진수가 되기 위해 밑을 몇 번 곱해야 하는가?"라는 질문에 대한 답으로 설명할 수 있다. 따라서 $\log_2 8$의 경우, 진수 8이 되기 위해 밑 2를 거듭하여 세 번 곱하면 된다. 일반적으로 $a^x=y$일 때 $\log_a y = x$이다. 로그함수는 y가 되기 위해 a를 거듭하여 x번 곱해야 한다는 것을 말한다.

가장 유용한 산술

로그는 수학사에서 매우 중요한 위치를 차지하고 있다. 계산기가 발명되기 전에 이미 오늘날의 계산기만큼의 위력을 발휘하면서 힘들고 어려운 계산 과정을 획기적으로 변화시켰기 때문에 여러 학문 분야와도 관련이 있다. 현대의 대학 웹사이트에서는 로그를 "모든 과학 분야에서 독특하면서도 가장 유용한 산술 개념"으로 설명하고 있으며 프랑스 천문학자이자 수학자인 피에르 시몽 라플라스(1749~1827)는 로그의 발명이 천문학자의 수고를 덜어주어 그들의 수명을 두 배로 늘렸다고 말했다.

로그의 발명은 덧셈과 뺄셈만큼이나 곱셈과 나눗셈을 간단히 하려는 생각에서 비롯되었다. 이것은 등차수열에 대응되는 등비수열이 있을 때 가능하다. 가장 간단한 예로, 자연수와 2의 거듭제곱수 사이의 관계를 들 수 있다. 다음 표의 두 번째 가로줄은 2의 거듭제곱수를 나타내고, 첫 번째 가로줄은 2의 거듭제곱수가 되도록 하는 지수를 나타낸 것이다. 어떤 수든 거듭하여 한 번도 곱하지 않는 수는 1로 정한다.

0	1	2	3	4	5	6	7	8	9	10
1	2	4	8	16	32	64	128	256	512	1024

첫 번째 가로줄은 등차수열, 두 번째 가로줄은 등비수열을 나타내고 있다. 암산으로 16과 64의 곱셈을 하는 것은 상당히 어렵다. 하지만 밑이 같은 거듭제곱수들을 함께 곱할 때는 $a^x \times a^y = a^{x+y}$와 같이 지수들을 간단히 더하면 된다. 따라서 표에서 2의 거듭제곱수 16과 64에 해당하는 지수를 찾아 지수들을 더한 다음, 다시 표에서 이 값에 해당하는 거듭제곱수를 찾으면 된다. 즉 16과 64를 곱하면 4(16의 지수)+6(64의 지수)=10에 해당하는 거듭제곱수 1024가 된다. 이때 또 다른 어떤 곱셈을 하지 않았음에도 불구하고 16×64=1024임을 알 수 있다.

네이피어의 놀라운 로그 법칙

스코틀랜드 수학자 존 네이피어[John Napier](1550~1617)는 1614년 논문 〈경이로운 로그 법칙의 기술[Mirifici Logarithmorum Canonis Descriptio]〉에서 등비수열과 등차수열 연결 원리를 상세히 다루었다. 그는 로그를 제안하면서, '비[ratio]'를 뜻하는 그리스어 logos와 '수'를 뜻하는 그리스어 arithmos를 합성하여 '로가리듬[logarithm]'이라는 용어를 만들었다. 네이피어는 런던의 수학자 헨리 브리그스[Henry Briggs]의 도움을 받아 계산할 때 이용하기 위해 밑이 10인 로그표를 개발했다. 밑이 10인 로그($\log_{10} N$)를 오늘날 상용로그라고 한다.

스코틀랜드 지주 존 네이피어는 머키스턴성의 영주였다. 네이피어는 수학에서의 공적으로 인해 '경탄스런 머스키턴'이라는 별칭을 얻기도 했다.

스위스 수학자 주스트 뷔르기[Joost Bürgi] 또한 비슷한 생각 아래 독자적으로 로그를 발견하고, 1620년에는 최초로 로그표를 발표했다. 그 뒤를 이어 1624년 브리그스도 상용로그표를 발표했다.

복잡하고 큰 수의 곱셈을 하기 위해서는 먼저 곱하고자 하는 처음 수들의 로그를 각각 구한 다음, 그 값들을 모두 더한다. 이때 곱셈에 따른 값을 구하기 위해서는 로그를 더한 값의 진수를 찾으면 된다. 한편 나눗셈을 하기 위해서는 제수의 로그에서 피제수의 로그를 뺀 다음, 이 값의 진수를 찾으면 된다. 또 로그를 이용하면 제곱, 세제곱, 제곱근, 세제곱근을 간단히 구할 수 있다. 어떤 수의 제곱을 구하기 위해서는 그 수의 로그를 구한 다음, 2를 곱하여 진수를 찾으면 된다. 또 어떤 수의 세제곱근을 구하려면 그 수의 로그를 3으로 나눈 다음, 진수를 찾으면 된다.

네피어의 계산자 ^{Napier's Bones}

존 네이피어는 곱하는 두 수에 맞게 눈금자들의 줄을 맞추어 두 수의 곱을 구하는 계산장치를 고안했다. 두 수의 곱은 줄을 맞춘 두 눈금자의 눈금을 더하여 읽으면 된다. 눈금자들은 보통 나무로 만들지만, 상아와 뿔, 뼈로 만든 것들도 있어 'Napier's Bones'로 알려지게 되었다. 1632년 영국의 수학자 윌리엄 오트레드가 처음으로 이 계산자를 발명했으며, 가운데에는 미끄러지는 눈금자가 들어 있다.

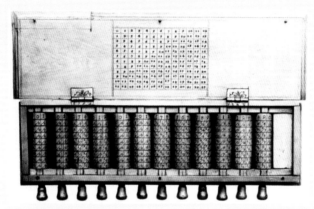

그림 속 네이피어 눈금자는 상자 안에 들어 있는 회전하는 원통들을 사용한 것이다.

무기발명가 네이피어

1614년 그의 독창적인 저서에 '경이적인 로그법칙의 기술'이라는 제목을 붙였던 네이피어가 무기발명가였다는 사실은 매우 아이러니하다. 그는 스코틀랜드의 제임스 4세(영국의 제임스 1세)에게 초기형태의 탱크를 제작할 것을 제안했다. 이 탱크는 철제로 된 몸체에 뚫린 총구가 있어 총알을 발사할 수 있는 전차였다.

과학혁명

16세기에서 17세기로 넘어갈 때, 수학은 이전에 해왔던 그 어떤 것보다도 지적 혁명의 탄생, 즉 과학혁명에서 중추적인 역할을 했다. 어떤 전쟁도 치르지 않고 그동안의 우주와 자연에 관한 확신이 무너졌다. 당시 신자연주의 철학자들의 가장 중요한 무기는 바로 수학적 엄밀성이었다.

다른 어떤 수학들보다도 천문학이 가장 큰 영향을 받았다. 천문학은 과학혁명의 혹독한 시련을 겪으며 수학 분야의 획기적인 발전을 이끌기도 했다.

코페르니쿠스의 새로운 가설

과학혁명의 시작에 가장 큰 역할을 한 인물은 폴란드의 성직자이자 천문학자인 니콜라우스 코페르니쿠스(1473~1543)였다. 행성과 항성에 관한 관측 및 천구좌표의 알폰소 천문표와 같은 천문학의 수학적 기구에 대한 면밀한 연구를 통해 코페르니쿠스는 프톨레마이오스의 지구 중심 우주론이 틀렸다고 확신했다.

프톨레마이오스와 그의 주장을 옹호하던 계승자들은 천체에 대한 자신들의 관측에 맞추어 엄밀한 설명을 덧붙이면서, 지구가 우주의 중심이라는 우주론의 기본 전제를 고수했다. 이 지구 중심 모델은 지구를 우주의 중심에 고정하고, 그 주위에 다른 행성들을 위치시키고 있다. 각 행성과 항성들은 겹겹이 둘러싸인 투명 천구에 박혀 있으며, 천구의 움직임에 따라 지구를 중심으로 회전하는 것이라고 상상한 것이다. 이때 행성 및 항성들은 원운동을 하는 것으로 가정했다.

이 모델의 기본 가정들에 대한 실제 관측 결과, 오차가 발견되자 천문학자들이 문제를 제기했다. 예를 들어 지구에서 행성들을 관찰하면 천체에서 점점 뒤로 가는 것처럼 보인다. 이와 같은 현상을 역행이라고 한다. 이를 설명하기 위해 프톨레마이오스 체계는 행성이 단순히 원운동을 하는 것이 아니라, 원 위에 있는 작은 원인 주전원

사후에 제작된 니콜라우스 코페르니쿠스 판화.

周轉圓 위를 움직이는 것과 같은 복잡한 구조를 따르고 있다고 보았다. 이들 특별한 구조에도 불구하고, 알폰소 천문표가 정확하지 않다는 사실이 점점 더 확인되면서 프톨레마이오스 체계는 더 이상 다루어지지 않게 되었다.

코페르니쿠스는 수학을 이용하여 프톨레마이오스 체계의 결함을 밝혀내고, 지구 중심 모델이 잘못된 것이라는 결론에 도달했다. 16세기 덴마크의 대천문학자 튀코 브라헤는 "코페르니쿠스는 프톨레마이오스가 설정한 가설들이 수학의 공리에 맞지 않아 적절하지 않다는 결론에 도달했다"라는 글을 남겼다. 코페르니쿠스는 수학을 사용하여 태양 중심 모델이 관측 내용을 훨씬 더 잘 설명한다는 것을 보여주었다. 또한 다른 행성들의 역행을 정확히 설명할 수 있다는 것도 알아냈다. 역행은 지구의 궤

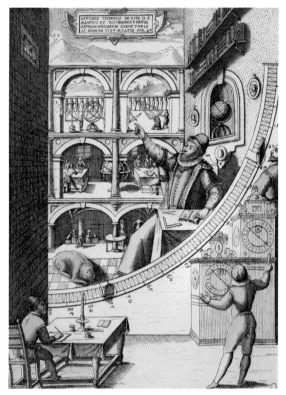

도식 형태로 나타낸 코페르니쿠스의 태양 중심 시스템.

벽에 건 자신의 거대한 사분의로 연구 중인 튀코 브라헤의 판화. 이 벽걸이 사분의는 별들의 위치를 계산하는 데 사용한다.

도와 태양 주변에서의 행성들의 궤도에서 생기는 착시를 말한다.

우주에 관한 이 새로운 모델이 교회의 권위에 위협이 되어 논란의 여지가 있다는 것을 알게 된 코페르니쿠스는 종교적 분쟁을 두려워한 나머지 사경을 헤매던 1543년까지 대작 《천구의 회전에 관하여De revolutionibus orbium coelestium》의 출판을 망설였다. 그러나 그의 추종자이자 조력자였던 게오르크 요하임 레티쿠스(비텐베르크 대학에서 수학과 천문학을 가르침)가 초고를 읽고 1539년 코페르니쿠스의 논문이 실린 《지동설 서설Narratio Prima》을 출판했다. 이 책에서 레티쿠스는 코페르니쿠스가 그의 개념적 혁명을 성취하기 위한 수단으로 수학을 어떻게 사용했는지를 설명했다.

"그는 자신이 맨 처음에 관측했던 것에서 출발하여…… 프톨레마이오스와 고대인들의 가설과 비교한 다음…… 천문학적 증명을 통해 가설들을 기각해야 한다는 것을 알게 된다. 그는 수학을 적용하여 새로운 가설을 설정하고…… 이 가설에서 유도해낼 수 있는 결론을 기하학적으로 확립한다. ……이 모든 작업들을 수행한 후 최종적으로 천문에 관한 법칙을 작성한다."

화성과의 전투

바로 이어지는 세대에서 코페르니쿠스의 새로운 태양중심론에 영향을 받아 가장 획기적인 발전을 이룩한 사람은 바로 독일의 수학자이자 천문학자인 요하네스 케플러(1571~1630)였다. 대학에서 코페르니쿠스 학설을 연구하면서 그는 우주의 신비를 밝히기 위한 평생의 탐구를 시작했다.

수학이 창조물의 신비스러운 신적 절서를 밝힐 수 있다고 확신하게 된 그는 먼저 행성들의 궤도를 설명하기 위해 플라톤 다면체 이론을 적용했다. 그는 다섯 개의 플라톤 다면체들로 둘러싸인 여러 개의 천구에 여섯 개의 행성(수성, 금성, 지구, 화성, 목성, 토성)의 궤도가 각각 맞춰져 있다는 것을 보여주려고 했다.

모형을 정교화하고 이를 증명하기 위해 보다 정확한 천문학 데이터를 구해야 했던 케플러는 1599년 프라하에 있는 덴마크 천문학자 튀코 브라헤 아래에서 연구를 돕던 중, 1601년 브라헤의 사망으로 물려받게 된 방대한 관측 자료를 토대로 수년 동안 정밀한 화성 궤도를 계산하기 시작했다. 무려 1000장 분량의 엄청나게 복잡한 계산이 이루어졌는데, 후에 이 작업을 두고 케플러는 '화성과의 전투'라고 말했다. 문제는 코페르니쿠스의 태양중심론이 행성이 원운동을 한다는 치명적 결함이 있는 가설을 여전히 따르고 있다는 것이었다.

케플러는 마침내 화성이 태양을 한 초점으로 하는 타원궤도를 돌고 있으며, 모든 행성이 이와 같다는 것을 계산해냈다. 이것은 오늘날 케플러의 행성 운동 제1법칙으로 알려져 있다. 그는 나아가 행성 운동 제2법칙에 해당하는 행성과 태양을 잇는 선분이 동일한 시간 동안 동일한 면적으로 휩쓸고 지나간다는 것도 계산해냈다.

1609년 이 두 법칙을 토대로 한 책이 출판된 뒤 1619년이 되어서야 케플러는 제3법칙을 발표했다. 케플러 행성 운동 제3법칙은 한 행성이 태양의 둘레를 한 바퀴 도는 데 걸리는 시간(주기)이 그 행성궤도의 긴 반지름과 어떻게 관련되어 있는지를 나타낸 것으로, 임의의 두 행성에 대하여, 두 행성의 공전 주기를 제곱한 것의 비가 각 행성 궤도의 긴 반지름을 세제곱한 것의 비와 같다. 케플러의 제3법칙에 힘입어 뉴턴은 중력 수학에 관한 책을 쓰기도 했다.

케플러는 광학에 관한 획기적인 책을 출판하는가 하면, 또 다른 수학과 과학에 있어 획기적인 발전을 이룩했다. 그는 볼록렌즈 두 장을 사용한 천체 망원경을 만들었으며, 사람의 망막에서 상이 어떻게 거꾸로 맺히는지를 처음으로 설명했다.

1611년 부인이 사망하자 2년 후 재혼하면서 그는 결혼식 연회에서 옆면이 곡선으로 된 포도주 통에 든 포도주의 양을 계산하기 위한 가장 좋은 수학적 방법을 생각했다. 1615년에 발표한 《포도주 통의 신입체기하학^{Nova stereometria doliorum}》에서, 그는 포도주 통을 얇은 판들로 무한히 분할한 다음 그 판들의 넓이를 더하여 부피를 구하는 방법을 설명했다. 이것은 아르키메데스 이래 수학자들에게 부과된 문제, 곡선 아래의 넓이를 구하는 한 방법으로, 아이작 뉴턴과 고트프리드 라이프니츠가 미적분학의 개발을 이끄는 데 기여했다.

작업 도구

수학의 도구 및 언어의 발달에 주목할 만한 성과를 나타낸 것은 16세기와 17세기였다. 네이피어가 발명한 로그 덕분에 복잡한 계산 과정에서 소요되는 수고를 상당량 줄일 수 있었으며, 이 과정에서 계산자와 같은 계산 도구를 개발하기도 했다. 수학에서 보다 낫고, 보다 간결하며, 보다 유용한 표기법의 진화 또한 매우 중요하다. 예를 들어 네이피어는 스테빈의 10진 표기법을 발전시켰으며, 소수점의 사용을 널리 보급했다. 등호는 1557년 출판된 책에서 처음 나타났지만, 덧셈과 뺄셈 기호는 독일의 수학자 요하네스 비트만이 1489년에 출판한 《상업계산^{Mercantile Arithmetic}》에서 처음 사용되었다. 곱셈기호 '×'는 17세기 초 윌리엄 오트레드가 도입했으며, 나눗셈 기호 '÷'는 1659년에 스위스의

수학자 하인리히 라안이 처음 사용했다. 프랑수아 비에트는 기지량과 미지량을 구별하기 위해 미지량을 표현하는 데 알파벳의 모음을 사용했고, 이미 알고 있는 양을 표현하는 데는 알파벳의 자음을 사용하는 등 대수학에서 사용하는 표기법을 도입한 중요한 인물 중 한 사람이었다. 그러나 기호대수학에서 사용하는 최종적인 표기법의 형태를 갖춘 것은 르네 데카르트와 레온하르트 오일러의 책에서였다.

혼천의, 프리즘, 네이피어의 계산자 세트 등의 과학 혁명의 도구들.

갈릴레이

종종 현대적인 의미로 최초의 위대한 과학자로 간주되는 갈릴레오 갈릴레이(1564~1643)는 천문학, 역학, 운동역학, 중력, 광학, 액체정역학 등 다양한 분야에서 수많은 중요한 발견을 했다.

그러나 갈릴레이가 자신의 지적 세계에서 가장 중요하게 여긴 것은 수학이었다. 1623년 출판한 《분석자$^{Il\ Saggiatore,\ The\ Assayer}$》에서 갈릴레이는 수학의 중요성에 대해 다음과 같이 말했다.

"철학은 우리가 항상 주시하고 있는 드넓은 우주라는 책에 쓰여 있다. 그 책을 이해하기 위해서는 먼저 그 책에 쓰인 문자를 이해해야 한다. 수학이란 언어가 삼각형과 원, 다른 기하학적 도형들의 문자를 이루고 있으며 이것들을 모르면 인간은 단 한마디도 이해하지 못하고 캄캄한 미로를 헤매게 될 뿐이다"

피사의 사탑에서 구슬을 떨어뜨리다

갈릴레이는 그의 아버지의 바람대로 의학 공부를 위해 피사 대학에 입학했다. 그러나 일화에 따르면, 갈릴레이는 기하학을 가르치던 강의실을 지나다 호기심을 갖게 된 후 수학에 심취하게 되었으며, 아버지를 설득하여 자연철학(오늘날의 과학)과 수학을 공부하게 되었다. 탐구심과 통찰력이 뛰어났던 갈릴레이는 1583년 진자에 관한 원리를 발견하기도 했다.

전해지는 이야기에 따르면, 피사의 사탑 예배당에서 미사를 드리던 갈릴레이는 우연히 천장에 매달린 샹들리에가 바람에 흔들리는 것을 보고, 샹들리에가 제자리로 돌아오는 데 걸리는 시간(주기)이 샹들리에가 움직인 진폭에 관계없이 같아 보여 맥박을 이용해 자신의 생각이 옳다는 것을 확인했다. 후에 그는 진자의 주기를 제곱한 값이 진자의 주기에 비례한다는 것을 증명했다.

1589년, 피사 대학의 수학

갈릴레이가 떨어지는 물체에 관한 연구에서 사용한 것과 같은 여러 개의 공과 기울어진 피사의 사탑 전경.

교수가 된 그는 당시 진리로 받아들여지던, 보다 무거운 물체가 더 빨리 떨어진다는 아리스토텔레스의 이론이 잘못되었음을 증명했다. 물론 이전의 몇몇 주석자들도 실제와 이 이론이 서로 어긋난다는 주석을 달아놓기는 했다.

갈릴레이는 피사의 사탑 꼭대기에서 크기는 같지만 무게가 다른 두 개의 구슬을 떨어뜨려 무거운 구슬이 먼저 떨어지는 것이 아니라 두 개 모두 거의 동시에 땅에 닿는다는 유명한 실험 결과를 내놓았다. 그리고 계산을 통해 미세한 시간 차이가 공기저항으로 인한 것임을 알아냈다.

별의 전령 The Starry Messenger

1609년 갈릴레이는 네덜란드에서 사용법을 설명한 망원경의 보고서를 읽고는 곧바로 망원경을 만들었다. 이 망원경으로 목성의 위성, 태양의 흑점, 토성의 고리, 달의 지형에 대하여 획기적인 관측을 했으며 이를 토대로 1610년 《별세계의 보고 Sidereus Nuncius, The Starry Messenger》을 출판하여 국제적으로 명성을 얻었다. 그는 여러 발견을 통해 코페르니쿠스 이론인 태양중심설을 믿게 되지만, 1616년 교회에서는 갈릴레이의 이런 생각을 이단으로 간주하고 경고했다. 1632년에는 코페르니쿠스의 지동설을 강력하게 주장한 책 《두 가지 주요 세계관에 관한 대화 dialogue concerning the two chief systems of the world》을 발간하여 교황 우르바노 8세와 충돌했다. 1633년 이단에 대한 종교재판을 받으며, 지구가 태양 주변을 돈다는 믿음을 포기할 것을 강요받았지만, 일화에 따르면 재판 도중에도 "그래도 지구는 돈다 eppur si muove"고 중얼거렸

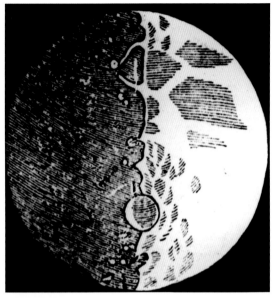

갈릴레이가 그린 달 그림, 처음으로 관측한 달의 산맥이 보인다.

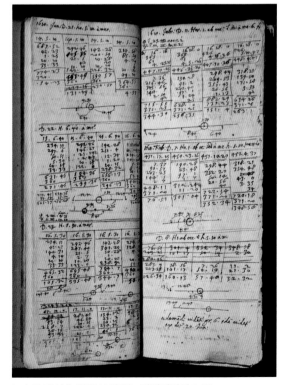

능숙한 계산 능력을 보여주는 갈릴레이의 노트.

다고 한다.

유죄판결을 받은 갈릴레이는 가택 연금 상태에서 운동물리학 및 다른 연구를 계속 진행했다. 1638년에는 물질의 수학적 본질 및 물체의 운동에 관한 원고를 네덜란드로 몰래 보내 마지막 저서인 《두 개의 신과학에 관한 수학적 논증과 증명^{Discourses and Methmetical Demonstrations Relating to Two New Science}》을 출판했다. 1642년 그가 사망하기 전까지도 진행했던 마지막 프로젝트 중 하나는 최초의 진자시계 발명이었다.

수평운동과 수직운동

천문학에 관한 그의 발견이 아무리 유명하다고 해도 갈릴레이의 가장 위대한 연구는 운동과 관련된 물리학 및 수학에 관한 것이다. 널리 받아들여지고 있던 아리스토텔레스의 학설은 움직이는 물체는 자체의 힘으로 움직이다가 힘을 잃으면 멈춘다는 것이었다. 갈릴레이는 운동하고 있는 물체에 수평운동과 수직운동이 동시에 일어난다는 것을 증명했다. 또한 중력의 영향을 받는 수직운동의 경우, 이 중력으로 인해 물체가 등가속도운동을 하며, 낙하하는 물체의 낙하 거리가 낙하 시간의 제곱에 비례한다는 것을 증명했다. 그는 비탈면 아래로 구슬을 굴리는 실험을 할 때, 거리와 시간을 충분히 재기 위해 경사각의 크기를 달리했으며, 구슬이 테이블에서 출발하여 경사면 바로 아래 끝에 닿는 순간의 시간과 거리를 기록함으로써 거리가 처음 속도에 좌우되며 경사면을 굴러가는 모든 물체가 바닥에 닿는 순간까지 걸리는 시간이 같다는 것을 보여주었다. 각 물체의 궤도를 그려, 경사면을 굴러간 물체가 포물선 경로를 따른다는 것을 수학적으로도 증명함으로써 아리스토텔레스의 이론이 잘못되었음을 증명한 셈이 되었다.

하지만 무엇보다도 갈릴레이의 가장 중요한 유산은 어떤 현상을 수학적으로 나타낸 것의 타당성을 증명하는 과정에서 실험과 관찰을 이용하는 과학적 방법이 싹트기 시작했다는 것이다.

데카르트:
수학 vs 속임수를 잘 쓰는 악마

17세기의 많은 위인들이 우주의 본질과 그 존재에 대한 질문을 던지면서, 수학이 그 답이라고 생각했다. 그중에 특히 프랑스의 철학자이자 과학자, 수학자였던 르네 데카르트 (1596~1650)는 수학을 근간으로 밑바닥에서부터 끝까지 통일된 지식 체계를 세우기 위해 전 생애를 보냈다.

기하학에 관한 꿈

상류층 가문에서 태어난 데카르트는 어린 시절 몸이 무척 허약하여 많은 시간을 병상에서 보낸 후 예수회가 운영하는 학교에서 교육을 받았다. 어렸을 때부터 수학을 즐겼던 그는 예수회 칼리지도 '수학의 증명 및 추론 논리의 확실성 때문에' 수학을 선호하였다. 졸업 후에는 푸아티에 대학에서 법학을 공부한 다음 공병으로 입대하기도 했다. 그러나 1619년 11월 물리학이 기하학으로 제한될 수 있고 모든 과학이 수학과 연결

르네 데카르트 판화.

될 수 있다는 내용의 꿈을 꾼 후 삶의 목표를 오로지 지식 추구에만 두기로 마음먹었다. 그는 유클리드 시대에 기하학을 했던 방법을 토대로 하여 모든 문제를 자연철학으로 해결하는 새로운 탐구 방법론을 집필했다. 그리고 남은 생애를 이 꿈을 실현하는 데 보냈다.

해석기하학

1637년, 데카르트는 철학 논문 《방법 서설 ^{Discourse on the Method}》을 출판했다. 이 책은 철학하는 방법에 대한 그의 생각을 나타내고 있으며, 부록으로 기하학에 대한 새로운 접근법의 형태에서 그 방법의 실제적인 증명을 담고 있다. '기하학 La Geometrie'으로 불리는 부록은 보통 기초 해석기하학 교과서로 여겨지며, 기하학과 대수학의 결합에서 시작하여 후에 미적분학의 발달을 이끌었다.

데카르트의 대수학과 기하학의 결합은 관련된 양들을 점들의 좌표로 나타낼 수 있을 때 임의의 대수방정식을 기하학을 통해 해결할 수 있다는 생각을 토대로 하고 있

DISCOVRS
DE LA METHODE

Pour bien conduire fa raifon, & chercher
la verité dans les fciences.

Si ce difcours femble trop long pour eftre tout leu en vne fois, on le pourra distinguer en fix parties. Et en la premiere on trouuera diuerfes confiderations touchant les fciences. En la feconde, les principales regles de la Methode que l'Autheur a cherchée. En la 3, quelques vnes de celles de la Morale qu'il a tirée de cette Methode. En la 4, les raifons par lefquelles il prouue l'existence de Dieu, & de l'ame humaine, qui font les fondemens de fa Metaphysique. En la 5, l'ordre des queftions de Phyfique qu'il a cherchées, & particulierement l'explication du mouuement du cœur, & de quelques autres difficultez qui appartiennent a la Medecine, puis aufsy la difference qui est entre noftre ame & celle des beftes. Et en la derniere, quelles chofes il croit eftre requifes pour aller plus auant en la recherche de la Nature qu'il n'a eftè, & quelles raifons l'ont fait efcrire.

L E bon fens eft la chofe du monde la _{PREMIERE} mieux partagée : car chafcun penfe en ^{PARTIE.} eftre fi bien pouruû, que ceux mefme qui font les plus difficiles a contenter en toute autre chofe, n'ont point couftume d'en defirer plus qu'ils en ont. En quoy il n'eft pas vray femblable que tous fe trôpent: Mais plutoft cela tefmoigne que la puiffance de bien iuger, & diftinguer le vray d'auec le faux, qui eft proprement ce qu'on nomme le bon fens, ou la raifon, eft naturellement efgale en tous les hommes; Et ainfi que la diuerfité de nos opinions ne vient pas de ce que les vns font plus raifonnables que les autres,

a 2.

1658년 인쇄한 데카르트의 《방법서설》의 첫 페이지.

다. 이 점들을 이으면 직선 또는 곡선이 된다. 한 변수가 또 다른 변수와 관련된 임의의 방정식이 곡선을 나타내면, 이것은 임의의 그런 대수방정식이 기하학으로 해결할 수 있으며 임의의 기하학적 문제가 대수학으로 표현될 수 있다는 것을 뜻한다.

데카르트의 좌표기하학은 오늘날의 카테시안 기하학의 근원이 되었다. 하지만 그의 초기 기하학은 오늘날의 것과는 다르다. 예를 들어 데카르트는 음수 부분의 축을 그리지 않았으며(카테시안 그래프의 익숙한 사분면 형태는 수십 년이 흐른 뒤 뉴턴에 의해 그려졌다), 두 축이 항상 직교하는 것도 아니었다. 하지만 그는 기지의 상수를 나타내기 위해 알파벳 앞부분의 문자(a, b, c)를 사용하는가 하면, 미지의 변하는 양을 나타내기 위해서는 알파벳 뒷부분의 문자(x, y, z)를 사용하는 등 오늘날 사용하는 많은 새로운 것들을 도입하거나 널리 알렸다. 또한 a^2을 aa로 쓰면서도, 지수를 나타내기 위해 어깨 숫자를 사용하기도 했다.

그가 새롭게 생각한 가장 중요한 것들 중 하나는 고대인들의 동질성에 대한 제한을 받아들이지 않는 것이었다. 고대 그리스인들은 실제적인 차원을 다루었으며, 이에 따라 x 또는 y로 직선의 길이를 나타냈다. 이는 x^2이 넓이, x^3이 부피가 되어야 한다는 것을 의미했으며, x^2이 y와 같을 수 없다는 것을 뜻했다. 이는 서로 다른 종류의 양이기 때문이다.

데카르트는 x, x^2, x^3을 각각 직선의 일부로 정의함으로써 이 문제를 단번에 해결했다. 그러나 더 이상의 진전은 이루어지지 않았으며, x, x^2, x^3을 무차원의 양으로 여겼다. 그럼에도 불구하고 그의 방법은 지수가 큰 x의 거듭제곱(x^4, x^5 등)을 가능하게 하였으며, 3차원 이상의 기하학의 문을 여는 중요한 역할을 했다.

비아침형 인간의 비극

데카르트는 어린 시절부터 늦게 일어나는 습관을 가지고 있었다. 그러나 1649년, 스웨덴 여왕 크리스티나의 초청을 받아 여왕에게 수학을 가르치게 되었을 때, 여왕이 아침 5시에 강의하길 원한다는 것을 알고 당황했다. 스웨덴의 차가운 아침 날씨에 적응할 수 없었던 데카르트는 폐렴에 걸려 1650년 2월 세상을 떠났다.

데카르트의 악마와 통 속의 뇌

데카르트는 수학을 누구도 부정할 수 없는 가장 확실한 근거로 보았다. 오늘날 철학자로 더 많이 알려진 데카르트의 많은 아이디어들 중 중요한 하나는 속임수를 잘 쓰는 악마$^{evil\ genius}$ 이론으로 알려진 사고실험이다. 데카르트는 의문을 가졌다. "전능한 악마의 속임수에 의한 것이 아닌, 외부 세계를 실제로 경험하고 지각하는 것을 어떻게 확신할 수 있을까?" 오늘날 이 사고실험은 통 속의 뇌$^{the\ brain\ in\ a\ vat}$ 이론으로 설명하기도 한다. 실험 방법은 다음과 같다. 뇌를 사람의 몸에서 분리한 후 액체로 가득 찬 통에 넣고, 뇌를 완전한 실제 현실을 가장한 슈터컴퓨터의 전선에 연결하여 인간의 신경이 뇌에 전기신호를 보내는 것과 동일한 형태로 전기신호를 보낸다. 여러분이 이 책을 읽고 있는 바로 지금이 우리의 현실이 아닐 수도 있다는 것을 어떻게 알 수 있는가? 이 이론은 영화 〈매트릭스〉의 골간을 이루고 있기도 하다. 데카르트의 회의론은 "확실한 것을 어떻게 알 수 있는가?"와 같은 근본적인 철학적 입장을 토대로 하고 있다. 이 질문을 통해 데카르트가 찾아낸 진리는 실재에 대하여 만들 수 있는

영화 〈매트릭스〉의 한 장면.

가장 단순한 명제 "나는 생각한다. 고로 나는 존재한다$^{cogito\ ergo\ sum}$"에서 출발하는 것이었다. 또 그는 수학을 회의론의 질문에 대한 답으로 간주했다. 그것은 수학적 진리가 명확하고 필수 불가결한 것이기 때문이다. 예를 들어 $2+2=4$ 가 실제로는 악마가 속임수를 쓰고 있는 것일지도 모르는 일이라는 것이다.

그래프와 좌표

학교에서 가르치는 것과 같은 오늘날의 그래프는 카테시안 좌표를 다루며 카테시안 좌표평면에 그린다. 카테시안 좌표 및 카테시안 좌표평면은 각각 직교좌표, 직교 좌표평면이라 부르기도 한다. 가장 간단한 직교좌표계는 일정한 간격의 눈금이 있는 두 개의 서로 수직하는 수직선(축)으로 이루어져 있다.

이때 가로축을 x축, 세로축을 y축이라 한다. 두 수직선이 각각의 원점에서 만나며, 친숙한 사분면이 되도록 하기 위해서는 두 수직선에서 음수를 표현하는 점이 나타나도록 수직선을 길게 늘인다(그림 1). 종종 사분면은 시계 반대 방향으로 Ⅰ, Ⅱ, Ⅲ, Ⅳ와 같이 나타내기도 한다. 제1사분면은 x와 y가 모두 양수이며, 제2사분면은 x가 음수, y가 양수이고, 제3사분면은 x와 y가 모두 음수이며, 제4사분면은 x가 양수, y가 음수다(그림 2).

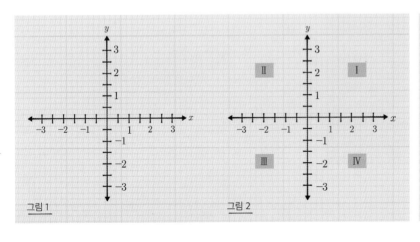

그림1   그림2

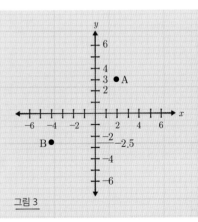

그림3

좌표

직교 좌표평면 상의 점들은 두 개의 수를 사용하여 순서쌍으로 나타낸다. 예를 들어 그림 3에서, 점 A는 순서쌍 $(2, 3)$으로 나타내며, 첫 번째 수는 x축 상의 값을 나타내고 두 번째 수는 y축 상의 값을 나타낸 것이다. 두 수를 쓰는 순서가 중요하며 순서쌍이라고 한다. $(2, 3)$을 나타내는 점은 $(3, 2)$을 나타내는 점과 같지 않다. 점 B를 나타내는 좌표는 두 수가 모두 음수인 $(-4, -2.5)$이다. 좌표가 $(0, 0)$인 점을 원점이라 한다.

일반적으로 직교 좌표평면 상의 그래프에 대하여, x는 독립변수를 나타내고 y는 종속변수를 나타낸다. 이때 y는 x의 값에 따라 달라지므로 종속변수라고 한다.

간단한 그래프

직교좌표 평면 위의 그래프는 두 변수 사이의 관계를 나타낸다. x와 y 사이의 관계는 항상 y를 x에 관한 식으로 나타냈다. 그림 4는 다음 네 가지 간단한 관계를 그래프로 나타낸 것이다.

A: $y = 5$
B: $y = x + 1$
C: $y = 2x$
D: $y = x^2$

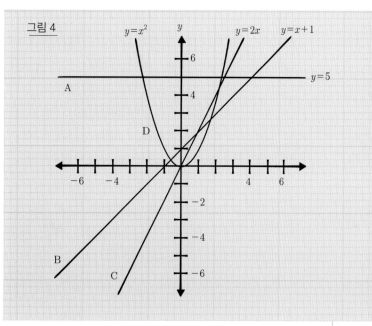

첫 번째 예는 x를 다루고 있지 않지만 실제로 지수가 0인

수는 1과 같으므로 $y=5x^0$을 쓴 것과 같으며, x^0을 지운 것으로 생각할 수도 있다.

위의 네 가지 관계는 각각 직선 또는 곡선을 나타낸다. 각 관계를 나타내는 직선 및 곡선을 그리기 위해서는 x의 값이 증가할 때 x의 값에 대응하는 y의 값을 계산해야 한다. 첫 번째 관계에서는 x의 값이 바뀌어도 y의 값에 영향을 미치지 않으므로, 이 관계는 x축에 평행하고 y의 좌표가 5인 점에서 y축을 지나는 직선을 나타낸다. 두 번째 관계에서는 y의 값이 x의 값보다 항상 1만큼 크므로, $x=1$일 때 $y=2$가 된다. 이 관계는 y의 좌표가 1인 점과 x의 좌표가 -1인 점을 지나고 x축과 $45°$의 각도를 이루는 직선을 나타낸다. 세 번째 관계는 원점을 지나고 기울기가 훨씬 큰 직선을 나타낸다. 네 번째 관계는 원점을 꼭짓점으로 하고 y축에 대하여 대칭인 포물선을 나타낸다.

쓸모없거나 불합리하거나

카테시안 좌표평면에서 각 축을 나타내는 수직선이 단순하면서도 명확한 아이디어처럼 보이지만, 놀랍게도 최근에 쓰기 시작했으며 논란의 여지도 있다. 그것은 수직선 상의 양수가 실수를 나타내므로, 같은 의미에서 음의 실수도 만들어냈어야 했기 때문이다. 이에 대해 많은 수학자들과 철학자들이 아무것도 없는 것보다 더 작은 어떤 것을 가질 수 없다고 말하면서 음수를 불합리한 가공의 수로 받아들였다. 수직선은 1685년 영국의 수학자 존 월리스[John Wallis]가 쓴 책에서 처음 그 모습을 드러냈다. 그가 분명하게 음수를 인정한 것은 아니었지만, 대수학에서 음수의 사용을 다룬 구절에서 다음과 같이 말했다. "음의 양들이 정확히 이해되지만 쓸모없거나 불합리하다." 월리스는 점 A에서 앞으로 5야드 걸어간 다음 반대 방향으로 8야드만큼 걸어간 사람의 예를 제시한 후 "지금 그가 서 있는 곳이 출발점에서 얼마나 떨어져 있는가?"를 물었다. 월리스가 제시한 답은 -3야드였고 수직선으로 그 예를 설명했다. 월리스에게 자극받은 동시대 학자 뉴턴은 오늘날 도처에서 볼 수 있는 여러 종류의 그래프를 좌표평면 위에 그리기 위해 서로 수직하는 수직선을 사용하기도 했다.

페르마와 그 정리

피에르 드 페르마(1601~1675)는 프랑스 변호사이자 재판소 판사, 고전문학의 전문가이자 언어학자, 전 시대를 통틀어 가장 위대한 '아마추어' 수학자 중 한 사람이었다. 그는 페르마의 마지막 정리로 유명하지만, 이것은 그의 많은 정리 중 한 가지에 불과하다. 대부분의 정리들은 수학의 한 영역인 정수론 분야에 속하는 것들로서, 페르마가 단독으로 연구한 정리만으로도 충분히 근대 정수론의 장을 열었다고 할 수 있다.

수학적 장난

페르마는 스스로의 의지로 어떤 책도 출판하지 않았다. 대신 수학에 대한 그의 업적은 서신 왕래로 알려졌다. 이 중 많은 것이 마랭 메르센$^{Marin\ Mersenne}$과 직접 교환한 서신을 통해서였다. 프랑스 수사였던 메르센은 특히 정수론 분야에서 수학자들 간의 의견 및 연구 내용 등을 중개함으로써 17세기 프랑스의 수학이 겪던 혼란기에 매우 중요한 역할을 했다. 페르마가 가장 선호한 접근법은 수반되는 증명이 없는 정리를 내놓아 다른 사람들이 그것을 증명하도록 자극시키는 것이었다. 그 결과, 그가 주장했던 모든 증명들을 실제로 해냈는지에 대하여 의문을 갖는 사람들도 있었다.

마지막 정리

가장 널리 알려진 정리는 페르마의 마지막 정리다. 증명된 그의 많은 정리들 중 마지막 정리였기 때문에 붙여진 이름이다. 페르마는 당시 출간된 디오판토스의 《산술

피에르 드 페르마는 취미로 그림을 그렸다.

Arithmetica》을 읽던 중, 제목이 '한 제곱수를 다른 두 개의 제곱수로 나누기'인 장의 여백에 메모를 써놓았다. $a^2+b^2=c^2$의 형태로 나타낸 피타고라스의 정리도 그중 하나이다. 페르마가 써놓은 메모에 따르면 지수가 2보다 큰 경우에는 그런 구조를 생각할 수 없다. 예를 들어 $a^3+b^3=c^3$이 되는 세 정수 a, b, c가 존재하지 않는다. 보다 일반적으로 페르마의 마지막 정리는 n이 2보다 큰 수일 때, 방정식 $a^n+b^n=c^n$을 만족하는 양의 정수 a, b, c가 존재하지 않는다는 것을 말한다. 이에 대해 그는 다음과 같은 기록을 남겼다.

"나는 경이로운 방법으로 이것을 증명했다. 하지만 여백이 너무 좁아 여기에 옮기지는 않겠다."

특별한 형식을 갖추지 않은 채 써놓은 이 명제를 재현하기 위해 300년이 넘도록 수많은 학자들이 열정적으로 도전해왔다. 19세기와 20세기에 정수론 분야에서는 이 신화적인 페르마의 마지막 정리를 증명하기 위해 노력했고 이를 위해 상금이 내걸리기도 했다. 이 정리의 증명이 발표된 것은 1995년이 되어서였지만 상금을 받은 영국의 수학자 앤드루 와일스의 증명법은 페르마가 알지 못하는 수학 분야를 바탕으로 하고 있어, 페르마의 증명법이라고는 할 수 없다. 이에 따라 페

페르마의 마지막 정리를 증명한 앤드루 와일스.

르마가 실제로 증명했는지에 대해 의문을 갖는 사람들도 많으며 페르마의 마지막 정리에 대한 탐구도 계속되고 있다.

또 다른 정리

이 외에도 페르마는 페르마의 소정리 및 두 제곱수 정리 등 다른 많은 정리들을 제안했다. 페르마의 소정리는 큰 소수에 관한 것으로, 오늘날 신용카드의 보안 체계에 사용되고 있다.

두 제곱수 정리는 홀수인 어떤 소수가 두 제곱수의 합일 필요충분조건은 이 소수가 4로 나누어 나머지가 1이 된다는 것이다. 예를 들어 13은 홀수인 소수이고 3^2+2^2이다. 또 13을 4로 나누면 몫이 3이고 나머지가 1이다. 이것은 그 기준을 만족하는 임의의 소수를 구한다. 예를 들어 $5(=1^2+2^2)$, $41(=4^2+5^2)$, $79601(=200^2+199^2)$이다.

또한 페르마는 독자적으로 해석기하학의 형식을 제안했는데, 이것은 데카르트와 우선권에 관해 격렬한 논쟁을 벌이는 계기가 되었다. 데카르트와 마찬가지로, 페르마는 해석기하학을 3차원으로 확장하기 위해 세 번째 축 사용을 제안했고, 뉴턴과 라이프니츠의 미적분학을 예측한 무한소 및 곡선의 기울기를 찾는 방법을 연구했다. 그가 블레즈 파스칼과의 서신 왕래를 통해 완전히 새로운 수학 분야(확률)의 개발을 촉진시켰다는 것도 매우 중요한 일이다.

파스칼과 페르마의 주요한 공헌은 두 독립사건의 확률이 각각 p, q일 때, 동시에 두 사건이 일어날 확률이 $p \times q$임을 계산한 것으로 설명될 수 있다.

페르마는 《산술》에 있는 문제 Ⅷ의 여백에 메모를 남겨놓았다.

가능성의 문제

실세계에서 수학의 중요한 응용 분야 중에는 가능성의 수학인 확률론이 있다. 확률론을 통해 주사위를 던지는 것에서 보험을 유지하기 위해 매달 지불해야 하는 보험료에 이르기까지 어떤 것이든 수학적으로 엄밀하게 계산할 수 있다.

인간은 선사시대 이래 가능성의 게임을 즐겨왔지만, 17세기가 되어서야 당시의 두 위대한 수학자 피에르 드 페르마와 블레즈 파스칼에 의해 처음으로 확률론의 원리가 연구되었다. 오늘날 많이 알려져 있는 서신 교환을 통해, 페르마와 파스칼은 유명한 도박사의 문제에 대한 해법를 제시했다. 도박사의 문제는 득점의 문제로도 알려져 있다.

득점의 문제

이 문제는 원래 주사위 게임에 관한 것이지만, 파스칼과 페르마는 단순화시키기 위해 동전 던지기 게임으로 설명하고 있다. 파스칼과 페르마가 동전 던지기로 내기 게임을 한다고 해보자. 파스칼은 앞면을, 페르마는 뒷면을 선택한 뒤 두 사람이 각각 50프랑씩 걸고, 자신이 선택한 동전의 면이 열 번 먼저 나온 사람이 100프랑을 가져가기로 한다. 15번 동전을 던져, 앞면이 여덟 번, 뒷면이 일곱 번 나왔고, 파스칼이 8:7로 앞서간다. 그러나 게임이 종료되기 전, 파스칼이 급한 호출을 받는 바람에 더 이상 게임을 진행할 수 없어 100프랑을 공정하게 나누어 가지기로 했다. 현재까지 파스칼이 앞서 있기 때문에 파스칼이 이겼다고 선언할 수도 있지만, 게임을 계속 진행할 경우 페르마가 따라잡을 수도 있다. 또 현재까지 획득한 점수에 따라 그 돈을 8:7로 나눌 수도 있지만, 이것은 실제로 파스칼이 먼저 10점에 도달하여 낸 돈 전체를 가져갈 가능성이 큰 상황을 반영한 것이라 적절하다고 할 수 없다. 여기서 파스칼과 페르마가 생각해낸 핵심적인 질문은 '이길 가능성이 얼마나 더 클까^{how much more}likely?'다.

페르마는 파스칼에게 보낸 편지에서 현명한 해법을 제안했다. 만일 게임을 계속 진행하면, 동전을 최대 네 번 던지면 끝난다. 동전을 네 번 던지게 되면, 두 사람 중 한 명은 추가 득점을 통해 반드시 10점에 도달한다. 파스칼이 최소 두 번의 던지기에서 이기거나, 페르마가 최소 세 번의 던지기로 이길 것이다. 이때 페르마는 HHHH, TTHH, TTHT……와 같이 게임에서 나타날 수 있는 16가지의 모든 가능한 결과를 표로 정리한 다음, 파스칼이 승리하는 경우가 몇 번인지를 셌다. 16가지의 가능한 결과들 중 11가지가 파스칼이 승리하는 경우이고, 5가지가 페르마가 승리하는 경우이므로, 낸 돈 전체는 파스칼에게 유리하게 11:5로 분배되어야 한다. 즉 파스칼이 전체의 $\frac{11}{16}$을 받게 될 것이다. 이것은 파스칼이 게임에서 이길 확률이 $\frac{11}{16}$이었음을 말한다.

파스칼과 페르마의 동전 던지기 결과로 나타나는 경우를 정리하면 다음과 같다. 이 탤릭체로 나타낸 문자가 파스칼이 승리하는 경우다.

HHHH	*HTHH*	*THHH*	*TTHH*
HHHT	*HTHT*	*THHT*	TTHT
HHTH	*HTTH*	*THTH*	TTTH
HHTT	HTTT	THTT	TTTT

분명히 이들 몇몇의 경우에는 던지지 않아도 되는 잉여 던지기가 포함된 것들이 있다. 예를 들어 처음 두 가지 경우는 처음 두 번의 던지기에서 앞면들이 나왔기 때문에, 파스칼이 이미 승리자로 판명되었다. 따라서 남은 두 번의 던지기는 잉여 던지기인 셈이다. 페르마가 알아낸 것은 이 잉여 던지기가 각 경우가 공평하게 일어날 수 있도록 하고 이를 통해 비교가 가능하도록 한다는 것이다. 공평하게 일어날 수 있는 모든 결과의 수를 세어, 각 사건의 확률을 구할 수 있다. 한 사건(가능성의 게임을 이기는 것과 같은)의 확률은 일어날 수 있는 그 사건이 가능한 모든 결과의 수로 나누어지는 공평한 가능한 방법들의 수다. 이 경우에는 16가지 전체 결과 중에서 파스칼이 승리할 수 있는 공평한 가능한 방법들은 11가지가 있다.

간단한 확률

사건^{event}과 결과^{outcome}의 구분에 유의하면서, 어떤 사건의 확률(P)을 구하기 위한 다음의 식을 사용할 수 있다.

$$P(\text{사건}) = \frac{\text{어떤 사건이 일어날 경우의 수}}{\text{일어날 수 있는 모든 경우의 수}}$$

정의에 의해 이 식에서 분자의 수는 분모의 수보다 더 작아야 하므로, 확률 P는 항상 0과 1 사이의 수로 표현된다. 특히 $P=0$이면 사건이 절대로 일어나지 않으며, $P=1$이면 반드시 사건이 일어난다.

단일 사건들이 동시에 일어나지 않을 때 즉 배반사건인 경우, 그 사건들의 확률을 함께 더함으로써, 다양한 결과의 확률을 구할 수 있다. 따라서 사건 A 또는 B가 일어날 확률은 $P(A \cup B) = P(A) + P(B)$다. 예를 들어 한 개의 주사위를 던질 때 1 또는 6의 눈이 나올 확률은 $P(1) + P(6) = \frac{1}{6} + \frac{1}{6} = \frac{2}{6} = \frac{1}{3}$ 이다.

만일 두 사건이 배반사건이 아닐 경우에, $P(A \cup B) = P(A) + P(B) - P(A \cap B)$다. 예를 들어 52장의 카드 묶음에서 한 장의 카드를 뽑을 때, 뽑힌 카드가 다이아몬드이거나 킹일 확률은 P(다이아몬드가 뽑힐 사건)$+P$(킹이 뽑힐 사건)$-P$(다이아몬드의 킹이 뽑힐 사건)$=\frac{13}{52}+\frac{4}{52}-\frac{1}{52}=\frac{16}{52}=\frac{4}{13}\fallingdotseq0.3$이다.

두 개의 확률을 곱하여 두 사건이 서로 영향을 주지 않을 때, 즉 서로 독립일 때 두 사건이 일어날 확률도 구할 수 있다. 서로 독립인 두 사건이 동시에 일어날 확률은 $P(A\cap B)=P(A)\times P(B)$다. 예를 들어 두 개의 동전을 동시에 던질 때 모두 앞면이 나올 확률은 $P(H)\times P(H)=\frac{1}{2}\times\frac{1}{2}=\frac{1}{4}=0.25$이다.

몇 가지 간단한 확률들

가능성과 확률은 일상 생활에서 필요한 일부분에 해당하지만, 가능성 게임에서는 가장 두드러지게 사용되는 것이다. 다음은 몇 가지 흔한 예들이다.

- 한 개의 동전을 던질 때 앞면이 나올 확률 $P(H)$은 $\frac{1}{2}$ 또는 0.5다.

- 한 개의 주사위를 던질 때 6의 눈이 나올 확률 $P(6)$은 $\frac{1}{6}$ 또는 약 0.167이다.

- 한 개의 주사위를 던질 때 짝수가 나올 확률 P(짝수)는 $\frac{3}{6}$ 또는 0.5다.

- 52장의 카드 묶음에서 한 장의 카드를 뽑을 때, 뽑힌 카드가 다이아몬드일 확률은 $\frac{13}{52}=\frac{1}{4}$ 또는 0.25다.

런던 시민의 생명표

존 그랜트(1620~1674)는 기대 수명을 예측하기 위해 출생과 사망에 관한 데이터를 수집하여 통계학을 사용했던 런던의 상인이었다. 런던 시민을 대상으로 한 그의 생명표는 100명의 사람 중에서 10년, 20년, 30년, 40년…… 100년 동안 몇 명이 생존할 것인지를 예측할 수 있는지 보여주었다. 이것은 확률수학을 실제적으로 사용하는 가장 중요한 분야 중 하나인 보험계리학의 기초를 세우는 역할을 했다. 예를 들어 보험 통계표는 보험료를 책정하는 데 사용된다.

17세기의 올드런던브리지.

파스칼과 파스칼의 삼각형

파스칼의 삼각형은 수들을 삼각형 모양으로 배열한 것을 말하며, 서로 이웃하는 두 수들끼리 더하면 두 수 바로 아래의 수가 된다. 그 명칭은 프랑스의 수학자 블레즈 파스칼(1623~1662)의 이름을 땄지만, 수 세기 전에 이미 알려져 있었다.

이슬람 수학자 알 카라지$^{al-Karaji}$는 10세기에 이 삼각형을 만들었으며, 13세기 중국의 수학자 양휘도 이 삼각형을 알고 있었으며 그의 이름을 따 양휘의 삼각형으로 부른 듯하다. 또 이탈리아에서는 타르탈리아의 삼각형으로 알려져 있다.

수들로 만든 수삼각형

파스칼은 하나의 편리한 표처럼 이항계수들을 삼각형 모양으로 나타냈다. 이항식은 항이 두 개인 식으로 산술연산에 의해서만 다루며 일반적으로 $(x+y)^n$과 같이 나타낸다. 이항계수는 이항식을 전개할 때 나타나는 각 항들의 계수를 말한다. 예를 들어 $(x+y)^2$을 전개하면 $x^2+2xy+y^2$이 되며, 이때 1, 2, 1이 바로 이항계수다. 차수가 다른 이항식

젊은 나이에 병으로 세상을 떠난 프랑스의 천재 수학자 블레즈 파스칼.

을 전개하여 표로 나타내면 어떤 패턴이 있음을 알 수 있다.

이항식	전개식	이항 계수
$(x+y)^0$	1	1
$(x+y)^1$	$x+y$	1 1
$(x+y)^2$	$x^2+2xy+y^2$	1 2 1
$(x+y)^3$	$x^3+3x^2y+3xy^2+y^3$	1 3 3 1
$(x+y)^4$	$x^4+4x^3y+6x^2y^2+4xy^3+y^4$	1 4 6 4 1
$(x+y)^5$	$x^5+5x^4y+10x^3y^2+10x^2y^3+5xy^4+y^5$	1 5 10 10 5 1

파스칼은 삼각형에서 다음과 같은 다양한 패턴 및 흥미로운 성질들을 많이 발견했다. 삼각형에서 맨 위의 가로줄과 1로만 이루어진 바깥쪽 대각선은 첫 번째 가로줄, 첫 번째 대각선이라 하지 않고 0번째 가로줄과 대각선이라 한다.

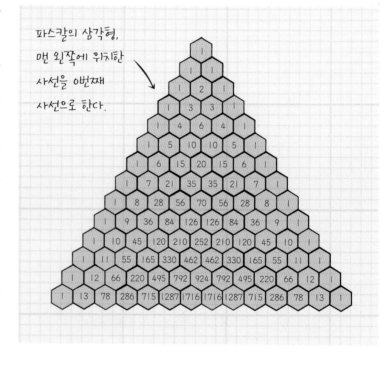

파스칼의 삼각형, 맨 왼쪽에 위치한 사선을 0번째 사선으로 한다.

• 1로만 이루어진 첫 번째 대각선에 바로 이어지는 두 번째 대각선에 나열된 수들은 자연수 1, 2, 3, 4, 5……이고, 그다음 대각선에 나열된 수들은 삼각수 1, 3, 6, 10, 15……이며, 그다음 대각선에 나열된 수들은 사면체 수 1, 4, 10, 20, 35……다.

• 각 가로줄에서 두 번째 수가 소수이면, 그 가로줄에 있는 1보다 큰 다른 모든 수

들은 그 소수로 나누어떨어진다. 예를 들어 일곱 번째 가로줄의 경우(1, 7, 21, 35, 35, 21, 7, 1)에 7, 21, 35는 모두 7로 나누어떨어진다.

- n번째 가로줄에 있는 수들을 모두 더하면 2의 n제곱수(2^n)와 같다. 예를 들어 두 번째 가로줄의 경우($n=2$)에는 $1+2+1=4=2^2$이고, 네 번째 가로줄의 경우 ($n=4$)에는 $1+4+6+4+1=16=2^4$이다

- 가로줄을 구성하고 있는 각 숫자들을 어떤 수의 각 자리 숫자라 하면, n번째 가로줄에 대하여 그 수는 11의 n제곱수(11^n)와 같다. 이때 가로줄을 구성하는 숫자 중 한 자리 이상의 수가 있을 경우에는 서로 이웃하는 앞뒤 숫자와 더하여 11의 n제곱수를 만든다.

가로줄 번호	11을 거듭제곱한 횟수	11의 거듭제곱수	실제 가로줄에 나타낸 수
0	0	1	1
1	1	11	1 1
2	2	121	1 2 1
3	3	1331	1 3 3 1
4	4	14641	1 4 6 4 1
5	5	161051	1 5 10 10 5 1
6	6	1771561	1 6 15 20 15 6 1
7	7	19487171	1 7 21 35 35 21 7 1
8	8	214358881	1 8 28 56 70 56 28 8 1

- 각 가로줄에 있는 수들을 왼쪽 정렬시킨 다음, 각 대각선에 놓인 수들을 합하여 나열하면 피보나치수열을 이룬다.

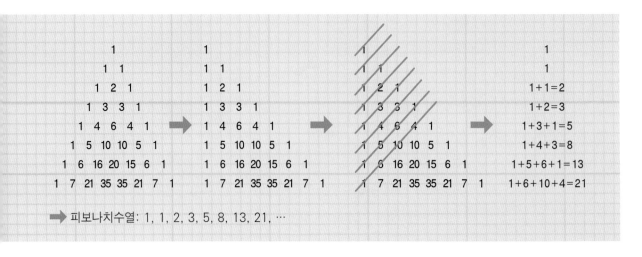

피보나치수열: 1, 1, 2, 3, 5, 8, 13, 21, ⋯

신기한 육각형 정리와 수은기압계

파스칼의 삼각형은 그가 비극적인 짧은 삶을 사는 동안 다루었던 수학, 과학, 철학의 많은 연구 분야 중 하나다. 신동이었던 파스칼은 세 살 때 어머니를 여의었고, 수학자이자 세무 관리였던 아버지로부터 틀에 박히지 않는 수학 교육을 받으면서 메르센이 주관하는 정기 모임에 참석하기도 했다. 그곳에서 17세기 프랑스의 많은 유명한 학자들을 만났으며 열여섯 살 때 이미 오늘날 파스칼의 정리 또는 파스칼의 신기한 육각형 정리로 알려진 첫 번째 발견을 했다. 이 정리는 원추곡선 위의 여섯 개의 점으로 만든 육각형의 변을 연장시킬 때, 세 쌍의 대변의 교점들이 모두 한 직선 위에 놓인다는 것을 말한다. 나중에 페르마와 서신 교환을 하면서, 확률론의 기초를 쌓은 뒤 하나하나 각 결과를 세어야 했던 페르마의 방법을 파스칼의 삼각형을 사용하여 간소화시켰다. 파스칼의 삼각형에서 각 가로줄에 있는 수들의 합은 어떤 게임을 하는 데 나타나는 모든 사건의 경우의 수에 해당하며, 이것은 가능한 결과들의 경우의 수이기도 하다.

1646년 엄격한 금욕 생활을 주장하는 가톨릭교의 얀센파에 들어간 후에도 파스칼의 발견은 계속되었다. 뉴턴보다 10년 이상 앞선 1658~1659년에 파스칼은 그가 '불가분의 원리'라고 칭한 적분법을 개발했다. 또 계산을 위한 기계를 고안했으며, 액체와 기체 상태에서의 압력에 대한 중요한 연구와 기압계의 수은주 높이가 대기압에 따라 달라진다는 기압계의 원리를 증명했다. 이것은 날씨 예보 및 고도 측정이라는 신세계의 문을 여는 역할을 했으며, 수은기압계의 유리관 위쪽이 진공상태가 된다는 것을 확인시켰다. 압력의 표준 과학 단위인 파스칼은 액체정역학에 관한 그의 선구적인 연구를 기려 그의 이름을 따 붙인 것이다. 이때 1파스칼은 1m^2당 1뉴턴의 힘이 작용할 때의 압력에 해당한다.

그가 연구한 액체에서의 압력의 법칙은 오늘날 파스칼의 원리라 불리며, 밀폐 용기 내부의 움직이지 않는 유체의 일부에 압력을 가하면 그 압력이 유체 내의 모든 곳에 같은 크기로 전달된다는 것이다. 파스칼은 서른아홉 살에 위암으로 사망하기 직전 파리의 공공 수송 체계를 설계하기도 했다.

파스칼의 내기

《팡세》는 그가 요절하는 바람에 완성하지 못했다. 이 책에서 파스칼이 신을 믿는 것에 대해 한 주장은 유명하다. 그는 만일 신이 존재하지 않을 경우에 신을 믿는다면 잃을 것이 없지만, 신이 존재할 경우에 그를 믿는다면 '무한한 행복을 누리는 삶'을 살게 될 것이라고 주장했다. 따라서 위험을 고려할 때 신을 믿는 것이 합리적이라는 것이다. 이 주장은 이성적인 참가자가 결정을 내리는 데 유용한 최적의 전략이 여러 가능한 행동 방식의 위험-보상 비율에 따라 달라진다는 측면에서 게임이론의 선구인 셈이다. 하지만 파스칼의 내기에 대해 많은 반론이 제기되었다. 믿음이 마음대로 생겼다 말았다 할 수 있는 것인가? 개인의 욕심을 채우기 위한 믿음이 의의가 있는가? 어떤 신을 믿어야 하는가? 파스칼이 주장하는 신은 자신의 특정 종교인 가톨릭교의 신에만 해당하는가, 아니면 오딘이나 칼리 같은 다른 신들도 해당하는가?

페트루스 아피아누스가 쓴 〈카우프만의 계산〉(1527)의 속표지에 실린 최초의 파스칼 삼각형의 모습.

파스칼 계산기

　　1642년 열여덟 살의 파스칼은 세무원이었던 아버지를 돕기 위해 최초의 덧셈 기계를 설계하고 만들었다. 파스칼린으로 알려진 이 계산기는 황동으로 된 기다란 직사각형 상자 안에 다이얼이 있는 여러 개의 톱니바퀴가 들어 있다. 다이얼에서 바늘로 적절한 수를 선택하고 핸들을 당기면 윗부분에 있는 작은 창에 답이 나타나도록 되어 있다. 최초의 파스칼린은 다섯 자리의 수만 다룰 수 있었으며 파스칼은 기계를 매매하기 위해 50개의 시제품을 만들었다. 그리고 계속 보완하여 여덟 자리의 수를 다룰 수 있는 계산기를 만들었다. 파스칼린은 원래 덧셈에 의한 연산만 할 수 있었다. 뺄셈은 빼는 수를 보수로 바꾸어 덧셈하면 된다. 곱셈은 덧셈을 반복함으로써 계산할 수 있으며(오늘날의 컴퓨터에서 사용하는 방법과 같다), 나눗셈은 뺄셈을 반복하여 계산할 수 있다. 독창적이긴 하지만, 이 기계들은 가볍게 부딪치기만 해도 계산 오류가 발생했고 작동이 잘 되지 않거나 계산 결과를 신뢰할 수 없었다.

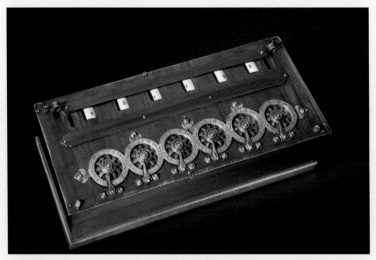

합을 계산할 때 사용되는 다이얼과 결과를 나타내는 창이 있는 파스칼 계산기.

미적분: 뉴턴과 라이프니츠

미적분학은 곡선의 연구에 필요한 수학적 도구다. 특히 곡선의 기울기와 곡선 아래의 넓이를 계산할 때 유용하다. 고대 바빌로니아인들과 이집트인들은 직선의 기울기를 구하는 법과 그 아래의 넓이를 구하는 법을 알고 있었다.

고대 그리스 수학자들은 구와 같은 곡면으로 된 몇몇 도형에 대한 부피는 계산했지만, 옆면이 곡면으로 된 통 안의 포도주 부피를 계산하는 문제들(케플러의 관심을 끌었던 문제)은 잘 해결하지 못했다. 16세기와 17세기에, 주로 운동의 문제들(공중을 날아가는 포탄의 곡선 궤도, 중력에 따른 물체의 가속도, 행성의 타원궤도)에 관심이 집중되면서 곡선을 다루는 새로운 수학적 방법을 필요로 하게 되었다. 17세기에 유럽의 많은 수학자들이 이 문제에 대해 연구했으며, 이는 미적분이 발전하는 계기가 되었다.

근사 접근법

실진법을 사용한 고대 그리스 수학자 에우독소스와 아르키메데스는 곡선 아래의 넓이를 구하는 초기 형태의 적분법을 개발했다. 그러나 미분법은 곡선 위 임의의 한 점에서의 접선 기울기를 구하는 것으로 또 다른 난제였다. 데카르트의 해석기하학과 카테시안 좌표계는 이들 문제를 나타내고 해결하기 위한 중요한 해결법을 제공했으며, 일반 접근법인 근사 접근법이 오랫동안 사용되어왔다. 곡선을 직선 위의 점들을 지나는 접선으로 생각하고, 곡선 아래의 넓이를 직사각형과 삼각형들의 합으로 여김으로써, 적분^{integrals}과 도함수^{derivatives}(적분과 미분의 결과, 즉 곡선 아래의 넓이와 접선의 기울기)를 근사시킬 수 있었다. 보다 많고, 보다 작은 직사각형 및 삼각형들로 분할하여 사용하면 보다 근접한 근삿값을 얻을 수 있지만, 여전히 그것은 근삿값에 불과할 뿐이다.

방법에 대한 실마리

1665년, 많은 수학자들이 적분과 미분의 개발에 기여했다. 케플러와 갈릴레이가 실마리를 제시했고, 갈릴레이의 제자인 보나벤투라 카발리에리$^{Bonaventura\ Cavalieri}$는 그 두 가지 개념을 통합하는 이론을 개발했다. 페르마는 몇몇 특별한 곡선의 도함수를 발견(실제로 일부 역사학자들 중에는 그를 진정한 미적분학의 아버지로 생각하는 사람들도 있다)했고, 17세기 케임브리지대 수학 교수인 아이작 배로$^{Isaac\ Barrow}$는 곡선의 접선으로 도함수를 구하는 방법을 나타냈다. 그러나 아이작 뉴턴은 그 문제를 이전의 구체적이었던 것들을 일반화시킴으로써 완벽하게 해결한 제자들 중 한 명이었다.

"나는 페르마가 접선을 그리는 방법에서 이 방법에 대한 힌트를 얻어 추상적 방정식에 적용함으로써, 직접적으로 그리고 반대로 일반화시켰다."

거인들의 어깨를 딛고 서다

지주의 유복자로 태어난 아이작 뉴턴(1643~1727)은 수학과 자연철학에서 재능을 보였으며 케임브리지 대학에서 아이작 배로의 지도를 받았다. 오늘날 뉴턴의 '기적의 해$^{annus\ mirabilis}$'로 알려진 1665~1666년에 뉴턴은 역사상 수학과 과학 분야에서 가장 위대한 발견으로 꼽히는 몇몇 발견을 해냈다. 이를 뉴턴 학자 데릭 예르트센$^{Derek\ Gjertsen}$은 이렇게 표현했다.

"매우 짧은 기간에 스물네 살의 학생이 현대 수학과 역학, 광학을 뒤흔드는 중요한 발견을 했다. 사상 사에서도 이와 같은 일은 없었다".

뉴턴은 명성과 재산을 얻었으며 훈작사 작위를 받는가 하면, 영국 과학계의 가장 훌륭한 사람이라는 최고의 지위를 얻기도 했다. 그는 당시 지식인 및 학자들의 모임인 왕립학회 회장으로 장기간 지내며, 《자연철학의 수학적 원리^{Philosophiae Naturalis Principia Mathematica}》(1687년)를

아이작 뉴턴이 태어난 울스소프 매너에 있는 방의 모습. 생전에 뉴턴이 사용했던 천문학 도구들이 전시되어 있다.

출판했다. 이 책은 간단히 《프린키피아》로 알려져 있는데, 지금까지 출판된 가장 중요한 과학 논문으로 간주되고 있다. 오늘날 뉴턴은 두 물체 사이에 작용하는 중력이 두 물체 사이의 거리의 제곱에 반비례한다는 중력의 역제곱 법칙을 발견하여 많은 찬사를 받고 있다. 이것은 사과가 떨어지고 행성들이 태양 주변에서 궤도를 그리며 도는 자연의 법칙을 정확히 양으로 표현한 것이라 할 수 있다. 뉴턴은 자신이 이룩한 업적에 대하여 다음과 같은 유명한 말을 남겼다.

"내가 다른 사람보다 더 멀리 앞을 내다볼 수 있다면, 그것은 거인들의 어깨를 딛고 서 있기 때문입니다."

문제의 거인들은 페르마, 배로와 같은 위인들을 말하는 것일 수도 있다. 뉴턴이 그들의 연구를 토대로 이론을 정립하고 미적분학을 발명했기 때문이다. 하지만 뉴턴은 미적분학을 '유율법'이라고 불렀다. 그는 곡선 위의 한 특정 점에서의 순간 변화율(도함수)을 유율이라고 했으며, 이때 곡선의 변화하는 x, y 좌표는 흐르는 양, 유량으로 간주했다. 이 방법을 이용하여 뉴턴은 곡선 위 임의의 점에서의 접선 기울기

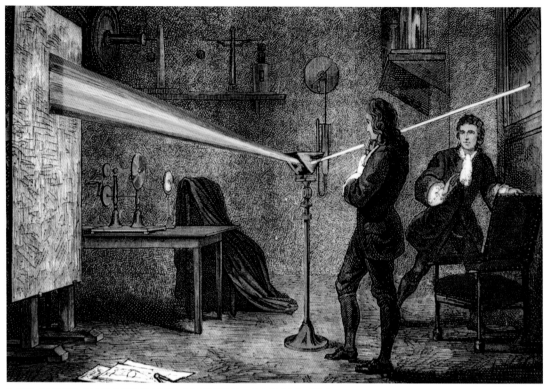
뉴턴은 프리즘을 사용하여 백색광(태양광선)을 가시광선(7색)으로 분해시켰다.

를 나타내는 도함수를 계산했다. 예를 들어 직선을 나타내는 함수 $y=4x$에 대하여 도함수(유율)는 4이고, 곡선을 나타내는 함수 $y=x^2$에 대하여 도함수는 $2x$다. 또 함수 $y=x^3$에 대하여 도함수는 $3x^2$이다.

뉴턴은 또한 배로 같은 선배 수학자들이 미분의 '역산'이 적분이라는 것을 암시했다고 생각했다. 미적분학의 기본 정리로 알려진 이 주장은 적분이 미분의 역산이고 미분이 적분의 역산임을 말하는 것으로, 어떤 함수를 적분한 다음 미분하면 원래의 함수가 된다.

나아가 뉴턴은 자신이 '유율법'이라고 한 것을 "평평하게 될 수도 있는 구불구불한 곡선을 평평하게 하는 방법a method whereby to square those crooked lines which may be squared"으로 설명했다. 이는 그가 무한급수를 다룰수 있는 전례없는 능력을 갖추고 있었기 때문에 가능했다. 뉴턴은 무한급수의 합이 무한이 아닌, 유한한 값 또는 극한값에 가까워지며, 곡선 아래의 넓이를 구하기 위해 무한히 가는 직사각형들을 사용하여 구불구불한 곡선을 평평하게 하는데 이용할 수 있다는 것을 알아냈다. 각 직사각형의 폭이 0에 가까워짐에 따라, 직사각형들의 넓이의 합은 곡선 아래 넓이에 훨씬 더 가까워진다는 것이다.

라이프니츠의 미적분

천재 뉴턴의 업적인 미적분학은 발전해 그 뒤로 미적분의 시대가 도래하게 했지만 당시의 뉴턴은 유율법을 바로 발표하지는 않았다. 한편 독일의 박식가이자 변호사, 외교관이었던 고트프리트 빌헬름 폰 라이프니츠(1646~1716)도 미적분학을 발명했다. 라이프니츠가 업적을 남긴 영역은 엄청날 정도로 많다. 이런 그를 두고 프로이센의 프리드리히 대왕이 "그 사람 자체가 완벽한 학교"라고 말했다는 것은 널리 알려진 사실이다.

1673년, 라이프니츠는 그가 고안한 기계식 계산기를 런던에 기증했으며, 영국 왕립학회의 회원으로 뽑히기도 했다. 파리로 돌아온 라이프니츠는 2년 후 독자적으로 무한급수와 무한소 미적분학에 관한 이론들을 정립했다. 이 과정에서 다른 수학자들도 쉽게 이해하고 사용할 수 있는 표기법의 체계를 고안한 것도 매우 주목할 만한 일이다. 이에 비해 뉴턴은 유율법에 관한 다루기 힘든 정리를 다른 학자들이 쉽게 이해할 수 있도록 하는 노력을 전혀 하지 않았다. 라이프니츠는 "어떤 것의 본질을 기호로 간결하게 표현하고, 그림으로 묘사하면 위대한 발견의 과정에서 유리한 입장에 놓일 수 있다. 나아가 사고의 노고를 놀라울 정도로 줄여주기도 한다"라는 글을 남기기도 했다.

두 수학자의 우선권 논쟁

라이프니츠의 발견에 대한 말들이 나오면서, 뉴턴은 연구 결과를 출판할 것과 누가 먼저 발명했는지에 대한 우선권을 확실히 하라는 재촉을 받았지만 서두르지 않았다. 그는 1704년이 되어서야 미적분학에 관한 자세한 설명을 《광학》의 부록에 담아 출판했다. 1676년 뉴턴은 라이프니츠에게 자신의 주장을 암호로 숨겨 보냈다.

"지금 내가 유율에 관해 계속 설명할 수 없어, 다음 글에 숨겨 보내드립니다. 6accd ae13eff7i3l9n4o4qrr4s8t12vx."

이 암호는 라틴어로 된 글에서 각 단어에 들어 있는 문자의 수를 나타낸 것으로, 해독하면 다음과 같다.

"유량을 나타낸 임의의 수가 포함된 방정식을 만들면 유율을 구할 수 있으며, 역으로 유율을 알고 있으면 유량을 나타낸 임의의 수가 포함된 방정식을 세울 수 있다."

가발을 쓴 라이프니츠 초상화.

《프린키피아》의 출간 2년 후 능력이 최고조에 달했던 당시 뉴턴의 모습.

그러나 라이프니츠는 뉴턴에 대한 어떤 언급도 없이 1684년 미적분학에 대한 설명 account 을 책으로 엮어냈다. 그리고 우선권에 관한 세간의 관심사에 대해 가볍게 응대했다.

"나는 뉴턴 경이 이미 그 원리들을 알고 있었다는 것을 알고 있다. 하지만 누구라도 한 번에 모든 결과를 발견하지는 못한다. 한 사람이 한 가지 기여를 하고, 다른 사람이 또 다른 기여를 한다."

그러나 라이프니츠와 달리 뉴턴은 "두 번째 발명자는 중요하지 않다"라고 주장하며 논쟁에 불을 붙였다. 이 두 수학자의 싸움은 라이프니츠가 독일 베를린 과학아카데미 원장이 되고, 뉴턴이 영국 왕립학회 회장이 되면서 두 국가 간의 논쟁으로 발전했다. 뉴턴은 자신의 지위를 이용하여 라이프니츠가 의도적으로 인신공격했다는 혹평을 담은 심사 보고서를 만들었다. 1716년 라이프니츠가 사망한 뒤 뉴턴은 "자신의 항변으로 라이프니츠가 상심했다"는 주장을 하고 다녔다.

무한급수란 무엇인가?

무한급수는 무한히 많은 항들로 이루어진 합을 말한다. 예를 들어 A와 B가 번갈아가며 문이 열려 있는 거리의 절반만큼씩만 계속 닫는다고 하자. 먼저 A가 문이 열려 있는 전체 거리의 $\frac{1}{2}$을 닫을 것이고, 그다음에 B가 처음 열려 있던 거리의 $\frac{1}{4}$을 닫을 것이다. 그다음에 다시 A는 처음 열려 있던 거리의 $\frac{1}{8}$을 닫을 것이고, 다시 B가 같은 과정을 반복할 것이다. 이 분수들의 합이 1이 될 때에만 이 문은 닫힐 것이다. 분수들의 합에서 각 분수는 항이 되며, 각 항은 A와 B가 번갈아가며 열려 있는 문을 절반씩 닫은 것을 나타낸다. 이들 분수들의 최종적인 합이 1이 될 것이라고 알고 있지만, 그 합이 1이 될 때까지 충분히 많은 분수들을 쓸 수는 없다. 이것은 곧 A와 B가 계속해서 문을 닫을 수는 있지만 결코 그 문을 완전히 닫지는 못한다는 것을 말한다. 수학적 용어로, 항들의 수가 한없이 무한에 가까워지면 전체 합의 극한이 1이라고 한다.

접선의 기울기와 도함수

'조약돌' 또는 '작은 돌멩이'를 뜻하는 라틴어에서 유래한 calculus는 매우 작은 조각들을 의미한다. 이때 조각들은 너무 작아 무한소라고 한다. 무한소는 너무 작은 나머지 실제로는 0과 같다고 하더라도, 결코 0이 아니기 때문에 중요하다.

무언가를 0으로 나누는 것과 같이 0으로 계산하는 것은 어렵다. 하지만 만일 무한소를 0으로 대체하면, 계산을 할 수 있게 되며 정확한 값을 얻을 수 있다.

변화와 시간

미적분학에서는 무한소를 사용하여 변화의 수학을 다룰 수 있다. 미적분학은 변화와 관련되어 있으며, 특히 이동하는 물체와 곡선을 다루기 위해 개발되었다. 이것들은 같은 것을 서로 다르게 이야기한 것이다. 그것은 이동하는 물체가 $\frac{거리}{시간}$의 속력으로 어떤 경로를 따르고, 좌표평면에 시간에 대하여 그 물체가 이동한 거리를 점으로 찍어 나타내면 곡선이 나타나기 때문이다. 그런 복잡한 개념들을 설명하는 가장 좋은 방법은 낙하하는 물체를 예로 드는 것이다.

낙하하는 물체

제인은 기울어진 피사의 사탑에서 한 개의 포탄을 떨어뜨릴 예정이다. 아이작은 자신의 고속 카메라로 그 장면을 찍으려고 한다. 카메라 사용을 위한 세팅 때 그는 제인이 포탄을 던지고 1초 후에 포탄이 얼마나 빨리 떨어지는지에 대해 정확히 알아야 한다. 제인은 포탄이 떨어지는 거리와 포탄이 떨어지는 시간의 관계를 나타내는 식이 $d=3t^2$임을 알고 있다. 이때 d는 거리를, t는 시간(초)을 나타낸다. 이에 따라 제인은 계산을 통해 포탄을 떨어뜨린 지 1초 후에 3만큼 이동한다는 것을 알고 있으며, 속력이 $\frac{거리}{시간}$이므로, 계산을 통해 포탄의 속력이 초당 3이라는 것도 알아낼 수 있다.

아이작은 이것이 처음 1초 동안의 포탄의 평균속력일 뿐이며, 정확히 1초가 되는 순간의 실제 속력이 아니라고 지적했다. 아이작은 이 특정 순간에 포탄이 이동하는 정확한 속력을 알아야 한다. 이것은 속력이 포탄이 이동하는 데 걸리는 시간으로 이동한 거리를 나누기 때문에, 달리 말하면 거리의 변화를 시간의 변화로 나누기 때문에 문제가 된 것이다. 따라서 0~1초 동안의 속력은 $\frac{0에서\ 3까지의\ 거리의\ 변화}{0초에서\ 1초까지의\ 시간의\ 변화}$와 같이 쓸 수 있다. 그러나 정확히 어느 한순간에 대하여, 이런 방법으로 속력을 쓰면 $\frac{3에서\ 3까지의\ 거리의\ 변화}{1초에서\ 1초까지의\ 시간의\ 변화}$가 된다. 이것은 곧 거리의 변화와 시간의 변화가 없어, 포탄의 속력은 $\frac{0}{0}$이 됨을 말하여, 이것은 부정이다. 그렇다면 어느 특정 순간의 속력을 어떻게 계산할 수 있을까?

제인은 이 문제를 해결할 근사한 아이디어를 가지고 있다. 두 사람이 1초에서 1초＋(1초보다 약간 많은 무한소)까지의 시간 간격을 측정했더라면 어땠을까? 근소한 차이의 이 시간은 너무 짧아서 거의 0에 가깝지만 정확하게 0은 아니다. 이 양은 방정식에 포함되어 무의미한 부정의 답이 나오지 않도록 한다. 제인은 몇 가지 수학기호를 사용하기로 하고 무한소의 이 시간을 '델타 t'라 하고, 그리스 문자 Δ를 사용하여 Δt와 같이 나타내기로 한다.

제인은 이미 1초 후에 포탄이 얼마나 빨리 떨어지는지를 알고 있고, 현재 $(1+\Delta t)$초 후에 얼마나 많이 떨어지는지를 표현할 수 있다. $d=3t^2$이고, 이 경우에 $t=(1+\Delta t)$

이므로, $d=3(1+\Delta t)^2$과 같이 식을 표현할 수 있다. 여기서 식을 전개하여 정리하면 $d=3(1+\Delta t)^2=3\times\{1+2\Delta t+(\Delta t)^2\}=3+6\Delta t+3(\Delta t)^2$이 된다.

이제 제인은 1초와 $(1+\Delta t)$초 사이 시간 동안의 거리의 변화를 계산할 수 있다. 이것은 새로운 거리와 1초 후 거리 사이의 차를 말하는 것으로 $3+6\Delta t+3(\Delta t)^2-3=6\Delta t+3(\Delta t)^2$이 된다. 따라서 이제 제인은 Δt초 동안 포탄이 이동하는 거리를 알고 있으므로 속력$=\frac{거리}{시간}$를 이용하여 포탄의 속력을 계산하면 $\frac{6\Delta t+3(\Delta t)^2}{\Delta t}=6+3\Delta t$ 가 된다. 제인은 Δt가 너무 작아 실제로는 0이며, $3\Delta t$ 또한 실제로는 0임을 알고 있으므로, 속력은 $(6+0)=6$인 셈이다. 따라서 정확히 1초인 순간의 포탄의 속력은 초당 6이다.

기울기로서의 속도

제인이 계산한 것은 포탄이 떨어질 때의 시간(x축)에 대한 거리(y축)를 나타낸 그래프 위의 $x=1$에서의 기울기다. $\frac{변화가 없는 거리}{변화가 없는 시간}$로 속력을 계산하는 과정에서 제인이 직면한 문제는 두 점 사이의 곡선의 기울기가 아닌 임의의 한 점에서의 곡선의 기울기를 구하는 것과 같다. 곡선의 기울기는 $\frac{y값의 변화량}{x값의 변화량}$로이다. 하지만 곡선 위 임의의 한 점에서는 x의 값의 변화가 없으므로, y 값의 변화도 없어 기울기가 $\frac{x^2-1}{x-1}$로 무의미해진다.

수학자들은 할선을 사용하여 곡선 일부분의 기울기를 평균하여 계산하는 것을 알고 있었다. 할선은 곡선 위의 두 점

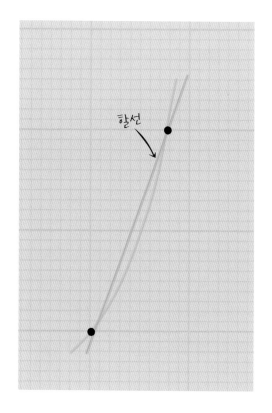

할선

을 잇는 직선으로, 할선의 기울기는 그 두 점 사이의 곡선의 기울기의 평균변화율이다. 할선 위의 두 점을 점점 가깝게 하면, 할선은 곡선의 한 접선에 점점 가까워져간다. 접선은 곡선과 오직 한 점에서 만나는 직선이므로, 이 접선의 기울기는 그 점에서의 곡선의 기울기인 셈이다. 따라서 접선의 기울기를 계산할 수 있다면, 그 점에서의 곡선의 기울기도 계산할 수 있다. x에 있는 한 점과 x에서 무한소 거리만큼 떨어진 곳에 있는 두 번째 점을 지나는 할선을 선택할 경우, 제인이 포탄의 속력을 계산했던 것과 같은 방식을 적용할 수 있다.

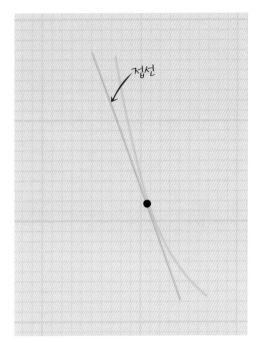

접선

예를 들어 곡선을 나타내는 식이 $y=3x^2$일 때, $x=1$인 점에서의 기울기는 $x=1$인 점과 $x=1+\Delta x$인 점을 잇는 할선의 기울기를 상상하면서 제인이 $t=1$초인 순간의 포탄 속도를 계산한 것과 정확히 같은 방법으로 계산하면 된

다. 이 경우에 y의 값은 거리를 나타내며, $x=1$에서의 접선의 기울기는 3이다. 이것을 $x=1$에서의 미분계수라 한다. 곡선 위의 어떤 점에서의 미분계수는 그 점을 지나는 접선의 기울기로, 순간변화율이라고도 한다.

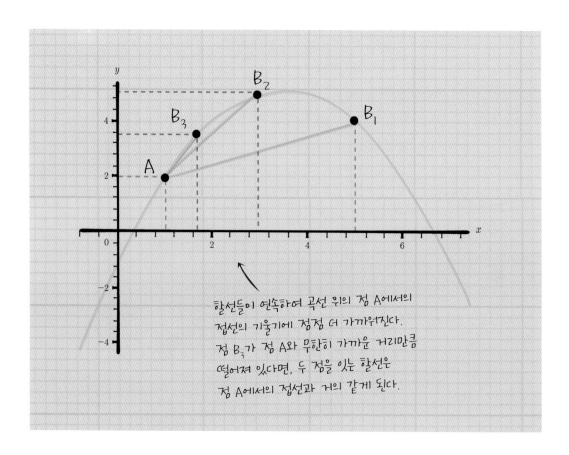

할선들이 연속하여 곡선 위의 점 A에서의
접선의 기울기에 점점 더 가까워진다.
점 B_3가 점 A와 무한히 가까운 거리만큼
떨어져 있다면, 두 점을 잇는 할선은
점 A에서의 접선과 거의 같게 된다.

기울기

    경사면의 기울기는 가파른 정도를 나타낸 값으로, 경사면의 변화율이다. 관례상 기울기는 단위 수평거리 당 고도 상승 거리로 나타낸다. 카테시안 좌표계에서, 기울기는 $\frac{y}{x}$이다. 따라서 $y=x$를 나타내는 직선의 기울기는 1이 될 것이다. 임의의 x에 대하여 y의 값이 같기 때문이다. 위의 그래프에서 이를 확인할 수 있다. $x=1$일 때 $y=1$, $x=2$일 때 $y=2\cdots$이다. 따라서 x축에서의 모든 단위 수평거리에 대하여, 그 직선은 y축을 따라 1단위만큼 이동한다. y는 항상 x와 같기 때문에, 기울기의 식에서 y를 x로 대체할 수 있다. 즉 $\frac{x}{x}=1$이다. $y=5$의 수평 직선은 전혀 올라가지 않으므로 기울기가 0이다. 한편 $y=2x$와 같은 매우 가파른 직선은 기울기가 매우 크다. 이 경우에 직선은 매 x 단위만큼 수평으로 이동함에 따라 $2x$단위만큼 위로 올라간다. 따라서 기울기의 식은 $\frac{2x}{x}$와 같이 쓸 수 있다. 분모와 분자에서 x를 약분하면 2가 되며, 직선의 기울기가 2임을 알 수 있다. 그렇다면 $y=x^2$을 나타내는 곡선에 대해서는 어떨까? 이 선의 기울기는 얼마일까? 곡선은 x의 값이 0에서 2까지 이동하면 y의 값은 0에서 4까지 올라가게 된다. 이는 기울기가 $\frac{4}{2}=2$라는 것을 의미한다. 하지만 x의 값이 2에서 4까지 이동하면 y의 값은 4에서 16까지 올라가게 되어 기울기가 $\frac{12}{2}=6$으로 달라진다. 이 곡선의 경우, 서로 다른 점들에서는 기울기가 다르며, 임의의 주어진 점에서의 곡선의 기울기를 계산하는 것이 바로 미분의 역할이다.

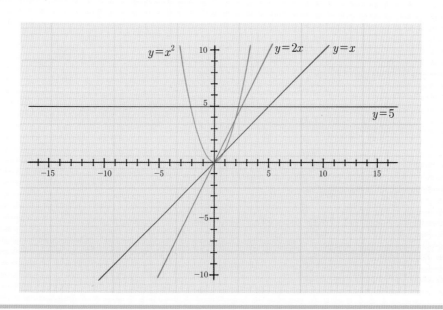

극한

수학에서 극한은 한 가지 양이 어떤 정해진 수준까지 완전히 도달하지는 못하지만 점점 가까이 다가가는 것을 말한다. 극한을 통해 무한소를 다룰 수 있기 때문에 미적분학에서 극한은 반드시 필요한 요소다. 또 극한을 통해 0과 무한이라는 어려운 개념들을 다룰 수 있다. 무한은 실수가 아니므로 나눗셈과 같은 일부 산술연산에서는 다룰 수 없다.

0으로 나누는 나눗셈의 결과를 부정(정할 수 없는 값)이라고 하며, 부정이라는 용어는 은행 예금계좌에 제공되는 이율을 계산하는 것과 같은 언뜻 보면 일상적인 계산조차도 복잡하게 할 수 있다.

극한에 가까이 다가가기

회사의 상사가 하루 동안 휴가를 떠나면서, 은행 업무를 담당하고 있는 여러분에게 새로운 고객들에게 권할 수 있는 최신 고이자 보통예금에 대해 자세히 설명했다고 하자. 불행히도 그 내용 중에는 투자금에 대한 수익률 계산이라는 다소 복잡한 식도 포함되어 있었다.

수익률이 $R(\$/(년))$이고 투자 원금이 x이면 $R = \dfrac{x^2 - 1}{x - 1}$ 이다.

상사가 휴가를 떠나자마자 고객이 보통예금에서 1달러를 투자했을 때의 수익률이 얼마인지를 물었다. 이에 따라 식 $R = \dfrac{x^2 - 1}{x - 1}$ 의 x에 1을 대입하면, $\dfrac{1^2 - 1}{1 - 1} = \dfrac{0}{0}$ 이라는 당황스러운 결과를 얻게 될 것이다. 하지만 $\dfrac{0}{0}$은 부정이므로, 이 결과를 본 고객이 실망할 필요는 없다. 이때 갑자기 여러분에게 영감이 떠올랐다고 하자. 문제는 $x=1$에 대해서는 위의 식을 다룰 수 없다는 것. 따라서 만일 x에 1에 점점 가까워지는 값들을 대입하면, 한 실제의 값에 점점 가까워지는 값을 얻게 될 것이다. x의 값이 1에 점점 가까워질 때, 계산기로 R의 값을 계산하여 오른쪽 표에 기입한다. 이때 0.99999……에서 생략 부호 '……'는 소수점 아래로 수가 무한히 나열된다는 것을 나타내며, 여기에서는 9가 계속 이어진다.

x	R
0.5	1.50000
0.9	1.90000
0.99	1.99000
0.999	1.99900
0.9999	1.99990
0.99999	1.99999
0.99999……	1.99999……

그러자 고객이 펜을 들어 표에서의 값들을 다음과 같이 그래프로 나타냈다.

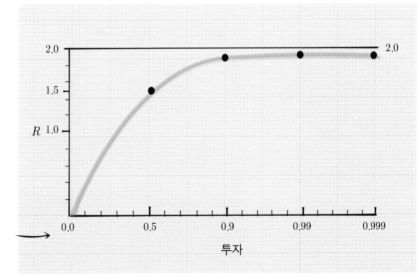

x의 값이 1에 점점 가까워질 때 곡선이 극한값 2에 어떻게 가까워지는지를 보여주는 함수 $\dfrac{x^2-1}{x-1}$ 의 그래프

여러분이 본 대로, 곡선은 $R=2$에 점점 가까워져가다가 수평에 가까워진다. x가 1에 가까워져갈 때, R이 2에 가까워져감에 따라 여러분은 고객에게 1달러의 투자금에 대한 정확한 수익률이 1년에 2달러임을 분명히 말할 수 있다. 수학적으로 말하면, 여러분은 x의 값이 한없이 1에 가까워질 때 함수 $\frac{x^2-1}{x-1}$의 극한이 2라는 것을 계산해왔다. 이것은 다음과 같이 'lim' 아래에 x의 값을 배치하여 표기한다.

$$\lim_{x \to 1} \frac{x^2-1}{x-1} = 2$$

언덕 오르기

한 수학자가 경고의 방식으로 극한을 유추하는 것을 제안했다.

함수 $\frac{x^2-1}{x-1}$은 중간 지점에 시공 연속체의 틈이 있는 언덕과 같다. 여러분은 그 틈의 정확한 좌표를 말할 수 없다. 왜냐하면 그 틈이 우주에 존재하지 않기 때문이다. 하지만 어느 정도의 수학적 확실성으로 충분히 가까이 접근할 수는

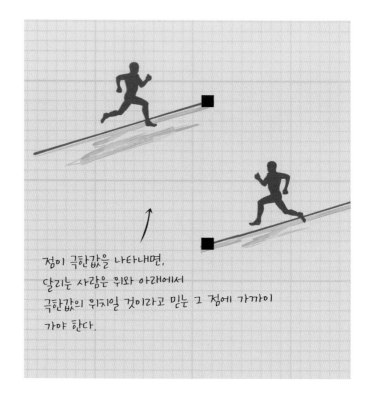

점이 극한값을 나타내면, 달리는 사람은 위와 아래에서 극한값의 위치일 것이라고 믿는 그 점에 가까이 가야 한다.

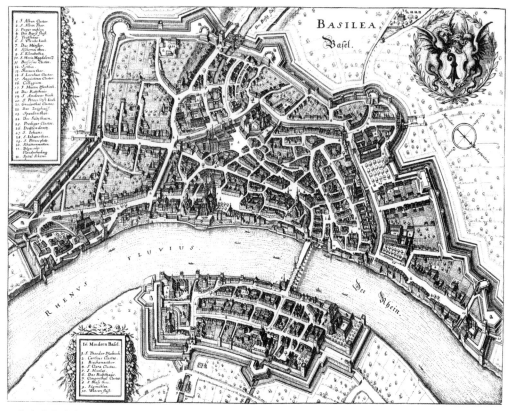

18세기 바젤 지역의 스위스 수학자들은 극한과 관련된 많은 개념들을 개발했다.

있다. 즉 여러분은 틈의 극한에 해당하는 장소를 알 수 있다. 그러나 만일 은행예금의 예에서, x가 0에서부터 1에 가까이 접근할 때의 극한을 계산한 것처럼 여러분이 아래에서만 극한에 다가가면, 틈의 상극한의 위치를 확실히 알 수 없다. 틈의 극한을 정확히 정하려면 위에서도 접근해야 한다. 은행예금의 예에서, 1보다 크지만 연속적으로 점점 작아지는 x의 값(즉 1.5, 1.1, 1.01, 1.001, 1.0001……)에 대해서도 R을 계산해야 한다. 이렇게 계산하면 x가 1에 가까워질 때 R이 2에 가까워진다는 것을 알게 되고 이전에 얻었던 결과에 대하여 확신을 갖게 될 것이다.

오일러

18세기경의 유럽 수학은 고대 수학 및 동양의 기발한 생각들을 훨씬 능가했다. 미적분학이 천체역학 및 유체역학 등의 수학과 과학의 많은 분야를 다루는 데 강력한 도구로 발전하고 있었다.

　　정수론에서도 중요한 발전이 이루어지고 있었다. 그중에서도 특히 복소수가 발견되고 약한 골드바흐의 추측이 제안되었다. 복소수는 음수의 제곱근과 같은 허수를 실수와 결합하여 나타낸 것이며, 약한 골드바흐의 추측은 독일의 수학자 크리스티안 골드바흐^{Christian Goldbach}(1690~1764)가 제안한 추측으로 7 이상의 모든 홀수는 세 개의 홀수인 소수의 합으로 표현할 수 있다는 것이다. 이 기간 동안 가장 많은 책을 저술한 영향력 있는 수학자는 레온하르트 오일러로, 그는 수학의 전 분야에 기여했다.

멈출 줄 모르는 오일러

　　레온하르트 오일러(1707~1783)는 스위스 바젤에서 태어나 1723년 바젤 대학교 철학과를 졸업한 후, 스위스의 수학을 주도하던 수학 대가들이 모인 가문의 요한 베르누이에게 지도받았다. 그 후 베를린과 상트페테르부르크의 아카데미에서 직업인으로서의 대부분의 시간을 보내며 어마어마한 분량의 논문과 책, 편지, 서신, 실용적인 프로젝트를 만들어내기 위해 열정적으로 연구에 매진했다. 1760년대 시력을 상실하여 더 이상 글을 볼 수 없게 되었을 때조차도, 자신이 구술한 것을 서기가 받아쓰도록 하면서 연구를 계속했다. 네덜란드 수학사학자 더크 스트루이크는 오일러를 "18세기의 가장 생산적인 수학자"라고 말했다. 1775년 오일러는 매주 평균 한 개의 수학 논문을 썼으며, 그가 직장을 그만둘 때쯤에는 856권의 책과 논문(어떤 수학자들보다 더 많은)을 출판했고, 60~80권 분량의 저작물을 남기기도 했다. 실제로 18세기에 출판된 모든 수학 및 과학 서적들 중 $\frac{1}{4}$은 오일러가 쓴 것으로 추정되고 있다.

오일러의 수

오일러는 모든 수학 분야에서 획기적인 발전을 이룩했다. 18세기 프랑스의 위대한 수학자 피에르 시몽 라플라스^{Pierre Simon Laplace}는 제자들에게 "오일러를 읽어라! 오일러를 읽어라! 그는 모든 방면에서 우리의 지도자다"라고 외쳤다고 한다. 이런 수많은 발견과 발전 중에서 무엇보다도 오일러는 자신의 이름을 붙인 오일러의 수와 오일러의 등식으로 가장 잘 알려져 있다. 오일러의 수는 무리수 e에 붙여진 이름 중 하나이며 오일러가 단어 'exponential'의 첫 글자를 따 기호로 나타내기 시작한 것으로 추정되고 있다.

e는 식 $\left(1 - \frac{1}{n}\right)^n$으로 만들 수 있다. n이 한없이 커짐에 따라, 이 식의 값은 극한값에 점점 더 가까워져가지만, 극한값에 도달하지는 못한다. 그것은 e가 순환하지 않는 무한소수인 무리수이기 때문이다. e를 소수점 아래 처음 10자리까지 나타내면 2.7182818284이다. 이 수는 실제로 인구 증가 및 종양 세포 증식, 방사성붕괴 등에서 찾아볼 수 있으며, 자연로그의 밑이기도 하다. 자연로그는 밑을 10으로 하는 상용로그와는 다르며, 흔하게 쓰이는 로그이다.

복리계산 등의 다른 상황에서도 e를 찾아볼 수 있다. 연속 복리의 연간 수익률을 계산하는 식은 $e^r - 1$이다. 이때 r은 이율을 나타낸 것이며, 이자 지급 기간을 무한대로 짧게 나눈 복리 수익률을 연속 복리 수익률이라 한다. 연이율이 20%일 때, 연간 수익률은 $e^{0.2}-1=0.2214\cdots$가 될 것이다. 이것은 정상적으로 연간 수익금을 계산할 때 사용될 수도 있다. 예를 들어 1만 달러를 투자하면 1년 연속 복리에 따라 12,214달러가 된다.

오일러는 수학의 서로 다른 분야의 여러 개념과 수들 간의 유의미한 관계들을 발견하고 이에 대한 기록을 남겨놓았는데, 그중에서도 오일러 등식은 특히 훌륭하다. 오일러 등식은 방정식 $e^{i\pi}=-1$을 말하며, 오일러의 수와 지수, 음수, 허수, π를 결합하여 만든 것이다. 이 등식은 수학자들 사이에 가장 위대하고, 가장 아름다운 식으로 찬사받고 있다.

오일러의 기호 표기법

오일러의 또다른 위대한 업적 중 하나는 수학기호를 체계화시킨 것이다. 더크 스트루이크는 "그가 만든 기호 대부분이 현대에서도 사용되고 있다. 또는 우리의 기호는 대부분 오일러의 것이다! 라고 말하는 것이 차라리 더 나을 수도 있다"고 말한다. 다음과 같은 오늘날의 많은 수학기호들을 발명하거나 널리 보급시킨 사람이 바로 오일러다.

- 기호 e를 자연로그의 밑으로 사용한다.
- 제곱해서 −1이 되는 허수는 기호 i를 사용하여 나타낸다.
- 함수를 나타낼 때는 기호 $f(x)$를 사용한다(변수 사이의 관계를 표현하는 일반적인 방법).
- 수열의 합을 나타내기 위해 그리스 문자 Σ(시그마)를 사용한다.
- 원주율의 표준 기호로 그리스 문자 π를 사용한다.
- 삼각함수 sine과 cosine, tangent는 축약하여 'sin', 'cos', 'tan'와 같이 나타낸다.
- 대수학에서 상수를 나타낼 때는 a, b, c를 사용하고, 미지수를 나타낼 때는 x, y, z를 사용한다.

전설의 베르누이 일가

베르누이 가문은 17세기와 18세기에 최소 여섯 명의 뛰어난 수학자들을 배출해낸 스위스 바젤의 상인 집안이었다. 이 중에서도 가장 많이 알려진 사람은 두 형제 자코프 베르누이 (1654~1705)와 요한 베르누이(1667~1748), 요한의 아들인 다니엘 베르누이(1700~1782)다. 그들의 대표적인 업적으로는 미적분을 사용하여 구르는 돌이 가장 빠른 속도로 바닥에 도달하도록 하는 곡선(최단 강하선이라 함)의 접선의 기울기를

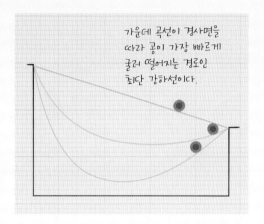

가운데 곡선이 경사면을 따라 공이 가장 빠르게 굴러 떨어지는 경로인 최단 강하선이다.

계산했으며, 오일러의 수(오늘날 e에 해당하는 무리수)의 근삿값 및 오늘날의 베르누이의 원리(액체 또는 기체의 속도와 압력 사이의 반비례 관계)를 발견했다.

쾨니히스베르크의 일곱 개의 다리

도시 쾨니히스베르크(오늘날의 칼리닌그라드)에는 일곱 개의 다리가 두 개의 섬과 도시의 나머지 부분에 연결되어 있다. 이곳은 18세기의 유명한 수학의 난제, 즉 일곱 개의 다리를 모두 한 번씩만 건너면서 처음 출발한 지점으로 되돌아오는 방법이 있는가를 묻는 문제의 장소다. 오일러는 문제를 그래프라는 추상적 그림으로 간결히 나타낸 다음, 조건에 맞게 다리를 건널 수 없음을 증명했다. 이때 오일러가 그린 그래프는 우리에게 친숙한 좌표평면 그래프가 아닌, 여러 개의 점과 이들 점을 연결하는 선들로 이루어져 있다. 오일러가 그린 그래프는 네 개의 점이 홀수 개의 선들로 연결되어 있어 다리를 두 번 이상 건너지 않으면서 모든 다리를 건너는 일이 불가능했던 것을 보여준다. 오일러는 이 문제의 증명을 통해 위상수학의 토대를 마련했다.

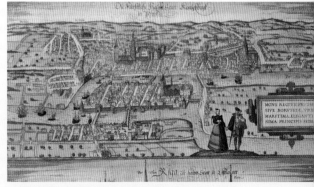

7개의 다리 중 6개의 다리를 보여주는 지도. 일곱 번째 다리는 여인에 가려 보이지 않는다.

근대를 향해

19세기와 20세기의 수학은 급성장한 새로운 분야인 통계학과 게임이론, 컴퓨터 수학과 더불어, 낯선 새로운 영역을 끊임없이 항해했다. 이를 통해 수학이 더 이상 발전할 수 없는 한계에 부딪혔다는 것이 드러났다. 그러나 거의 동시에 수학자들은 무한을 숙달하기도 했다. 수학은 컴퓨터 혁명의 토대를 마련했으며, 컴퓨터는 무질서하여 어느 것도 결정할 수 없으면서도 이면에 정연한 질서가 감추어져 있어 그 어느 것도 변칙적인 것이 없는 카오스라는 특이한 세계를 발견하는 데 중요한 역할을 했다.

←
카오스이론의 원리를 이용하여 그린 미술작품.
바다에서 거대한 파도가 만들어지는 혼돈의 과정을 모방하여 그린 것이다.

통계학

통계학은 데이터를 통해 기술하고 분석하며 추론하는 일과 관련된 수학 분야다. 추론 또는 귀납적 추리는 특수 사실로부터 일반적 주장을 끌어내는 논법을 말한다. 예를 들어 여러분이 어떤 도시에 사는 1000명의 사망 연령을 알고 있다면, 이 특수한 데이터를 통해 그 도시 전체 인구의 기대 수명에 대한 일반적 정보를 추론할 수 있을 것이다.

통계학은 수학을 가장 강력하고 폭넓게 응용하는 하나의 분야로서 과학 연구, 공학, 인공지능, 컴퓨터와 정보 기술, 사업, 교육, 건강과 심지어 정치에 이르는 다양한 분야에서 매우 중요한 역할을 하고 있다.

통계학의 짧은 역사

통계학은 확률과 밀접하게 관련되어 있으며, 무작위 사건과 비무작위 사건 및 운에 의한 것이라고 여기는 패턴과 상호 관계의 가능성을 다룬다. 따라서 통계학의 역사는 보통 확률에 관한 페르마와 파스칼의 연구로 시작되었다고 본다. 그 뒤를 이어 존 그 란드John Graunt가 생명표에 관해 연구했으며, 또 수학자이자 천문학자인 에드먼드 핼리Edmund Halley는 이 생명표를 토대로 1693년에 논문 〈브레슬라브 시의 흥미로운 탄생과 사망표를 통한 인간의 사망률 추정: 수명에 따른 연금 가격을 알아보기 위해〉를 썼다. 이것은 보험을 통해 돈을 버는 사업(일종의 도박이므로 확률과 관련 있다)에 통계

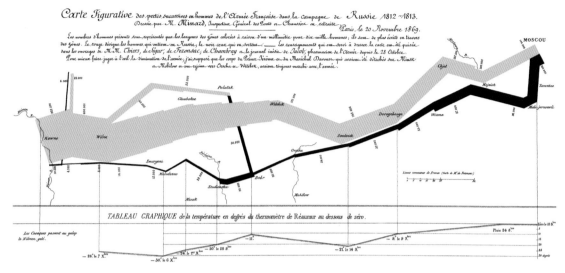

1869년 샤를 조셉 미나르가 그린 1812년 러시아 원정과 러시아로부터 후퇴하는 동안의 나폴레옹 군대의 크기를 나타낸 그래프. 이 그래프는 지금까지도 종종 그래프 중 최고의 통계그래프로 인정받고 있다.

적 방법을 적용하는 보험 통계 연구의 시초가 되었다.

통계학의 출발점이 영국의 통계학자 R. A. 피셔^{R. A. Fisher}(1890~1962)로부터 시작되었다는 시각도 있다. 피셔는 1925년에 매우 독창적인 책 《연구자를 위한 통계적 방법^{Statistical Method for Research Workers}》을 저술했는데, 이것은 통계학 역사상 획기적인 사건으로 받아들여지고 있다. 서문에서 피셔는 1763년 영국의 수학자 토머스 베이즈^{Thomas Bayes}(1701~1761)가 출간한 《우연의 원칙하에 문제를 해결하는 방법에 관한 소논문^{Essay towards solving a problem in the doctrine of chances}》을 가리키며 "특별한 것에서 일반적인 사실을 끌어내는, 또는 표본에서 인구 전체에 관한 사실을 끌어내는 논법인 귀납적 추리의 도구로 확률론을 사용한 최초의 시도"라고 기술했다. 베이즈 사후에 출간된 이 소논문은 조건부확률 추정 방식에 대해 기술하고 있다. 여기서 조건부 확률은 다른 사건이 일어났다는 조건하에 한 사건이 일어날 확률 또는 보다 폭넓게 결과에서 원인을 추리하는 방법을 말한다. 베이즈의 정리는 어떤 가설이 참이될 확률을 나타내는 수를 산출하여 불확실성의 양을 정하는 수단으로, 대수학적으로

$p(A|B) = \dfrac{p(B|A)p(A)}{p(B)}$ 와 같이 나타낸다. 여기서 세로 막대는 '~했다는 조건하에'를 의미하며, $p(A)$는 사건 A가 일어날 확률을, $p(B)$는 사건 B가 일어날 확률을 의미한다.

19세기 초, 베이즈의 방법(분석법)은 천문학에서 오차의 이론인 순수 통계학이 첫 번째 꽃을 피우기 위한 토대를 마련했다. 그 시기의 천문학자들은 여러 관측자들의 데이터를 통합함과 동시에 천문학에 영향을 미쳤던 다양한 관측 오차들을 인정함으로써 자신들의 학문에 대하여 광범위하면서도 매우 엄밀한 토대를 마련하는 일에 관심을 가졌다. 사실 망원경으로 별을 관측하는 것은 의외로 주관적이다. 따라서 프랑스의 피에르 시몽 라플라스$^{Pierre\ Simon\ Laplace}$(1749~1827)와 독일의 카를 프리드리히 가우스$^{Carl\ Friedrich\ Gauss}$ 등의 수학자들은 오차 분포에 대한 아이디어를 도입한 영국의 통계학자 토머스 심프슨$^{Thomas\ Simpson}$(1710~1761)이 말한 "장비와 감각기관의 결함으로 발생하는 오차들을 줄이기 위해" 확률 수학을 적용했다.

19세기에서 20세기로 넘어갈 무렵, 영국의 생물학자 프랜시스 골턴$^{Francis\ Galton}$과 칼 피어슨$^{Karl\ Pearson}$은 상관관계(함께 변하는 두 변량을 정량화시키는 단계)와 다중회귀(여러 개의 독립변수와 한 개의 종속변수 간의 관계를 나타내는 방법) 분석 기법들을 결합하여 현대 통계학을 만들었다. 동시에 오로지 가능성에 의해서만 나타나는 결과의 확률을 정하는 방법인 유의성 검정에 관한 아이디어를 보급시키는 데에도 기여했다. 이들 방법은 현대 과학 연구에서 사용되는 통계학의 토대를 이루고 있다.

정규분포

종종 도박꾼들에게 자문해주기도 했던 프랑스 출신의 영국 수학자 아브라함 드 무아브르$^{Abraham\ de\ Moivre}$(1667~1754)는 정규분포 또는 '종 모양 곡선'을 발견했다. 이것은 평균을 중심으로 주변 값들의 분포를 점을 찍어 나타낸 곡선으로, 일반인들의 키부터 못을 박아 만든 격자틀을 통해 무작위로 튀는 볼베어링의 낙하지점에 이르기까지 다양한 데이터들에서 사용된다. 정규분포에서 대부분의 데이터 점들은 가운데의 평균 주변에 모이게 된다. 중심에서 멀어질수록 점들의 수는 점점 더 작아지며 이에 따라 곡선의 끝부분은 극도의 소수를 나타낸다.

정규분포는 개별 분산이 일반 모집단에 어떻게 비유될 수 있는지를 분석하는 강력한 도구다. 예를 들어 스포츠에서, 선수들의 성적이 평균에서 얼마나 떨어져 있는지를 수로 나타냄으로써 우수한 선수가 누구인지를 알 수 있다. 중간으로부터의 거리를 편차라고 하며, 표준편차를 단위로 하여 측정된다. 정규분포에서 값들의 68%는 평균에서 표준편차가 1인 곳 안쪽에 위치하며, 값들의 95%는 표준편차가 2인 곳 안쪽에 위치하고, 값들의 99.7%는 표준편차가 3인 곳 안쪽에 위치한다.

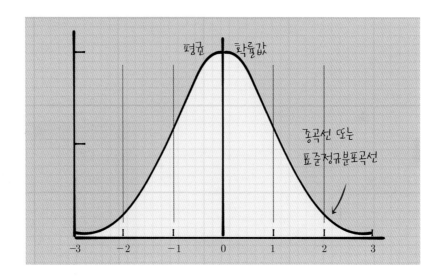

무한 그리고 그 너머

19세기 수학은 새로운 차원과 허수, 한 면만을 가진 곡면이 포함된 기이한 신세계를 여행했다. 그 여행을 주도한 대표적인 인물로는 '수학의 왕자'로 알려진 독일의 수학자 카를 프리드리히 가우스^{Carl Friedrich Gauss}(1777~1855)를 들 수 있다.

가우스는 세 살 때 아버지의 장부에 잘못 계산된 것을 고칠 정도로 보기 드문 신동이었다. 일곱 살 때는 1에서 100까지의 수를 더하라는 선생님의 요구에 얼마 지나지 않아 답을 알아내 선생님을 놀라게 만들었다. 그는 정수론 및 기하학, 통계학, 천문학과 전자학 등의 많은 분야에 큰 기여를 했다.

어린 시절 수학 신동이었던 가우스.

극한

그러나 당대의 가장 위대한 수학자로 간주되고, 동시대인들에 의해 고대 이후의 가장 위대한 인물로 인정받은 가우스조차 결코 넘을 수 없을 것 같은 장벽에 부딪혔다. 그 장벽이란 바로 무한이었다. 유명한 제논의 역설인 아킬레우스와 거북이 문제에서 알 수 있듯이, 고대 그리스 이후 무한은 문제가 되어왔다. 무한은 일반적으로 기호

∞로 나타낸다. 예를 들어 무한으로 나누면 그 결과는 어떻게 될까? 1을 무한으로 나눈 것$\left(\frac{1}{\infty}\right)$은 0과 같다고는 말할 수 없다. 크기가 0인 조각들은 무한개가 있어도 여전히 0과 같지만, 조금이라도 0보다 큰 조각의 경우에는 그 조각들을 무한히 더하면 무한이 되기 때문이다.

2x와 같은 증가함수에 대하여, x의 값이 무한히 커질 때 그 함수의 값도 무한히 커진다고 말할 수 있다. 이때 극한을 사용하는 것이 일종의 묘안이기도 하지만, 실제의 무한에 도달하지는 않는다. 가우스는 "나는 무한 양을 실제로 존재하는 것처럼 사용하는 걸 반대한다. 이것은 수학에서 결코 허용되지 않는다. 무한은 오직 말로만 존재하며, 어떤 비율이 원하는 만큼 가까이 갈 수 있는 것으로 말하는 사람이 있는가 하면, 끝없이 증가하는 것이라고 말하는 사람들도 있다"고 썼다. 수학에서 실제의 무한이 받아들여진 것은 모든 유한한 정수들이 무한히 많은 정수 전체의 집합의 부분집합이 되는 논리 체계인 집합론이 발전하면서였다.

알베르트 아인슈타인과 산책 중인 쿠르트 괴델.

수학의 한계

집합론은 궁극적으로 수학의 한계를 정의했다. 20세기 초, 공리를 토대로 수학을 확립하고자 했던 독일 수학자 다비드 힐베르트$^{David\ Hilbert}$(1862~1943)는 모든 가능한 수학적 명제를 몇 개의 기본 공리로 증명할 수 있었다. 그러나 수학에 대한 힐베르트의 야망은 오스트리아 수학자 쿠르트 괴델$^{Kurt\ G\ddot{o}del}$(1906~1978)의 불완전성 정리에 의해 산산이 부서졌다. 폭넓게 말하면, 괴델의 정리는 증명 가능한 수학 정리들의 집합은 참인 정리들의 집합의 부분집합에 불과함을 증명한 것이었다. 그 집합을 '비외연$^{not\ co-extensive}$'이라고 한다. 이는 또 참이지만 참임을 증명할 수 없는 명제들이 분명히 존재한다는 것을 의미한다. 따라서 수학에 대한 힐베르트의 계획은 영원히 미완인 채로 남게 되었다.

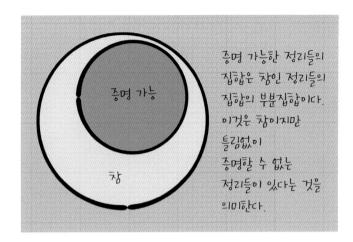

증명 가능

참

증명 가능한 정리들의 집합은 참인 정리들의 집합의 부분집합이다. 이것은 참이지만 틀림없이 증명할 수 없는 정리들이 있다는 것을 의미한다.

힐베르트의 호텔

다비드 힐베르트는 재미있는 역설을 사용하여 무한의 특성을 설명했다. 그는 무한개의 객실이 있는 호텔에서 무한 명의 투숙객으로 인해 빈방이 없는 경우를 상상했다. 그렇다면 이 호텔에서 한 사람도 내보내지 않고 새로 온 손님을 투숙시킬 수 있을까? 사실 힐베르트는 호텔 주인이 모든 투숙객들에게 옆방으로 한 칸씩 이동해달라고 하면 된다고 제안했다. 즉 1호실의 투숙객이 2호실로 이동하고, 2호실의 투숙객이 3호실로 이동하는 것과 같은 절차를 계속 반복한다. 호텔에는 무한개의 객실이 있으므로, 무한번 객실 이동을 함으로써 새로운 손님을 위한 객실이 한 개 남게 된다. 이 같은 방법으로 무한히 많은 손님이 오더라도 한 사람도 내보내지 않고 새로 온 손님을 모두 투숙시킬 수도 있다. 각 객실에 있는 투숙객들에게 각자 머무르는 호실 번호의 두 배가 되는 곳으로 이동하도록 요구하면 된다. 즉 1호실의 투숙객은 2호실로 이동하고, 2호실의 투숙객은 4호실로 이동하며, 3호실의 투숙객은 6호실로 이동한다. 이와 같이 이동하면 무한히 많은 새로 온 손님들을 위한 무한개의 홀수 번호의 객실이 남게 된다.

기계 수학

아일랜드의 수학 교수 조지 불$^{George Boole}$(1815~1864)은 1854년 책을 출간하고 나서, "이 연구는 내가 과학에 기여했거나 앞으로 하게 되는 것 중에서 가장 가치 있는 것이며, 후세에 기억된다면 이 연구로 기억되고 싶다"고 말했다.

불이 출판한 책은 《논리와 확률의 수학 이론에 기반한 사고 법칙 연구》로, 논리를 가장 단순한 대수학적 기호나 수식으로 다룸으로써 수학에 통합시켰다. 불은 비 오는

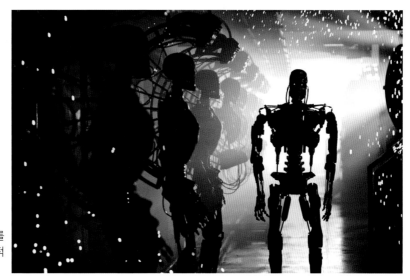

컴퓨터에 불의 논리를
적용한 최고의 논리적
결과물.

터미네이터

날 집으로 돌아가다가 감기에 걸리는 불운을 겪기 전까지 중요한 미적분학 연구를 하던 중이었다. 그런데 그의 아내가 감기에 걸린 원인과 같은 방법으로 치료해야 한다는 동종 요법에 따라 불을 침대에 눕히고 물을 수차례 쏟아부은 탓에 결국 그는 폐렴으로 죽고 말았다.

효과적인 방법

불의 논리는 몇 가지 간단한 단계를 거쳐 입력값이 복합적인 출력값이 나오도록 함으로써 디지털 계산의 기반을 마련했다. 불의 논리는 컴퓨터 과학자들이 논리게이트라고 부르는 것과 동등한 연산자를 사용한다. 예를 들어 AND게

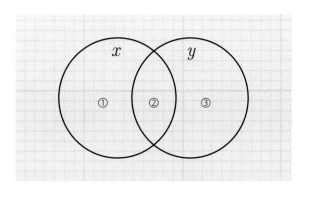

최초의 전자식 다목적 컴퓨터, 에니악.

이트는 x AND y에 x와 y를 입력하면 ②에 해당하는 경우의 값이 출력되고, OR게이트는 ①, ②, ③에 해당하는 경우의 값이 출력된다. XOR게이트(eXclusive OR를 의미한다)는 ①, ③에 해당하는 경우의 값이 출력된다. 이들 세 가지의 간단한 지시에 따라, 수 입력값에 따라 작용하는 기계 및 전자회로가 덧셈(또 덧셈을 반복하거나 거꾸로 함으로써), 곱셈, 뺄셈, 나눗셈을 수행하고 그 결과를 출력한다.

불의 논리는 효과적인 방법이나 기계적인 방법으로 널리 알려졌다. 단지 일련의 정확하고, 단계적인 지시를 수행함으로써 입력값이 출력값으로 전환되므로 효과적인 방법이라 할 수 있다. 19세기 후반에서 20세기 초반, 불의 논리가 초기 컴퓨터에 적용되면서 단순 수치 처리를 위해 사무원들이 고용되었다. 그들은 수학을 알 필요가 없었으며, 그들이 할 일이란 정해진 방식에 따라 입력값을 출력값으로 바꾸는 것뿐이었다.

배비지의 차분기관 일부.

불의 논리를 사용하여 연산하는 컴퓨터 칩.

범용 튜링머신

이와 같은 '효과적인 방법'을 수행할 수 있는 기계에 대한 생각을 토대로 영국의 수학자 앨런 튜링은 범용 튜링머신을 고안했다.

범용 튜링머신은 좌우 양방향으로 길이에 제한이 없는 테이프를 읽고 쓸 수 있는 헤드 또는 스캐너로 된 매우 간단한 장치다. 스캐너 헤드는 바로 아래 있는 테이프에 쓰인 값이 1인지 또는 0인지를 읽을 수 있으며, 프로그램된 방향에 따라 이동한다. 헤드는 일반적으로 따르고 있는 지시와 입력값에 따라 오늘날의 기호를 다시 쓸 수 있고, 테이프 좌우로 이동할 수 있는가 하면, 때에 따라서는 정지하거나 다른 지시에 따라 상황을 변화시킬 수도 있다.

이들 규칙을 따르면, 무제한의 시간과 테이프를 갖춘 범용 튜링머신은 현대의 컴퓨터가 수행할 수 있는 일이면 무엇이든 수행할 수 있다. 예를 들어 불의 논리게이트를 만들어내기 위해 연산자들로 프로그램되어 있으면, 이 머신은 2진법으로 나타낸 수 입력값을 더하는 시스템인 '2진 가산기'로 작동할 것이다. 이것은 현대의 전자 컴퓨터가 하는 일로, 64비트 가산기 또는 이진 가산기가 들어 있는 오늘날의 머신들은 1초의 몇분의 1 동안 대단히 길고 복잡한 계산을 수행할 수 있다.

해석기관

1930년대 튜링과 다른 사람들이 제안한 기계식 컴퓨터는 당시 사용하던 계산기와는 근본적으로 다른 것이었다. 계산기는 단지 수를 입력하고, 입력된 수들로 수학적 연산을 수행한 후 수로 된 값을 산출하는 것에 불과했다. 컴퓨터는 올바른 기호 형식이기만 하면 어떤 입력값이나 출력값이든 다룰 수 있으며, 서로 다른 연산을 수행하도록 프로그램될 수도 있다. 튜링이 기술자 토머스 플라워스[Thomas Flowers]와 공동 연구를 통해 최초의 전자 디지털컴퓨터인 콜러서스[Colossus]를 만들어낸 것은 1943년이었다. 이것은 과학기술에서 획기적인 사건이었다. 그러나 이것이 최초의 기계식 컴퓨터는 아니었다. 1820년대 영국의 수학자 찰스 배비지[Charles Babbage]는 차분기관[Difference Engine]이라는 정교한 기계식 계산기의 일부를 설계하고 만들었으며, 1834년 최초의 다목적 디지털컴퓨터가 되었을 수도 있는 훨씬 더 야심적인 기계, Analytical Engine(해석기관)을 생각했다. 그는 이 기관에 숫자를 저장하는 저장 장치[store]와 중앙처리장치에 해당하는 산술연산을 담당하는 '밀[mill]'을 설치할 생각이었다. 또 프랑스의 기술자 자카르의 직조기에서 채택한 아이디어인 리본이 연결된 펀치카드로 프로그램하려고 했다. 하지만 그 설계는 오늘날의 기술과 거대한 자금을 필요로 해 배비지는 죽기 전에 단순화시킨 장치 일부를 만들기는 했지만, 완성판은 만들지 못했다.

앨런 튜링

보통 컴퓨터의 아버지로 일컬어지는 앨런 매시선 튜링^{Alan Mathison Turing}(1912~1954)은 비운의
인생을 살다 간, 훌륭한 수학자이자 과학자였다.

그의 가장 유명한 업적으로는 세계 최초의 몇몇
전자식 컴퓨터의 설계 및 구축의 범용 튜링머신 이
론과 제2차 세계대전 중 영국 정보국^{British Government}
^{Code and Cypher School}의 본부인 버킹엄셔 주에 있는 브레
츨리 파크에서 한 암호해독 작업을 들 수 있다.

앨런 튜링.

미결정 문제

튜링이 불과 스물두 살에 이룬 첫 번째 획기적인
발견은 범용 튜링머신이었다. 이것은 현대 컴퓨터공학의 이론적 토대를 마련했을 뿐
만 아니라, 괴델의 불완성정 이론과 유사한 증명을 할 수 있었다. 다비드 힐베르트는
모든 수학적 명제가 완전하고(참이라고 증명할 수 있는) 결정 가능한 것임을 증명하고
자 했다. 이 상황에서 결정 가능하다는 것은 어떤 명제가 일련의 정확하고 단계적인

지시를 수행하는 효과적인 방법에 의해 증명 가능한 것임을 의미한다. 괴델은 무모순적이고 형식적인 산출 체계는 결정 불가능하다는 것을 증명했다.

봄베의 등장

제2차 세계대전이 발발한 직후 튜링은 브레츨리 파크에 있는 과학자들의 특급 비밀회의에 들어갔다. 그곳에서 독일의 에니그마 암호를 해독하는 데 도움이 된 봄베Bombe라는 암호해독 장치를 착안하고 설계하는 과정에서 중요한 역할을 했다. 독일 간부들의 '피시Fish' 암호 체계에 관한 튜링의 연구는 제2차 세계대전을 2년 단축시켰다고 한다. 튜링은 그 공을 인정받아 대영제국 훈장을 받았지만, 브레츨리 파크에서의 연구는 그의 사후까지도 오랫동안 일급 비밀로 남아 전쟁 중에 이루어진 연구 중 어떤 것도 널리 알려지지 못했다.

제2차 세계대전 중 영국의 암호해독팀이 머물렀던 브레츨리 파크의 농가.

위대한 인공지능과 인공 생명

전쟁이 끝난 후, 튜링은 세계 최초의 내장형 프로그램 방식의 전자식 디지털컴퓨터를 만드는 경쟁에 뛰어들었다. 그는 런던 국립물리연구소에서 자동 계산기계^{ACE,} ^{Automatic Computing Engine}에 대한 정밀한 설계를 구상했다. 하지만 그의 설계는 시대를 너무 앞서간 것이었다. 예를 들어 초기 애플 매킨토시에서 사용했던 것과 같은 용량의 고속 메모리 장치를 요구했던 것이다. 결국 튜링은 맨체스터 대학에 있는 왕립학회 계산기계연구소^{RSCML, Royal Society Computing Machine Laboratory}와의 경쟁에서 패했다.

RSCML로 옮겨간 튜링은 계속하여 컴퓨터 구조와 프로그램을 개발했으며, 상업적으로 이용 가능한 세계 최초의 전자식 디지털컴퓨터인 페란티 마크 1^{Ferranti Mark 1} 설계에 참여했다. 하지만 그의 연구 영역은 컴퓨터공학을 훨씬 뛰어넘었다. 그는 사람의 인지에 관한 유추로 컴퓨터를 사용한 계산을 탐구하여, 인지과학의 창시자 중 하나가 되었다. 또한 인공지능에 관한 중요한 초기 연구를 했으며, 그가 죽음을 맞을 당시에 그는 자기 재생을 하는 생물계를 사이버공간에 모형화시킨 인공 생명이라는 새로운 분야를 연구 중이었다.

독이 든 사과

튜링이 살던 당시, 영국에서 동성애는 불법이었지만 튜링은 위험하게도 그의 성적 취향을 공개했다. 1952년 집에서 절도를 당한 후 고지식하게 수사 과정에서 동성애 관계를 털어놓아 곧바로 고소되어 유죄판결을 받았다. 그리고 강제로 여성호르몬을 맞는 치료를 받아야 했다. 그 당시 그는 중요한 지능 관련 연구에 대한 비밀 취급 인가서를 분실했으며, 당국 관계자들의 감시로 스트레스를 받고 있었다.

그는 1954년 청산가리가 든 사과를 먹고 자살했다. 튜링이 가장 좋아했던 영화는 〈백설공주와 일곱 난쟁이〉로, "조제한 마법의 약에 사과를 담가, 잠을 자는 듯한 죽음이 퍼지게 하자"는 마녀의 대사를 여러 번 말했다고 한다.

튜링 테스트

1950년 튜링은 기계가 지능적인 것이 될 수 있는지에 대한 질문을 던지며 인공지능에 관한 독창적인 기사를 썼다. 튜링은 기계가 지능을 가진 존재로 보일 수 있는지를 질문하고 이에 답하기 위해, 이미테이션 게임을 제안했다. 이미테이션 게임은 거실에 있는 질문자가 종이에 적혀 있는 질문들을 사용하여 서로 다른 방에 있는 남녀 중 누가 여성인지를 말할 수 있는지를 알아보는 실내 게임이다. 이를 이용한 튜링 테스트에서는 응답자 중 하나가 컴퓨터이고, 다른 응답자는 사람이다. 그 둘과 폭넓고 날카로운 대화를 하는 과정에서 인간 심판자가 사람인지 컴퓨터인지 확인 가능하지 알아보는 것이다. 1990년 미국의 발명가 뢰브너의 이름을 따 만든 뢰브너상은 매년 튜링 테스트를 통과하는 프로그램 작성 팀에 상금을 수여하고 있다. 그러나 2000년까지 기계의 지능이 테스트 시간의 70%는 통과할 것이라는 튜링의 낙관적인 예견에도 불구하고, 그에 근접한 로봇은 아직 없다.

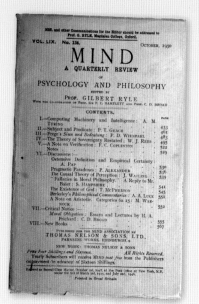

튜링 테스트를 제안한 튜링의 독창적인 기사가 실린 저널.

튜링은 정말 암살되었나?

음모론자들은 튜링의 기이한 죽음의 배경으로 당시 영국 정부가 그를 매우 불안하게 여겼다는 사실을 지적하고 있다. 기밀조사부는 공산주의자들이 유명한 동성애자들을 함정에 빠뜨린 다음 정보를 수집하는 것에 대해 우려하고 있었다. 튜링은 여전히 기밀 업무를 수행하면서도, 휴가 때 철의 장막 근처 유럽 국가에서 동성애자를 만나고 있었다. 이 때문에 기밀조사부가 안보상 매우 위험한 인물로 간주하고, 천재성과 헌신으로 무명의 전쟁 영웅이 된, 정부가 고용한 학자들 중 가장 훌륭한 심성을 가진 그를 암살했을 수도 있지 않을까?

죄수의 딜레마: 게임이론

게임이론은 경쟁 혹은 갈등 상황에서의 의사 결정에 관한 수학적 연구다. 그런 상황들은 보통 카드 게임과 관련이 있지만, 평화조약이나 증권시장, 심지어 동물의 생존 전략 같은 상황까지도 확장된다.

게임이론의 간략한 역사

신을 믿을 것인지, 믿지 않을 것인지에 관한 파스칼의 내기는 게임이론의 한 형태로 볼 수도 있지만, 그 주제는 1920년대가 되어서야 공식적으로 그 모습을 드러냈다. 헝가리 출신의 미국인 수학자 존 폰 노이만$^{John\ von\ Neumann}$(1903~1957)은 1928년 논문 〈실내 게임의 이론〉에서 2인형 제로섬게임(한 명이 이기면 다른 한 명이 지는 게임)에 숨어 있는 수학을 분석했으며, 최소최대 전략이라는 게임이론의 기본 원리를 기술했다. 최소 최대 전략은 최대한의 손실을 최소화시키거나 최소한의 이득을 최대화시키는 전략을 말한다. 1950년대, 영화 〈뷰티풀 마인드$^{Beautiful\ Mind}$〉로 유명해진 미국의 수학자 존 내시$^{John\ Nash}$는 게임이론으로 노벨상을 받기도 했다.

오늘날 게임이론은 배출권 경매 제도를 좌우하고, 평화 교섭에 대한 정보를 제공하며, 금융거래를 위한 컴퓨터 프로그램의 설계 등에 이용되고 있다. 2005년, 2007년, 2009년 노벨 경제학상이 이런저런 종류의 게임이론가들에게 수여된 것에서 경제에서 게임이론이 핵심 역할을 하고 있음을 알 수 있다.

최악의 가정

게임이론의 전형적인 예로, 죄수의 딜레마를 들 수 있다. 이 게임은 딕 터핀^{Dick} Turpin과 벅시 말론^{Bugsy Malone}이 살인 혐의로 체포된 후 격리된 방에서 심문받고 있다는 가정하에서 시작한다. 만일 두 혐의자가 모두 범죄를 자백하면, 각각 10년 형을 살게 된다. 만일 두 남자 모두 범죄에 대해 부인하면, 그들은 오직 경범죄의 책임을 지고 각자 2년 형을 살게 된다. 그러나 한 사람만 자백하면, 자백한 사람은 석방되지만 다른 남자는 20년 형을 살게 된다. 이런 상황에서 각 죄수들이 따라야 할 합리적인 전략은 무엇일까?

게임이론에서는 다음과 같이 각 죄수들의 전략과 전략 결합 시 결과에 대한 보상을 나타내는 행렬을 그려 이 문제를 해결한다.

가장 최선의 전략은 두 남자 모

		벅시 말론(BM)	
		자백	부인
딕 터핀 (DT)	자백	DT 10년 형 / BM 10년 형	DT 석방 / BM 20년 형
	부인	DT 20년 형 / BM 석방	DT 2년 형 / BM 2년 형

게임이론은 경제 전문가들이 상인들이 어떻게 그리고 왜 움직이는지를 분석하는 데 유용하다.

두 죄를 부인하고 비교적 가벼운 처벌을 받는 것처럼 보일 수도 있지만, 게임이론 분석에 따르면 이성적인 게임 참가자들에게 이는 잘못된 것이다. 두 남자 각각에 대하여 모두 부인하는 전략은 최악의 위험/보상(20년의 위험/2년의 보상)을 나타내는 반면, 모두 자백하는 전략은 더 나은 위험/보상(10년의 위험/석방의 보상)을 나타낸다.

게임이론의 가정들 중 하나는 게임 참가자들이 이성적이며, 그들은 다른 참가자들이 틀림없이 선택할 것이라고 예측되는 이성적 전략에 따라 행동한다는 것이다. 따라서 만일 딕 터핀이 합리적인 선택을 고민한다면, 그가 죄를 부인할 경우 네 가지의 가능한 결과들 중 다른 한 가지에서 보상을 받는 반면, 죄를 자백한다면 최대의 이익을 얻을 수 있고 최소한 가장 높은 형량을 확실히 면할 수 있다는 사실을 알게 될 것이다. 벅시 말론 또한 같은 방법에 따라 합리적으로 생각할 것이므로 두 남자 모두 자백해 석방받는 방법을 택하든지 10년 형을 살게 될 것이다(이것은 내시의 균형이론의 한 예에 해당한다). 게임이론은 합리적인 행동이 반직관적인 결과로 이어질 수 있음을 보여준다.

게임의 구성 요소

게임이론에서의 게임은 다음 세 가지 기본 요소에 의해 규정된다.

- 플레이어: 완벽하게 합리적일 것이라고 생각되는 참가자들(즉 참가자들은 오직 합리적인 방법으로만 행동하며, 현실 세계에의 게임이론의 적용을 제한하는 것을 가정한다)
- 전략 또는 행동: 각 참가자들이 만들어내는 행동들
- 보수: 전략이나 행동의 결과로 나타나는 득점이나 보상 혹은 반칙의 벌(페널티). 실익이라고도 한다.

play ball

게임이론의 기초가 되는 가정들은 야구나 미식축구 같은 현실 세계의 게임에선 적용할 수 없는 것처럼 보인다. 그런데 전미경제연구소가 2009년에 한 흥미로운 연구에서는 게임이론이 두 스포츠의 메이저리그 팀들의 성공에 대해 어떻게 실질적인 차이를 만드는지를 보여주고 있다. 예를 들어 메이저리그 게임이론 분석에 따르면, 10% 느리게 공을 던지는 투수가 한 시즌에서 약 15차례의 상대 팀 출루를 줄였다는 것을 알아냈다. 즉 한 팀

야구와 미식 축구팀들은 게임이론으로 이득을 볼 수 있다.

의 전체 출루의 약 2%를 줄인 것으로, 이것은 1년에 두 번의 승리를 더한 것에 해당한다. 마찬가지로 전미미식축구 리그에 적용한 게임이론에 따르면 만일 어떤 팀이 그때(the 2009 average)의 56%에서 70%까지 패스를 하게 되면, 한 시즌 동안 10점을 더 득점하게 되고, 이는 총득점의 3%와 맞먹는다고 예측했다.

존 내시

2001년에 상영된 영화 〈뷰티풀 마인드$^{\text{A Beautiful Mind}}$〉 덕분에, 존 내시$^{\text{John Nash}}$ (1928~2015)는 가장 유명한 현대 수학자들의 반열에 올라 있다. 노벨상 수상자이자 한때 필즈상(수학에서 가장 영예로운 상) 후보에 올랐던 내시는 게임이론에서 내시 균형을 발견하고 복소기하학에 관한 연구를 포함하여 수학에 큰 기여를 했다. 그러나 오랫동안 수학계에 모습을 드러내지 않아, 많은 사람들이 그의 사망을 추측했다.

최고의 논문을 쓰다

1948년 카네기 공과대학을 졸업한 후, 내시는 수학 박사과정을 공부하기 위해 프린스턴 대학교에 도착했다. 대학 지도 교수가 작성하여 보낸 추천장에는 단지 '이 학생은 천재입니다'라고만 쓰여 있었다. 당시에 프린스턴 수학과는 게임이론의 아버지 존 폰 노이만이 주도권을 잡고 있었다. 노이만은 오픈 제로섬게임(open zero-sum games, 'open'은 모든 행동을 볼 수 있다는 의미이며, 'zero-sum'은 한 참가자가 이기면 다른 참가자는 진다는 것을 의미한다)에 대한 수학적 해석을 결과들이 덜 이분법적이고 참가자들이 개인적 정보를 가지고 있을 수도 있는 게임으로 확장시켜가고 있었다. 그러나 이것은 수학적으로 여러 연합과 협력 전략을 모형화하는 방법을 필요로 하며, 실행 불가능하다는 것이 증명되었다.

내시는 문제에 대한 반직관적인 접근법을 적용하고, 개인적 의사 결정을 고찰함으로써 여러 게임에서 그룹이 가진 동력의 효과를 탐색하고 균형의 개념을 정립했다. 균형은 다른 모든 참가자들이 선택한 전략으로 인해 하나의 결과가 나타났을 때, 참

내시가 잠시 회원으로 있었던 프린스턴에 위치한 고등학술연구소.

가자들이 안정된 상태로 남아 있는 일련의 전략을 채택한다는 것이다. 심지어 그 전략이 개인의 결과들을 최대화시키지 못한다 해도 말이다. 내시는 그런 균형이 매우 다양한 게임들에 항상 존재한다는 것을 수학적으로 증명했다.

폰 노이만의 방해에도 불구하고, 내시는 1949년 균형에 관한 최고 수준의 논문을 작성해 1994년 노벨 경제학상을 수상했다. 시카고 대학의 경제학자이자 게임이론가인 로저 마이어슨Roger Myerson은 "내시 이론은…… 오늘날 20세기에 이룬 뛰어난 지적 진전들 중 하나로 인정해야 한다. 내시 균형의 형식화는 경제학과 사회과학에 기초적이면서도 어디에나 미치는 영향력을 가지고 있어, 생명과학에서의 DNA 이중나선 구조 발견과 비견할 만하다"고 치하했다.

정신이상 증세를 이겨내다

내시는 논문을 출판한 뒤, 1951년 매사추세츠 공과대학으로 옮겨 미분기하학(미적분학과 대수학을 기하학에 응용한 것)과 다양체 기하학(충분히 가깝게 바라볼 때, 기하학의 2차원 또는 3차원 공간과 유사한 추상공간) 등을 연구하는 등 위대한 수학자의 길 위에 있는 것처럼 보였다. 그러나 1958년 필즈상 후보에 오르는 등 그의 능력이 정상에 도달했을 때, 정신이상 증세를 보이기 시작했다.

어린 시절부터 기이한 행동을 보이던 내시는 1950년대 후반에는 편집적 망상이 심해져 결국 정신병원에 수감되었다. 그로부터 30년 후, 그는 자

내시의 전기 영화 〈뷰티플 마인드〉의 주인공 러셀 크로우가 열연하는 한 장면.

신의 이론대로 정신적인 문제들을 합리적으로 해석함으로써 정신이상 문제를 극복하고, 놀랍게도 1990년대에 제자리로 돌아와 새로운 연구에 참여했다. 정신병을 이겨내고 병원에서 나온 것이다. 1994년, 게임이론에 관한 그의 연구의 영향력은 그가 내시 균형에서 파생된 문제들을 함께 연구했던 사람들과 노벨 경제학상을 수상했을 때 비로소 인정받았다. 같은 해, 미국 정부는 휴대전화 주파수의 연방제 경매를 설계하

는 데 게임이론을 이용하여 70억 달러의 순이익을 냈으며, 〈뉴욕타임스〉는 '지금까지의 가장 위대한 경매greatest auction ever'라고 논평했다. 2013년에도 내시는 적극적으로 논리 및 게임 이론, 우주론과 중력 등의 수학적 연구에 참여하고 있었다.

내시 균형

20명의 농부가 협력하여 각 농가당 한 대씩 20대의 새로운 트랙터를 구매하기로 하고 협동조합을 만들었다. 트랙터는 2만 달러의 고급형 트랙터와 1만 달러의 절약형 트랙터 두 가지 모델이 있으며, 농부들은 협동조합에서 구매액을 각 회원들 사이에 균등하게 분할하는 것에 동의했다. 형편이 어려운 농부들은 값싼 모델을 사고 싶지만, 만일 그가 절약형을 구매하고 다른 사람들이 고급형을 구매하면, 절약형을 구매했음에도 불구하고 그는 단지 500달러(390,000/20=19,500달러)만 절약하게 된다는 것을 모두 알고 있다. 따라서 각 개인에 대한 합리적 전략은 고급형을 선택하는 것이고, 협동조합 회원 모두에 대한 내시 균형은 모두 가격이 2만 달러인 고급형 트랙터를 선택하는 것이다. 개인별 최선의 전략은 협동조합의 모든 회원에 대하여 가장 작은 호의를 보인 결과가 된 셈이다. 또 다른 내시 균형의 예로는 죄수의 딜레마 게임의 합리적 결과를 들 수 있다.

카오스이론

1961년 미국 수학자 에드워드 로렌츠$^{Edward Lorenz}$(1917~2008)는 날씨에 관한 컴퓨터 시뮬레이션을 하다가 무언가 이상한 것을 발견했다. 매번 같은 초깃값들로 두 번씩 같은 시뮬레이션을 했는데, 완벽하게 서로 다른 결과가 나타났기 때문이다. 이것은 2+2를 두 번 시행하는 것처럼 보였지만 전혀 다른 답이 나온 것과 같은 상황이다.

마침내 로렌츠는 이상한 결과가 나오는 원인을 추적하여 알아냈다. 프로그램을 다시 돌리는 과정에서 빠른 결과를 얻기 위해 소수점 아래 여섯 자리를 입력한 처음 계산과 달리 두 번째 계산에서는 소수점 아래 세 자리까지를 입력함으로써 미세한 반올림의 오차가 서로 다른 결과를 나타냈던 것이다. 초기 조건의 미세한 변화가 엄청 다른 결과를 가져온 것이다. 이 발견을 통해 로렌츠는 "브라질에 있는 나비의 날갯짓이 미국 텍사스 주에 발생한 토네이도의 원인이 될 수 있을까?"에 대한 궁금증을 갖게 되었다. 결국 이를 통해 로렌츠는 나비효과를 발견하고, 수학의 새로운 분야인 카오스이론을 탄생시켰다.

카오스 혁명

사실 카오스이론은 인지되지 못했을 뿐, 이미 발견된 것이었다. 1900년경 프랑스의 수학자이자 물리학자인 앙리 푸앵카레$^{Henri\ Poincaré}$(1854~1912)는 동역학 불안정성 현

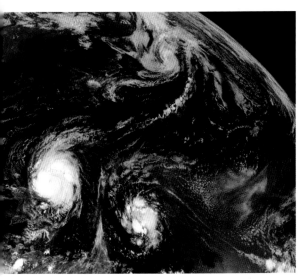

우주에서 본 폭풍시스템. 나비의 날개짓으로 바다 먼 곳의 폭풍을 일으킬 수 있을까?

공기 소용돌이는 혼돈 시스템이다.

상을 발견했다. 이때까지 수학과 물리학은 임의의 과정이나 체계의 초기조건을 알고 있을 때 그 결과를 확실히 말할 수 있다고 믿는 결정론의 원리에 대한 연구를 진행하고 있었다. 대표적인 예로는 뉴턴 역학에 의해 자세히 설명된 행성의 운동을 생각할 수 있다. 여기에서는 천체의 초기조건과 운동에 관하여 매우 정밀한 측정을 하면 앞으로의 위치를 훨씬 더 정확히 예측하게 될 것이라고 가정했다. 푸앵카레는 서로의 주변 궤도를 그리며 도는 세 개의 천체의 궤도에 관한 '삼체문제three body problem'에서 이 가정이 잘못되었다는 것을 발견했다. 천체의 운동을 결정하는 방정식은 미세한 차이를 아주 작게 해도, 예측에서 엄청난 불확실성으로 이어진다는 것을 의미했다. 초기의 불확실성을 어떻게 하든 결과의 불확실성은 매우 커졌다. 푸앵카레 시대에는 이것을 동역학 불안정성이라고 했지만, 현재는 카오스라는 용어를 사용한다.

카오스이론을 예견했던 푸앵카레와 동료들의 연구는 로렌츠와 나비효과 이후에야 충분히 인정받았으며, 오늘날 20세기의 기본적이고 가장 심오한 발견들 중 하나로 인정받고 있다. 카오스이론은 물질계의 지배적인 결정론적 관점을 깨뜨리는 데 중요한 역할을 했으며, 날씨에서 간단한 수차에 이르기까지 많은 시스템의 행동이 결코 정밀하게 결정될 수 없다는 것을 증명했다.

혼돈 속 질서 체계

　수학에서 카오스는 무작위나 무질서를 의미하는 것이 아니다. 실제로 많은 혼돈 시스템이 규칙적인 패턴이나 순환을 나타내기도 한다. 이것들은 '위상공간$^{\text{Phase space}}$' 그래프를 사용하여 시각화시킬 수 있으며, 변수나 매개변수의 전체가 단 하나의 점으로 표현된다. 날씨의 경우, 기온이나 기압, 습도, 강우량과 풍속 등이 변수나 매개변수가 될 수 있다. 각 점은 시간의 한순간에 그 시스템의 상태를 나타내며, 강의 수원지 내 물은 지형을 따라 흐르다 강에 합류하는 것처럼 그 시스템은 초기 상태가 어떻든 간에 평형상태로 나아가게 된다. 위상공간에서 중력에 해당하는 것을 끌개라고 한다. 왜냐하면 그 영역 내에서 작동하기 시작하는 임의의 일련의 조건들이 끌개에 의해 명시된 평형상태로 나아가기 때문이다. 정돈된 시스템은 고정된 점이나 제한된 순환, 주기적인 끌개를 가지고 있다. 예를 들어 흔들리는 추는 고정된 점 끌개가 있는 정돈된 시스템이지만, 포식자-피식자 시스템은 제한된 순환 또는 주기적 끌개가 있는 정돈된 시스템이다. 반대로 혼돈의 시스템은 기이하거나 이상하거나 무질서한 끌개를 가지고 있으며, 시스템의 상

2차원 위상공간상에서의 로렌츠의 끌개.

태를 정밀하게 예측하거나, 정확하게 반복할 수 없고, 서로 다른 평형상태 사이를 오가거나 순환하려는 경향을 나타낸다.

혼돈 시스템의 위상공간의 한 가지 특성은 아무리 정밀하게 조사하더라도, 동일한 수준의 복잡성과 비예측성을 나타낸다는 것이다. 시스템 전체가 어떤 패턴을 가지고 있어도 말이다. 예를 들어 로렌츠는 기체의 움직임을 어떤 단순한 시스템으로 모형화했다. 그 시스템은 임의의 시간의 시스템의 조건이 이전의 조건을 따른다. 로렌츠는 시스템이 무질서하게 움직인다는 것을 알아냈으며, 위상공간 그래프에 그 결과들을 점으로 나타냈을 때 특유의 이중나선 모양을 나타냈다. 이는 나비의 날개와 비슷한 모양으로, 오늘날 로렌츠의 끌개로 알려진 패턴이다.

프랙털

정삼각형의 각 변을 3등분한 후, 가운데 작은 조각을 한 변으로 하는 작은 정삼각형을 변 위에 그리면, 처음 삼각형의 외접원 내에 별 모양이 만들어지고, 별 모양의 전체 넓이는 원의 넓이보다 작다. 이 과정을 무한히 반복하면 코흐 눈송이라는 기하학적 도형이 된다. 이 도형은 무한히 긴 둘레를 가지고 있지만 원의 면적보다 작은 유한한 면적을 가진다. 코흐 눈송이는 일종의 프랙털로, 프랙털은 모든 수준에서 자기 유사성을 나타내는데, 이는 결국 무한히 복잡해진다는 것을 의미한다. 프랙털은 자연에서 쉽게 찾아볼 수 있다. 예를 들어 해안선에 아무리 가깝게 접근하더라도 동일한 정도의 복잡성을 보게 된다. 컴퓨터 프로그래머들은 이것을 이용하여 컴퓨터게임 그래픽으로 자연의 여러 형태를 모방하기 위해 프랙털 생성 소프트웨어를 사용하기도 한다.

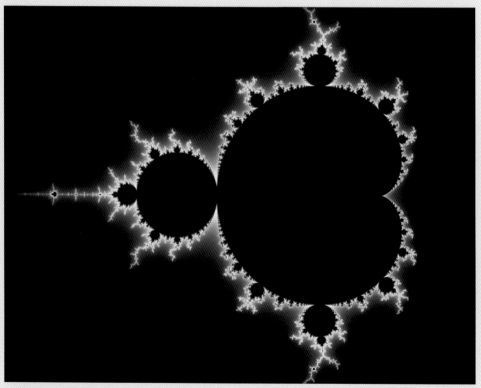

만델브로 집합 프랙털. 어느 한 끝부분을 얼마만큼 확대하는가에 상관없이 같은 복잡성의 정도를 나타낸다.

나의 뇌는 열려 있다: 폴 에르되시

수학에 관한 이야기는 대부분 기이하면서도 훌륭한 괴짜들을 다룬다. 하지만 헝가리의 수학자 폴 에르되시[Paul Erdős](1913~1996)는 기이한 행동을 거의 하지 않은 위인이었다. 그는 대륙과 시대를 넘나드는 비범한 삶을 살았으며, 연구 방법은 전설이 되었다. 하지만 다양한 분야의 수학을 연구한 것이 강점이자 약점으로 꼽히고 있다.

다른 지붕 밑에서는 다른 증명을

에르되시는 부다페스트의 유대인 집안에서 태어났으며, 부모는 모두 수학 선생님이었다. 그의 삶은 20세기 역사의 대혼란 속에서 격변을 겪었다. 제1차 세계대전 때 아버지가 시베리아의 포로수용소로 이송되었고 어머니는 헝가리 파시스트와 갈등을 빚었다. 결국 제1차 세계대전과 제2차 세계대전 사이에 반유대주의가 악화되는 바람에 헝가리는 그를 영국으로 보냈다가 이후에 미국으로 다시 보냈다. 에르되시는 수학자로서의 뛰어난 역량으로 여러 직업을 가질 수 있었지만, 삶의 대부분을 떠돌이 학자로 살았다. 그는 단 하나의 여행 가방과 낡은 플라스틱 가방만을 들고 다른 집이나 대학, 국가로 이동하며 살았고 떠돌면서도 수학 문제와 씨름하기 위한 충분한 시간을 보낼 수 있도록 머물 장소를 정하는 것으로 유명했다. 그의 좌우명은 "다른 지붕 밑에서는 다른 증명을[another roof, another proof]"이었다.

에르되시는 수백 명의 공동 연구자들과 함께 그래프이론 및 집합론, 정수론, 조합론(사물들을 배열하고 조합하며 세는 방법과 관련된 수학 분야), 근사 이론(복소함수가 어떻

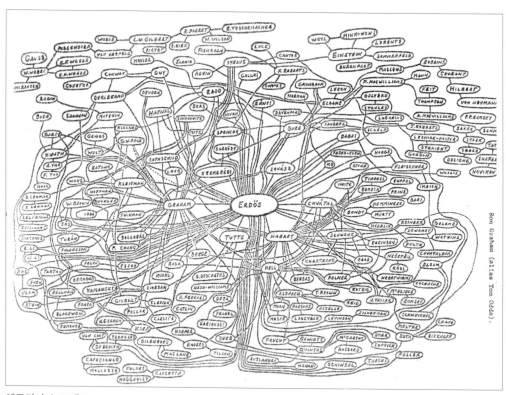

에르되시 수 그래프.

게 그리고 얼마나 정확히 보다 단순한 함수로 근사될 수 있는지에 대한 연구), 확률론 등의 문제에 대해 연구해 다양한 분야에 걸쳐 수학적 업적을 남겼다.

그는 특히 결과에 대해 심오한 진실을 밝히는 우아한 증명법을 찾는 데 관심이 많았다. 그의 가장 대표적인 발견 중에는 이미 해결된 문제들에 대한 증명들이 있다. 1845년 프랑스의 수학자 조제프 베르트랑[Joseph Bertrand](1822~1900)은 "내가 너에게 한 번 말했고, 다시 말하겠다. n과 $2n$ 사이에는 항상 한 개의 소수가 존재한다"와 같은 유명한 추측을 했다. 즉 임의의 정수와 그것을 두 배한 값 사이에는 항상 한 개의 소수가 존재한다. 예를 들어 2와 4 사이에는 소수 3이 존재한다. 베르트랑의 추측은 1850년에 증명되었지만, 에르되시는 불과 열여덟 살의 나이에 더 간단하고 우아한 증명을 했다.

방랑하는 수학자

전체주의 정권이 계속되며 전쟁과 집단 학살로 그의 가족이 파괴되자, 에르되시는 떠돌이 생활의 길로 들어섰다. 그는 친구 및 수학 공동 연구자들의 현관에 불쑥 나타나 까다로운 손님으로 며칠을 묵다가 다른 곳으로 옮기기로 유명했다.

그는 오로지 수학을 위해서만 살았다. 새벽 5시에 쾌활한 얼굴로 주인의 방을 거닐며 "My brain is open"이란 말과 함께 수학에 대한 토론을 시작했고 그의 강의 방식은 열정적이었지만 기이했다. 이런 습관은 암페타민과 카페인 등의 과다 섭취에 기인했을 수도 있다.

방랑하는 수학자 폴 에르되시.

"수학자는 커피를 정리로 바꾸는 기계다"라고 말하기도 했던 그는 수학 이외의 것에 대해서는 매우 순진한 사람이었다. 세탁기도 제대로 작동시킬 줄 몰랐고 강연으로 번 돈을 학생들을 돕거나 문제풀이 상금으로 내놓으며 "사유재산은 귀찮은 것"이라 했다. 차 한 잔의 값을 요구하는 부랑자에게 급여 봉투의 대부분을 주거나 하버드에 갈 여유가 없었던 가난한 학생에게 아낌없이 1천 달러을 빌려주었다는 일화도 있다. 나중에 그 학생이 돈을 갚으려 했지만 에르되시는 도움을 필요로 하는 또다른 누군가에게 자비를 베풀라고 말했다고 한다.

검소하게 살았지만 경제적으로 어려웠던 그는 문제가 생길 때마다 해결하기 위해 상금을 받거나 또는 강의 '계약'을 해야 했다.

에르되시 수

에르되시는 매우 오랜 시간 동안 놀라울 만큼 많은 논문을 남겼다. 그는 70대에도 1년에 50편의 논문을 발표한 적이 있으며, 자신의 연구가 질이 아닌 분량으로 판단될 것이라는 농담을 하기도 했다. 그러나 무엇보다 놀라운 것은 그의 공동 연구다. 1996년 그가 세상을 떠날 무렵 485명의 협력자들과 함께 썼던 공동 저자의 논문을 가지고 있으며, 이는 역사상 그 어떤 수학자가 내놓은 것보다 더 많은 것이었다. 그의 엄청난 공동 연구 네트워크는 에르되시 수에 관한 아이디어로 이어졌다. 에르되시 수는 에르되시와 다른 수학자들이 몇 단계를 거쳐 연결되어 있는지를 나타내는 수다. 에르되시와 함께 논문을 저술한 사람의 에르되시 수는 1이고, 에르되시 수가 1인 사람들과 논문을 공동 저술했지만 에르되시 본인과는 공동 저술하지 않은 사람들의 에르되시 수는 2가 되며, 현재까지 이 수는 계속 증가해왔음에도 불구하고, 1990년대 후반까지 가장 높은 에르되시 수는 7이었다. 그리고 에르되시 수가 1인 사람들은 그들 스스로 매우 운 좋은 사람이라 생각하고 있다.

찾아 보기

찾아 보기

이미지 저작권